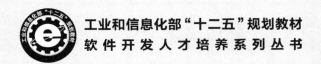

工业和信息化部"十二五"规划教材

软件开发人才培养系列丛书

马骏 韩道军◎主编

C#
网络应用编程

第 4 版 | 微课版

人民邮电出版社

北 京

图书在版编目（CIP）数据

C#网络应用编程：微课版 / 马骏，韩道军主编. --
4版. -- 北京：人民邮电出版社，2024.1
（软件开发人才培养系列丛书）
ISBN 978-7-115-63319-4

Ⅰ. ①C… Ⅱ. ①马… ②韩… Ⅲ. ①C语言—程序设
计 Ⅳ. ①TP312.8

中国国家版本馆CIP数据核字(2023)第241478号

内 容 提 要

本书主要介绍 C#语言、WinForms 应用编程、C/S 网络应用编程、ASP.NET Core 和 Vue 应用编程的基础知识。全书共 10 章，第 1～5 章主要介绍 C#语言和 WinForms 应用编程的基础知识；第 6～8 章主要介绍 C/S 网络应用编程的基本技术，并用一个实例介绍项目的完整实现；第 9～10 章主要介绍 ASP.NET Core Web 应用编程架构和 Vue 架构，以及 HTML 和 CSS 编程的基本技术，并用一个实例介绍前端 Vue 项目+后端 ASP.NET Core Web API 项目的完整实现。此外，附录中给出了本书的上机实验和课程设计。

本书可作为高等院校计算机相关专业的教材，也可供喜爱 C#网络应用编程的读者自学使用。

◆ 主　编　马　骏　韩道军
　　责任编辑　王　宣
　　责任印制　陈　犇
◆ 人民邮电出版社出版发行　　北京市丰台区成寿寺路 11 号
　　邮编　100164　电子邮件　315@ptpress.com.cn
　　网址　https://www.ptpress.com.cn
　　固安县铭成印刷有限公司印刷
◆ 开本：787×1092　1/16
　　印张：16.75　　　　　　　　2024 年 1 月第 4 版
　　字数：462 千字　　　　　　 2024 年 12 月河北第 2 次印刷

定价：59.80 元

第4版前言

本书第 3 版以高度的实用性和通俗易懂的讲解，受到了读者的普遍欢迎。第 4 版在继承第 3 版特色的基础上，根据各高校实际教学需求，以及近几年教学改革的实践和对人才培养的高标准要求，对内容进行了大量精简和重新编写，例如，本书仅介绍最常用的编程技术，删除了不常用的内容，也不再讲解需要有一定 C#和 Web 编程基础的 WPF、WCF 技术，而是改为使用对初学者来说比较容易入门的 WinForms 编程技术来实现项目。在 Web 编程部分，既介绍了基于 C#和 Razor 页面的前后端编程技术，也介绍了基于 Vue3 和 ASP.NET Core Web API 的前后端编程技术，并通过 Vue3 项目介绍了 HTML5、CSS3 的基本用法。同时，本书将 C#基础知识、C/S 编程、B/S 编程合并到同一本书中，非常适合仅开设一门.NET 编程技术课程的高校采用。在对内容深度和广度的把握上，编者既考虑了实际应用中最常用的入门级基本技术，也考虑了不同层次读者的需求，对中高级应用做了适度介绍，以方便读者进一步学习和参考。

本书源程序全部通过了 Visual Studio 2022 简体中文社区版测试。

本书共 10 章，各章主要内容介绍如下。

第 1 章是本书的概述，主要介绍 C#语言的开发环境、解决方案和项目、C#代码编写基础及本书所有例子的组织形式等。

第 2 章和第 3 章主要介绍控制台应用和 WinForms 应用的基础知识以及 C#的基本数据类型和流程控制语句，这些内容是理解和学习后续章节内容的基础，要求读者必须掌握。

第 4 章和第 5 章主要介绍 C#面向对象编程的基本知识，以及文本文件读写和 SQL Server 数据库访问等基本操作。

第 6 章到第 8 章主要介绍 C/S 网络应用编程技术，并通过一个完整的多机协同绘图系统项目开发实例和文档供学生自学，为学生分组合作共同实现 C/S 选题的课程设计项目提供参考，提高学生 C/S 编程技术选题的自学能力、讲解能力、团队合作能力和项目研发能力。

第 9 章和第 10 章主要介绍 ASP.NET Core Web 应用编程基本技术和 Vue 编程基本技术，并给出一个完整的前端开发用 Vue 实现、后端开发用 ASP.NET Core Web API 实现的网上商城系统项目开发实例供学生自学，为学生分组合作共同实现 Web 选题的课程设计项目提供参考，进而提高学生 B/S 编程技术选题的自学能力、讲解能力、团队合作能力和项目研发能力。

本书具有以下特色。

（1）本书使用的开发工具新，知识先进，要点明确，语言表述精练，内容通俗易懂。

（2）本书以项目驱动、案例实用、代码易理解、符合时代需求和创新要求为主导思想，通过完整的项目开发实例源程序、微课视频和相关文档，引导学生理解项目基本设计思路，以期通过学生分组合作共同完成课程设计，来提升学生的团队沟通能力、项目研发能力和创新设计能力，真正实现"以具备项目开发能力为目的"的教学目标。

（3）本书在内容的组织方面，力求循序渐进、详略适当、条理清晰，开发类型覆盖 C/S、B/S 常用技术，同时兼顾流行架构简介和学生课程设计项目的创新引导。

（4）本书在课后习题的组织方面，既提供供课堂交互使用的选择题，也提供巩固知识点的简答题。本书在上机实验的分类方面，既提供重在锻炼动手能力的简单上机练习，也提供符合实验大纲要求、重在提升综合能力的综合实验。

（5）本书在新形态打造方面，对于学生较难理解但又很实用的例子，通过微课视频的形式演示具体的编程过程，并提供配套的介绍文档，供学生分组自学和组内讲解，让"因材施教"更具有针对性、授课形式更具有多样性。

（6）本书配套的教辅资源丰富，既满足学生自学需求，也满足教师教学需求。本书除了提供配套的 PPT、教案、教学大纲、实验大纲、习题参考解答，以及在 Visual Studio 2022 下调试通过的所有例题和上机实验的源程序，还提供微课视频、完整开发实例的文档等资源。读者可到人邮教育社区（www.ryjiaoyu.com）下载本书配套的教辅资源。

本书由马骏、韩道军担任主编。左宪禹、黄亚博、谢毅、侯彦娥、党兰学、杜莹、王玉璟、乔保军、段延超、吕永飞、马宏豪参与了本书各章内容的编写、源程序的调试、PPT 的制作、微课视频的录制、开发实例文档的编写、教学大纲和实验大纲的编写、习题参考解答的编写等工作。

由于编者水平有限，书中难免存在不足之处，敬请读者批评指正。

编　者
2023 年 10 月

目　录

第 4 章
C#面向对象编程

第 5 章
文本文件读写与数据库操作

< 2 >

第6章
C/S 网络应用编程入门

第7章
TCP 应用编程

第8章
UDP 应用编程

第9章
ASP.NET Core Web 应用
编程入门

< 3 >

第 10 章
Vue 和 ASP.NET Core Web API

附录 A
上机实验

附录 B
课程设计

< 4 >

第1章 概述

本章是对全书的概括性介绍，以便读者对 C#和 VS2022（Visual Studio 2022）开发环境有一个整体的认识。

1.1 C#语言和 Visual Studio 开发环境

本节主要介绍 VS2022 开发环境的安装和配置，以及项目和解决方案的创建过程，为后续章节的学习做准备。

1.1.1 C#语言和.NET

C#（读作"C Sharp"）是.NET 平台的首选程序设计语言，Visual Studio IDE（Integrated Development Environment 集成开发环境），是基于.NET 的集成开发工具。

1. C#语言简介

C#是微软公司推出的一种完全面向对象的高级程序设计语言，是一种简单、现代、面向对象和类型安全的编程语言。

C#在保持 C++语言风格的同时，极大地简化了开发应用程序的复杂性，同时综合了 VB 的简单性和 C++的高运行效率，以其优雅的语法风格、创新的语言特性和便捷的面向组件编程的特点，凭借多方面的创新，让程序员快速地实现应用程序的开发。

2. .NET 和.NET Framework 简介

（1）.NET

.NET 是一个免费的跨平台开源开发平台，由 Microsoft 和 GitHub 上的社区人员来共同维护。利用.NET 可生成许多不同类型的应用，例如 Web、手机、桌面、游戏和物联网等，如图 1-1 所示。

图 1-1　使用.NET 可开发的应用类型

.NET 目前由十万个以上的组件库组成。这些"库"提供了应用开发所需要的各种功能。

（2）.NET Framework 和.NET Framework Core

.NET 是支持跨平台的，可在 Windows、Linux、MAC 等操作系统平台上运行，其具体实现都带有 Core 标识，例如 ASP.NET Core、.NET Framework Core 等；而.NET Framework 是.NET 在 Windows 系列操作系统上的具体实现，不能在其他操作系统平台上运行。

1.1.2 Visual Studio IDE 和 Visual Studio Code

Visual Studio 集成开发环境（简称 Visual Studio IDE）是微软公司推出的基于.NET 的可视化集成开发工具，这是一款将各种架构和功能高度集成在一起的"重量级"开发工具。Visual Studio IDE 分为 Windows 版和 MAC 版，前者可安装在微软公司的 Windows 系列操作系统平台上，后者可安装在苹果公司的 MAC 系列操作系统平台上。

Visual Studio Code 开发工具（简称 VS Code）是微软公司推出的一款免费和开源的"轻量级"开发工具，可安装在 Windows、MAC、Linux 等操作系统平台上，VS Code 支持 C#、C++、Java、Python 等几十种编程语言。这些编程语言在 VS Code 开发环境下必须安装对应的插件后才能使用。

简单来说，Visual Studio IDE 开发工具的优点是编程模型集成度高，开发和发布应用程序都很容易；缺点是开发环境安装容量大。Visual Studio Code 开发工具的优点是轻量、免费且开源，扩展容易，开发环境安装容量小；缺点是编程模型集成度低，调试和发布应用程序时，环境配置相对比较复杂。

1.1.3 安装 Visual Studio 2022 开发环境

本小节主要介绍如何下载和安装 VS2022 简体中文社区版开发环境。

1. 基本概念

Visual Studio IDE 的版本都是按发布的"年份"来命名的，例如 Visual Studio 2017（简称 VS2017）、Visual Studio 2019（简称 VS2019）、Visual Studio 2022（简称 VS2022）等。

本书使用的开发环境是 Visual Studio 2022 简体中文社区版，这是一种免费的、用于学生、开源程序贡献者或个人开发者的集成开发环境。图 1-2 所示为安装或更新完成后的界面。

图 1-2　安装或更新完成后的界面

下面我们学习具体安装过程。

2. 安装 VS2022 简体中文社区版

VS2022 分为社区版（Community Edition，免费，适用于个人学习和开发）、专业版（Professional Edition，收费，适用于中小型团队开发）、企业版（Enterprise Edition，收费，适用于大型团队开发）。

基本要求如下：

< 2 >

- 操作系统：Windows 10 或者 Windows 11。
- 内存：最少 4GB。
- 网络：安装时必须能连接互联网。

下载和安装 VS2022 的主要步骤如下。

（1）在微软公司官网上找到并单击【Visual Studio】链接，如图 1-3（a）所示。在弹出的页面中，展开【下载 Visual Studio】下拉框，选择"Community 2022"，如图 1-3（b）所示。

（a）Visual Studio 链接　　　　　　　　（b）Visual Studio 下载选择

图 1-3　Visual Studio 链接和下载选择页面

（2）此时就会弹出 VS2022 简体中文社区版安装程序的下载页面，安装程序文件名为 VisualStudioSetup.exe。指定合适的下载位置，例如"D:\ls"，单击【下载】按钮，如图 1-4 所示。

图 1-4　下载页面

（3）下载完成后，运行 VisualStudioSetup.exe，在弹出的界面中，选中【ASP.NET 和 Web 开发】以及【.NET 桌面开发】，然后单击【安装】，如图 1-5 所示。

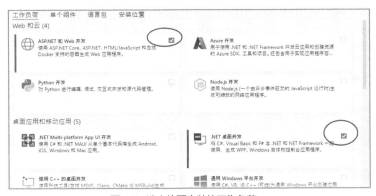

图 1-5　选中将要安装的工作负荷

（4）此时就会弹出 VS2022 安装界面，如图 1-6 所示。

< 3 >

图 1-6　VS2022 安装界面

至此，我们通过仅选择本书需要的工作负荷，完成了 VS2022 简体中文社区版的安装过程。

3．其他安装要求

VS2022 安装完成后，创建本书介绍的项目时，还需要安装以下开发工具。

（1）EF Core Power Tools 扩展。第 5 章再介绍具体安装办法。

（2）Node.js。第 10 章再介绍具体安装办法。

4．更新和重新选择工作负荷

VS2022 安装完毕后，在操作系统的开始菜单中会自动添加一个名为【Visual Studio Installer】的菜单项，运行它可更新 VS2022 到新版本。更新完成后单击【修改】按钮，可以重新选中（安装）或者取消选中（卸载）相应的工作负荷。

5．工作负荷选项卡下的选项

VS2022 包含了很多安装选项。这些安装选项都被归类到不同的选项卡下，包括工作负荷、单个组件、语言包、安装位置。

下面简单介绍【工作负荷】选项卡下的安装选项以及建议选择安装的模块。

（1）Web 和云

在【工作负荷】选项卡下，Web 和云开发共包含了 4 个可选模块，其中，【ASP.NET 和 Web 开发】是本书要求必须安装的选项，如图 1-7 所示。

图 1-7　【Web 和云】分类下可供选择的安装选项

（2）桌面应用和移动应用

在【工作负荷】选项卡下，桌面应用和移动应用包含了 5 个模块。其中【.NET 桌面开发】是本书

< 4 >

要求必须安装的选项，如图 1-8 所示。

图 1-8 【桌面应用和移动应用】分类下可供选择的安装选项

（3）游戏

在【工作负荷】选项卡下，游戏开发共包含了 2 个可选模块，如图 1-9 所示。

图 1-9 【游戏】分类下可供选择的安装选项

（4）其他工具集

在【工作负荷】选项卡下，其他工具集共包含了 5 个可选模块，如图 1-10 所示。

图 1-10 【其他工具集】分类下可供选择的安装选项

6．VS2022 下能开发的典型应用

简单来说，利用 VS2022 集成开发环境，可轻松开发各种类型的应用程序。下面列出的只是一些典型的应用，括号内为开发所需的程序设计语言：

（1）企业级桌面应用开发（WinForms、WPF、C#）；

（2）TCP/UDP/HTTP 等各种协议类网络应用开发（WinForms、WPF、WCF、C#）；

（3）跨平台 Web 应用开发（ASP .NET Core、JavaScript、HTML、CSS、C#）；

（4）跨平台移动应用开发（MAUI、C#）；

（5）虚拟现实与 2D、3D 游戏开发（Unity、C#）；

（6）云计算与大数据应用开发（Python）；

（7）机器学习与人工智能应用开发（Python）；

< 5 >

（8）嵌入式开发（C++）。

本书涉及的仅是 C#相关的高级应用开发的基础知识。当掌握了这些基础知识后，我们再学习其他相关的高级应用开发技术就比较容易了。

1.2 解决方案和项目

VS2022 安装完毕后，就可以用它开发 C#应用程序了。但是，在学习具体的代码编写技术之前，我们首先需要了解如何创建和管理项目，这是顺利完成 C#编程的前提。

1.2.1 基本概念

C#源程序是通过【解决方案资源管理器】中的"项目（Project）"来组织的。或者说，通过【解决方案资源管理器】，可将各种不同类型的项目（程序集）集成到一起，使其成为一个完整的应用程序。

项目也叫工程，主要用于组织和管理应用程序的各种资源和源程序，包括代码文件、图像文件、音视频文件等。

新建项目时，一个解决方案中默认只包含一个项目，解决方案名和项目名默认相同。但是在实际的应用开发中，同一个解决方案中往往都会包含多个项目。比如，这些项目最终会生成一个.exe 文件以及它所调用的多个.dll 文件和图像等其他资源文件。

创建解决方案和项目

1.2.2 创建客户端应用项目和解决方案

为了方便读者学习，让读者快速理解如何将各自独立的例子或功能集成在一起成为一个完整的应用程序，本书将所有例题和附录 A 中的参考源程序都放在名为 V4B2Source 的解决方案中。

1. 创建 V4B2Source 解决方案和项目

（1）创建控制台应用项目

运行 VS2022，单击【创建新项目】，在弹出的项目模板中，分别在下拉框中选择"C#"、"所有平台"、"所有项目类型"，单击【控制台应用】，如图 1-11 所示。

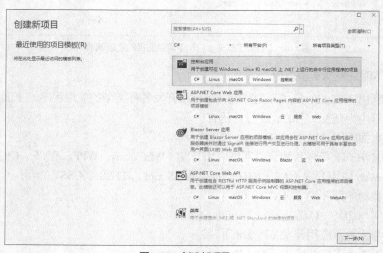

图 1-11　创建新项目

在弹出的配置新项目窗口中，先将【项目名称】改为 "ClientConsoleExamples"，将【位置】改为 "D:\ls" 或者 "C:\ls"，最后再将【解决方案名称】改为 "V4B2Source"，如图 1-12 所示。

图 1-12　配置新项目

在弹出的其他信息窗口中，在下拉框中选择 ".NET 7.0(标准期限支持)"，选中【不使用顶级语句】，如图 1-13 所示。

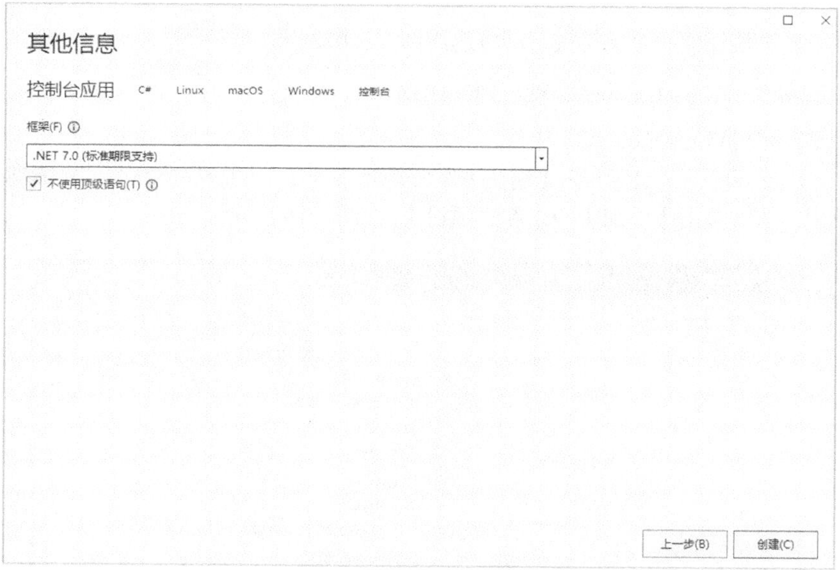

图 1-13　其他信息

单击【创建】按钮，完成控制台应用项目和解决方案的创建。

此时，在 VS2022 开发环境下观察【解决方案资源管理器】，可看到有一个名为 V4B2Source 的解决方案，其中包含了名为 ClientConsoleExamples 的控制台应用程序项目。

（2）打开 Program.cs 文件

双击 ClientConsoleExamples 项目下的 Program.cs 可打开该文件，观察代码，如图 1-14 所示。

< 7 >

图1-14 模板自动生成的代码

Program.cs 文件中的 Main 方法是控制台应用程序的入口。创建其他类型的项目时，每个项目也都会自动包含一个 Program.cs 文件。

（3）调试运行项目

按<F5>键调试运行，即可看到如图 1-15 所示的运行效果。

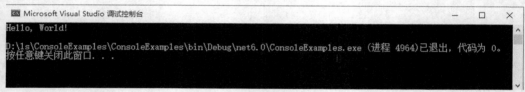

图1-15 控制台应用的运行效果

按回车键或者其他任何一个字符键，即可返回到 VS2022 开发环境下。

2．添加 ClientWinformsExamples 项目到 V4B2Source 解决方案

（1）添加 ClientWinformsExamples 项目

在 VS2022 开发环境下，鼠标右击【解决方案资源管理器】下的解决方案名"V4B2Source"，在弹出的快捷菜单中，依次单击【添加】→【新建项目】，如图 1-16 所示。

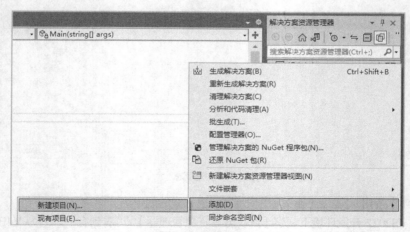

图1-16 添加项目

在接下来弹出的添加新项目窗口中，选择【Windows 窗体应用】模板，如图 1-17 所示，然后单击【下一步】按钮（由于窗口太大，图中仅截取了窗口的一部分）。

< 8 >

图 1-17　添加 Windows 窗体应用项目

在弹出的配置新项目窗口中，修改项目名称为 "ClientWinFormsExamples"，单击【下一步】按钮（图中未截出），如图 1-18 所示（部分界面截图）。

图 1-18　修改项目名称为 ClientWinFormsExamples

在弹出的其他信息窗口中，选择 ".NET 7.0(标准期限支持)"，单击【下一步】按钮（图中未截出），如图 1-19 所示（部分界面截图）。

图 1-19　选择其他信息

这样就在 V4B2Source 解决方案中添加了 ClientWinFormsExamples 项目，项目中包含的有一个文件名为 Form1.cs 的窗体。

（2）修改 Form1.cs 显示 "Hello World!"

从【工具箱】中拖曳一个 Label 控件到 Form1 设计界面中，然后在【属性】窗口中将 Text 属性改为 "Hello World!"，如图 1-20 所示。

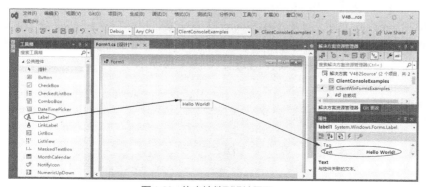

图 1-20　拖曳控件到设计界面

< 9 >

如果看不到【工具箱】窗口，可以通过选择 VS2022 顶部主菜单的【视图】→【工具箱】将其显示出来。如果看不到【属性】窗口，可以按<F4>键将其显示出来，或者通过选择主菜单的【视图】→【属性】将其显示出来。

（3）设置 ClientWinFormsExamples 为默认启动的项目

当一个解决方案中包含多个项目时，按<F5>键调试运行时，默认启动的是项目名称被标记为"粗体"状态的项目。

如果希望仅调试运行某一个项目，可先将其设为启动项目，然后运行时才能看到希望调试运行的项目的结果。比如，要调试运行 ClientWinFormsExamples 项目，只需要鼠标右击【解决方案资源管理器】中的项目名"ClientWinFormsExamples"，在弹出的快捷菜单中，单击【设为启动项目】。这样一来，该项目就是默认启动的项目了。

（4）调试运行

将 ClientWinFormsExamples 设置为默认启动的项目，按<F5>键调试运行，即可看到如图 1-21 所示的效果。

图 1-21　ClientWinFormsExamples 的运行效果

解决方案创建完毕后，V4B2Source 文件夹下的文件以及它所包含的所有子文件夹和文件就是我们通常所说的"源程序"。在后面章节的介绍中，我们会逐步丰富此源程序的内容。

3．重新打开解决方案

V4B2Source 解决方案创建完毕后，我们会发现在"D:\ls\V4B2Source"文件夹下包含了一个名为 V4B2Source.sln 的文件，当希望再次编辑或调试解决方案中的项目时，只需要双击这个文件，就会重新打开该解决方案。

1.2.3　创建服务器端应用项目和 Web 应用项目

这一节主要介绍如何在 V4B2Source 解决方案中添加在服务器端运行的控制台应用项目和 ASP.NET Core Web 应用项目。

1．添加 ServerConsoleExamples 项目

双击 V4B2Source.sln 文件，打开 V4B2Source 解决方案，鼠标右击【解决方案资源管理器】下的解决方案名"V4B2Source"，单击【添加】→【新建项目】，在弹出的添加新项目模板窗口中，选择【控制台应用】，单击【下一步】（图中未截出）按钮，如图 1-22 所示。

图 1-22　添加新项目

< 10 >

在弹出的配置新项目窗口中，将【项目名称】改为"ServerConsoleExamples"，如图 1-23 所示。

图 1-23 配置新项目

在弹出的其他信息窗口中，选择".NET 7.0(标准期限支持)"，选中【不使用顶级语句】，然后单击【创建】按钮，完成项目的创建。

2．添加 WebAppExamples 项目

（1）添加项目

在 VS2022 开发环境下，鼠标右击【解决方案资源管理器】下的解决方案名"V4B2Source"，在弹出的快捷菜单中依次单击【添加】→【新建项目】，在弹出的添加新项目窗口中，选择【ASP.NET Core Web 应用】，单击【下一步】按钮（图中未截出），如图 1-24 所示。

图 1-24 添加 ASP.NET Core Web 应用项目到解决方案

（2）配置 WebAppExamples 项目

在弹出的配置新项目窗口中，将【项目名称】改为"WebAppExamples"，如图 1-25 所示。

图 1-25 配置新项目

（3）配置 WebAppExamples 项目的其他信息

在弹出的其他信息窗口中，选择".NET 7.0(标准期限支持)"，身份验证类型选择"无"，选中"配置 HTTPS(H)"，选中"不使用顶级语句"，单击【创建】按钮（图中未截出），如图 1-26 所示。

< 11 >

图 1-26　WebAppExamples 项目的其他信息

（4）不调试运行

鼠标右击【解决方案资源管理器】中的项目名 "WebAppExamples"，在弹出的快捷菜单中，单击【设为启动项目】，然后同时按<Ctrl>+<F5>键可在不调试的情况下运行，即可在浏览器中看到图 1-27 所示的页面。

WebExamples　Home　Privacy

Welcome

Learn about building Web apps with ASP.NET Core.

图 1-27　WebAppExamples 项目的默认运行页面

3．添加 Vue 项目和 ASP.NET Core Web API 项目

由于在创建 Vue 项目和 ASP.NET Core Web API 项目的过程中还涉及到一些特殊的配置，因此其具体创建过程将在第 10 章单独介绍。

4．添加附录 A 相关的项目

附录 A 的参考源程序分别在 FuLuAConsole 和 FuLuAWinForms 项目中，其添加过程与前面介绍的添加控制台应用项目和添加 Windows 窗体应用项目的步骤相同，这里不再重复介绍。

至此，我们完成了本书所有项目的创建，如图 1-28 所示。

图 1-28　本书创建的所有项目

< 12 >

1.2.4　源程序备份

利用某种压缩软件从顶级文件夹开始压缩，例如，将"D:\ls\V4B2Source"文件夹压缩到一个名为V4B2Source.rar 文件中。该压缩文件就是 V4B2Source 源程序的完整备份。

这里需要特别提醒（初学者容易犯的错误），绝不能仅仅备份 V4B2Source 文件夹下的某一个子文件夹，更不能仅仅备份其中的某一部分文件。由于这些操作都不是"源程序"的完整备份，因此解压后无法再次成功打开解决方案和项目。

1.3　C#代码的组织和调试

通过前面的学习，相信读者应该已经对 C#应用程序开发有了一个基本的认识，并了解了控制台应用、Windows 窗体应用以及 ASP.NET Core Web 应用项目的创建办法。

这一节我们将介绍代码中涉及的更多的基本概念，并学习如何调试源程序。

从前面的学习中，我们已经发现 C#源文件的扩展名为".cs"，例如"Program.cs"。一个 C#源文件中一般只包含一个类，但也可以包含多个类，文件名和类名可以相同，也可以不同。

无论是控制台应用还是 Windows 窗体应用，都有以下两种生成.exe 文件的方式。

（1）在调试环境下，编译后生成的.exe 文件及其他文件默认保存在项目的"bin\debug\net7.0"子文件夹下。调试源程序时一般采用这种方式。

（2）在发布环境下，编译后生成的.exe 文件及其他文件默认保存在项目的"bin\release\net7.0"子文件夹下。发布程序时一般采用这种方式。

1.3.1　命名空间和类

.NET 为开发人员提供了非常多的类，利用这些类可快速实现各种功能。为了避免类名冲突和方便管理，这些类分别被划分到不同的命名空间中。

1. 将类划分到不同的命名空间中

不同命名空间下类的划分方式类似于不同子目录下文件的划分方式，一是同一个项目中可包含多个命名空间，二是不同命名空间下的类名可以相同也可以不同。

调用命名空间下某个类提供的属性、方法和事件时，命名空间、类名、静态方法名之间都用点"."分隔。例如，调用类中某个静态方法的一般语法如下：

命名空间.*命名空间*……*命名空间*.*类名*.*静态方法名*（*参数*,……）；

若命名空间下的某个方法为实例方法，需要先创建类的实例，然后再通过实例名访问其中包含的方法，一般语法如下：

命名空间.*命名空间*……*命名空间*.*实例名*.*方法名*（*参数*,……）；

以上语法中的下画线均表示其内容需要用实际的名称替换。例如：

```
System.Console.WriteLine("Hello World");
```

这条语句调用 System 命名空间下 Console 类的 WriteLine 静态方法，实现的功能是输出字符串"Hello World"。

< 13 >

但是，这种每行语句都从命名空间开始依次键入的一大串写法太繁琐了，为了提高键入代码的速度，还需要引入一个新的概念：using 关键字。

2．using 关键字

在 C#编程中，using 关键字有如下用法。

（1）作为引用指令

将 using 关键字作为引用指令来使用时，其用途是导入某个命名空间中包含的类型。一般在程序的开头引用命名空间来简化代码的表示形式。例如，对于语句：

```
System.Console.WriteLine("Hello World");
```

如果在程序的开头加上：

```
using System;
```

则该语句就可以简写为：

```
Console.WriteLine("Hello World");
```

（2）作为别名指令

using 关键字还可以给一串命名空间定义一个简写的名称。例如：

```
using System.Windows;
```

可以表示为：

```
using win=System.Windows;
```

这样一来，语句：

```
System.Windows.MessageBox.Show("hello");
```

就可以简写为：

```
win.MessageBox.Show("hello");
```

（3）作为语句

将 using 关键字作为一条语句使用的情况非常多。此时该语句的作用是当不再使用该语句所指定的对象时，立即释放该对象，而不是让垃圾回收器去处理它。这是用 C#编写代码时立即释放占用大量内存空间资源（图片、字库等）的最简单高效的方式。

例如：

```
static void Main()
{
    using StreamWriter w = File.CreateText("test.txt");
    w.WriteLine("Line one");
    w.WriteLine("Line two");
    w.WriteLine("Line three");
}
```

上面是一种简写的 using 语句用法，用起来比早期版本的 using 语句用法更直观。此用法是从 C# 8.0 开始增加的，在早期的 C#版本中，这段代码是用下面的形式来表示的：

```
static void Main()
{
    using (StreamWriter w = File.CreateText("test.txt"))
    {
```

< 14 >

```
        w.WriteLine("Line one");
        w.WriteLine("Line two");
        w.WriteLine("Line three");
    }
}
```

3. 全局 using 指令

为了让代码看起来更简洁,从 C# 6.0 开始,引入了"全局 using 指令"的概念。

全局 using 指令是指在整个应用程序范围内声明的引用指令,开发人员在整个项目中都可以直接使用所引用的这些命名空间下的类,不再需要在每个文件内都显式声明这些 using 指令。

使用 VS2022 创建项目时,系统默认会自动生成全局 using 指令。例如:

```
using System;
using System.Collections.Generic;
using System.IO;
using System.Linq;
using System.Net.Http;
using System.Threading;
using System.Threading.Tasks;
```

此时,在每个扩展名为.cs 的文件内再显式声明这些 using 指令就没有必要了。另外,除了系统默认自动生成的这些全局 using 指令所引用的命名空间,开发人员在代码中引用其他命名空间时,仍然必须显式声明引用其他命名空间的 using 指令。

4. 顶级语句和隐式 using 指令

从 C# 6.0 开始,除了引入"全局 using 指令"的概念,还引入了"顶级语句"和"隐式 using 指令"的概念。

顶级语句是指在 Main 方法内执行的语句。创建新项目时,有一个【不使用顶级语句】的选项,如果不选中该选项,创建新项目时,VS2022 会隐藏自动生成的 Main 方法。此时开发人员可直接在 Program.cs 中编写包含在 Main 方法内的语句。例如,新建控制台应用项目时,如果不选中【不使用顶级语句】的选项,此时在自动生成的 Program.cs 文件中仅包含下面一条语句:

```
Console.WriteLine("Hello, World!");
```

当生成项目时,编译器会自动将 Program 类和 Main 方法合成,并将所有顶级语句放置在 Main 方法内。同时,编译器还会根据项目类型自动添加一组全局 using 指令,在这种情况下自动添加的这些全局 using 指令称为"隐式 using 指令",这些指令会隐式包含在应用程序项目中,开发人员可在整个应用项目中直接使用隐式 using 指令所引用的命名空间。

不论是否选中【不使用顶级语句】选项,系统都会自动生成全局 using 指令。

为了让初学者更容易理解基本概念,本书创建的项目均选中【不使用顶级语句】选项。

1.3.2 Main 方法

C#的每一个应用程序都有一个入口点,以便让系统知道该程序从哪里开始执行。为了让系统能找到入口点,入口点的名称规定为 Main。注意:"Main"的首字母大写,而且 Main 方法后面的小括号不能省略。

1. 基本概念

Main 方法只能用 static 修饰符来声明,这是 C#语言的规定。另外,每一个方法都要有一个返回值,

< 15 >

对于没有返回值的方法，必须声明返回值类型为 void。

Mian 方法的返回值只能有两种类型，一种是 int，另一种是 void。

int 类型的返回值用于表示应用程序终止时的状态码，当退出应用程序时，可利用它返回程序运行的状态（0 表示成功返回，负值一般表示某个错误编号，错误编号所代表的含义也可以由编程人员自己规定）。

当 Main 方法的返回类型为 void 时，表示没有设置返回值，此时系统默认返回值为 0。

2．控制台应用

为了让开发人员容易找到程序入口点，控制台应用程序模板默认将 Main 方法保存在项目中 Program.cs 文件的 Program 类中。

实际上，Main 方法可以放在任何一个类中，并没有限制只能保存在 Program.cs 文件中，唯一的要求是在同一个项目中只能声明一个 Main 方法，这是为了确保一个应用程序仅有一个入口点。

3．Windows 窗体应用和 ASP.NET Core Web 应用

Windows 窗体应用和 ASP.NET Core Web 应用也都是从 Main 方法开始执行的，在 VS2022 的应用模板中，Main 方法都默认保存在 Program.cs 文件内。

1.3.3 代码注释与代码的快速键入

这一节简单介绍如何添加注释以及如何快速键入 C#代码。

1．代码注释方式

在源程序中添加注释是优秀编程人员应该养成的好习惯。C#语言中添加注释的方法主要有以下几种形式。

（1）常规注释方式

单行注释：以"//"符号开始，任何位于"//"符号之后的本行文字都视为注释。

块注释：以"/*"开始，"*/"结束。任何介于这对符号之间的文字块都视为注释。

（2）XML 注释方式

"///"是一种 XML 注释方式。只要在用户自定义的类型如类、接口、枚举等或者在其成员上方，或者命名空间的声明上方连续键入 3 个斜杠字符"/"，系统就会自动生成对应的 XML 注释标记。

添加 XML 注释的步骤如下。

① 首先定义一个类、方法、属性、字段或者其他类型。例如在 Student.cs 文件中定义一个 PrintInfo 方法。

② 在类、方法、属性、字段或者其他类型声明的上面键入 3 个斜杠符号"/"，此时开发环境就会自动添加对应的 XML 注释标记。例如在 PrintInfo 方法的上方键入 3 个斜杠符号后，就会得到下面的 XML 注释代码。

```
/// <summary>
///
/// </summary>
public void PrintInfo()
{
    Console.WriteLine("姓名: {0},年龄: {1}", studentName, age);
}
```

③ 添加注释。例如在<summary>和</summary>之间添加该方法的功能描述。

这样一来，以后调用该方法时，就可以在键入方法名和参数的过程中直接看到用 XML 注释的智

< 16 >

能提示。

（3）#region 预处理指令

在代码编辑器中，用鼠标拖曳的办法是一次性选中某个范围内的多行代码，然后用鼠标右击选择"外侧代码"，再选中"#region"选项，系统就会用该预处理指令将鼠标拖曳选择的代码包围起来（#前缀表示该代码段是一条预处理指令），此时编程人员就可以给这段被包围的代码添加注释，而且被包围的代码还可以折叠和展开。例如：

```
#region 程序入口
static void Main(string[] args)
{
    Welcome welcome = new Welcome();
    StudentInfo studentInfo = new StudentInfo();
    studentInfo.PrintInfo();
    Console.ReadKey();
}
#endregion
```

#region 预处理指令一般用于给程序段添加逻辑功能注释，让某一部分代码实现的逻辑功能看起来更清晰。其他预处理指令的功能和用法请读者参考相关资料，本书不再介绍。

2．快速键入 C#代码段

编写 C#代码时，系统提供了很多可直接插入的代码段，利用这些代码段可加快 C#代码键入的速度。例如键入"for"三个字母后，连续按两次<Tab>键，系统就会自动插入如下的代码段。

```
for (int i = 0; i < length; i++)
{

}
```

此时可继续按<Tab>键跳转到代码段的某个位置修改对应的内容，按回车键完成修改。

除了前面介绍的办法，也可以在要插入代码段的位置处，用鼠标右击选择"外侧代码"的办法插入代码段。

3．编辑器中代码的格式化

编辑某个扩展名为.cs 的文件时，在键入或者粘贴代码的过程中，有时候可能会将代码格式搞乱，那么，如何让这些代码按规范化的格式显示呢？答案是，在代码编辑器中，只需要删除"最后一个"右大括号"}"，然后重新键入右大括号，系统就会重新编排整个文件中代码的格式，用起来非常方便。

1.3.4　C#代码命名约定

C#代码命名约定对字段、变量、类、方法和属性等均规定了统一的命名方式，遵循这些约定可让代码清晰、规范、可读性强。

1．Pascal 命名法

类名、方法名和属性名全部使用 Pascal 命名法，即所有单词连写，每个单词的第一个字母大写，其他字母小写。例如：HelloWorld、GetData 等。

2．Camel 命名法

变量名、对象名以及方法的参数名全部使用 Camel 命名法（也叫驼峰命名法），即所有单词连写，但是第一个单词全部小写，其他每个单词的第一个字母大写。例如：userName、userAge 等。

< 17 >

3．前缀命名法

如果是私有字段，为了和具有相同名字的属性名区分，私有的字段名也可以用下画线（"_"）开头，例如若属性名为 Age，则私有字段名可以为_Age。

4．控件命名法

关于控件对象的命名，有两种常用的命名形式：一种是"有意义的名称+控件名"，如 nameButton、ageButton 等；另一种是"控件名+有意义的名称"，如 buttonName、buttonAge 等，或者用缩写 btnName、btnAge 来表示。

这两种命名形式各有优缺点，C#代码编写规范并没有对其进行统一的约定，在实际项目中，到底采用哪种命名形式，一般由项目研发团队的统一规定来决定。

1.3.5　通过断点调试 C#程序

断点是调试程序时使用的一种特殊标识。如果在某条语句前设置断点，则当程序执行到这条语句时会自动中断程序运行，进入调试状态（注意此时还没执行该语句）。断点的设置方法与使用的调试工具有关。

通过断点调试 C# 程序

利用断点查找程序运行的逻辑错误，是调试程序常用的手段之一。

1．设置和取消断点

设置和取消断点的方法有下面几种。

方法 1：用鼠标单击某代码行左边的灰色区域。单击一次设置断点，再次单击取消断点。

方法 2：用鼠标右键单击某代码行，从弹出的快捷菜单中选择【断点】→【插入断点】或者【删除断点】命令。

方法 3：用鼠标单击某代码行，直接按<F9>键设置或取消断点。

断点设置成功后，在对应代码行的左边会显示一个红色的实心圆标志，同时该行代码也会突出显示。

断点可以有一个，也可以有多个。

2．利用断点调试程序

设置断点后，即可运行程序。当程序执行到断点所在的行，就会中断运行。但是需要注意，此时断点所在的行还没有执行。

当程序中断后，如果将鼠标放在变量或实例名的上面，调试器就会自动显示执行到断点时该变量的值或实例信息。

观察完毕后，可以按<F5>键继续执行到下一个断点。

如果大范围调试仍然未找到错误之处，也可以在调试器执行到断点处停止后，按<F11>键"逐语句"执行，按一次执行一条语句。

还有一种调试的方法，即按<F10>键"逐过程"执行，它和"逐语句"执行的区别是系统把一个过程（例如类、方法等）当作一条语句，而不再转入到过程内部。

1.4　网络应用编程模型

随着网络技术的高速发展，网络应用编程模型也在不断地发展变化。这一节简单介绍相关的基本

< 18 >

概念，为后续章节的学习打下基础。

1.4.1　互联网与企业内部网

网络应用编程涉及的内容很多，本书不准备讲解"云"相关的概念，它所用到的各种技术实现不是一本入门级的程序设计语言教材就能讲明白的内容。

作为网络应用编程的基础知识，本书主要介绍 C/S 应用编程和 B/S 应用编程的基本用法，以便初步学习网络编程的读者对本书重点讲解的内容以及适用的范围有一个整体的印象。

1．互联网

互联网（Internet）是一种覆盖全世界的全球性互联的网络。互联网的最大特点是这些相互连接的网络都使用同一组通用的协议（TCP/IP 协议簇），从而形成逻辑上的单一巨大国际网络。具体来说，互联网的特点有：支持资源共享、采用分布式控制技术、采用分组交换技术、使用通信控制处理机、采用分层的网络通信协议。

互联网并不等同万维网（World Wide Web）。万维网是一种使用超文本传输协议相互链接而成的全球性系统，它只是互联网所提供的服务的其中一部分。

2．企业内部网

企业内部网（Intranet）是互联网的另一种体现形式。这种网络采用的仍然是 Internet 标准，主要区别是它将企业内部的网络和企业外部的网络通过防火墙有效隔离。这样一来，每个 Intranet 都变成了一个相对独立的网络环境。例如某家公司的多个分公司分布在不同的国家，总公司与分公司之间以及分公司与分公司之间建立 Intranet 后，公司内部的应用程序仍然通过 Internet 快速交互。但是，由于防火墙的作用，公司外部的用户则无法访问它，外部用户只能访问公司对外公开的内容。

1.4.2　C/S 模式

简单来说，部署在"云"中的应用程序就像一团乱麻，它包含千头万绪而且相互缠绕，而 C/S、B/S 就像是从这团乱麻中分别抽取出来的一个或多个线头。当我们将这些线头分别整理清楚并赋予某种用途后，再将其融合在一起，就是一个完整的应用程序。

客户端/服务端，C/S（Client/Server）也叫 C/S 模式、C/S 架构或 C/S 模型，它是一种基于"客户端/服务端"的编程模型。例如，由数千台甚至上万台计算机组成的"云"环境会同时存在多个相对而言的服务端和客户端，此时每个客户端和服务端之间的通信都可以看作是一种 C/S 编程模型。

1．C/S 模式及其特点

C/S 是一种"胖"客户端应用程序编程架构，其主要工作都在客户端运行，这样可以充分利用本地计算机的性能优势。

C/S 将一个网络事务处理分为两部分：客户端和服务端。客户端（Client，也叫客户机）用于为用户提供操作，同时向网络提供请求服务的接口；服务端（Server，也叫服务器）负责接收并处理客户端发出的服务请求，并将服务处理结果返回给客户端。例如，用一台计算机作为服务器，其他多台计算机相对于该服务器来说都是客户机，此时 C/S 的架构可以用图 1-29 来描述。

C/S 的优点是它既适用于实际的应用程序，又适用于真正的计算机部署。

从程序实现的角度来说，客户端和服务端打交道，实际是计算机上的两个进程在进行交互，即服务端进程等待客户端进程与其联系。当服务端进程处理完一个客户进程请求的信息之后，又接着等待其他客户端的请求。

< 19 >

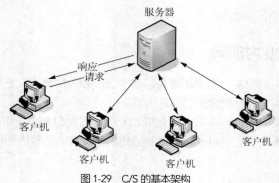

图 1-29 C/S 的基本架构

2．C/S 网络应用编程建议的做法

WinForms 应用程序是.NET 实现的跨平台 C/S 客户端应用程序编程模型的理想选择。经过多个版本的变迁，WinForms 应用程序已经高度成熟，用它编写可以在 Windows、Linux、MAC 操作系统上运行的 C/S 应用程序非常方便。

1.4.3 B/S 模式

浏览器/服务器（Browse/Server，B/S）也叫 B/S 模式或 B/S 模型，它是在分布式系统的基础上进一步抽象出来的网络通信模型，这是一种以超文本传送协议（Hypertext Transfer Protocol，HTTP）为基本传输协议的体系结构编程模式。在 B/S 编程模型中，开发人员只需要编写部署在 Web 服务器上的应用程序即可，而不需要编写专用的客户端程序。或者说，客户端程序是一种通过 HTTP 实现数据传输的通用应用程序，即我们平常所说的浏览器。

B/S 模式一般采用三层架构，由用户界面、逻辑处理和数据支持构成，如图 1-30 所示。

图 1-30 B/S 模式三层架构示意图

开发 B/S 模式的应用程序也称为开发 Web 应用程序。

B/S 模式的优点是单台计算机可以访问任何 Web 服务器。或者说，客户端应用程序是一种通用的浏览器。用户只需要知道服务器的网址（IP 地址或域名），即可通过客户端浏览器来访问，而不需要针对不同的 Web 服务器分别使用不同的客户端软件。

但是，由于 B/S 模式具有沙盒限制（对客户端本地计算机的资源访问权限有一定限制），因此这种模式最适用于通过 Web 服务器向用户提供服务。但是，由于它无法获取客户端本地所有资源，所以在大型数据处理上会受到一定制约，比如明显不如将数据保存在客户端本地计算机上直接进行处理速度快等。

总之，B/S 模式也像 C/S 模式一样，都不是万能的灵丹妙药，对于某个具体应用来说，到底用 B/S 实现好还是用 C/S 实现好，要根据业务需求和效率需求而定。例如大量工作都在服务端来做就能满足应用需求，此时 B/S 是较好的选择（部署简单）。而如果服务端响应的速度无法满足客户端快速得到处

< 20 >

理结果的性能要求，这种情况下将大量工作放在客户端本地计算机上来做效率更高，此时 C/S 是较好的选择。

习题

1. C#源文件的扩展名为（　　）。
   A. cs　　　　　　　　B. csharp　　　　　　C. cpp　　　　　　D. vs
2. using 关键字在 C#中的主要作用是（　　）。
   A. 声明命名空间　　B. 定义循环结构　　C. 执行类型转换　　D. 导入命名空间
3. C#语言通常与哪个开发框架一起使用。（　　）
   A. Django　　　　　B. NET　　　　　　C. Unity　　　　　D. Angular
4. C#中使用（　　）关键字导入命名空间。
5. C#应用程序的入口是（　　）。
6. 简要回答什么是命名空间，命名空间和类的关系是什么。

< 21 >

第2章 控制台和 WinForms 应用编程入门

这一章我们分别通过控制台应用和 Windows 窗体应用学习 C#最基本的编程方法，为后续章节的学习打下基础。

2.1 控制台应用编程入门

控制台（Console）是一个操作系统级别的命令行窗口。用户可通过在命令行窗口输入文本字符串，并在显示器上将文本逐行显示出来。

控制台应用程序的优点是它占用的内存资源极少，特别适用于长时间运行以及对界面要求不高的场景。

2.1.1 创建控制台应用项目示例主菜单

本小节我们学习如何把控制台应用的例子通过主菜单关联在一起，这里读者仅关注创建步骤即可，这些代码的含义在后续的学习中还会逐步介绍。

创建控制台应用项目示例主菜单

1. 添加 ch01 和 ch02 文件夹

打开 V4B2Source 解决方案，鼠标右击 ClientConsoleExamples 项目名，在弹出的快捷菜单中，依次选择【添加】→【新建文件夹】，将该文件夹的名称改为"ch01"。

按照与前面步骤相同的办法，再添加一个名为"ch02"的文件夹。

2. 添加 HelloWorld.cs 文件

鼠标右击 ClientConsoleExamples 项目下的 ch01 文件夹，在弹出的快捷菜单中，依次选择【添加】→【类】，在弹出的窗口中，将文件名改为"HelloWorld.cs"，单击【添加】按钮，然后将该文件改为下面的内容：

```
namespace ClientConsoleExamples.ch01
{
    internal class HelloWorld
    {
        public HelloWorld()
        {
            Console.WriteLine("Hello World!");
```

```
        }
    }
}
```

3. 修改 Program.cs 文件

打开 Program.cs 文件，将其改为下面的内容：

```
namespace ClientConsoleExamples
{
    internal class Program
    {
        static void Main(string[] args)
        {
            List<string> mainMenu = new()
            {
                "0：退出",
                "1: Hello World!",
                "2：例 2-1 求两个数的和",
                "3：例 2-2 数据的格式化输出"
            };
            while (true)
            {
                int n = ShowMenu(mainMenu, "主菜单");
                if (n == -1) continue;
                //内置的下画线变量名表示使用丢弃
                switch (n)
                {
                    case 0: return;
                    case 1: _ = new ch01.HelloWorld(); break;
                    case 2: _ = new ch02.E0201(); break;
                    case 3: _ = new ch02.E0202(); break;
                }
                Console.Write("\n 按任意键继续……");
                Console.ReadKey();
            }
        }
        internal static int ShowMenu(List<string> menu, string title)
        {
            Console.Clear();  //清屏
            Console.WriteLine($"{title}\n");
            for (int i = 0; i < menu.Count; i++)
            {
                Console.WriteLine(menu[i]);
            }
            Console.Write("\n 请选择要执行的功能（键入序号并回车）：");
            string? s = Console.ReadLine();
            Console.WriteLine();
            if (int.TryParse(s, out int n) == false)
            {
                Console.WriteLine("警告：请键入序号，不要键入其他符号。");
                Console.Write("按任意键继续……");
                Console.ReadKey();
```

```
                return -1;
            }
            else if (n >= menu.Count || n < 0)
            {
                Console.WriteLine("警告：无此例子，请检查键入的序号是否正确！");
                Console.Write("按任意键继续……");
                Console.ReadKey();
                return -1;
            }
            else
                return n;
        }
    }
}
```

这样一来，我们就可以通过主菜单直接运行控制台应用的例子了。

4．设置 ClientConsoleExamples 为默认启动的项目

鼠标右击解决方案资源管理器中的项目名"ClientConsoleExamples"，在弹出的快捷菜单中，单击【设为启动项目】。

5．运行观察效果

按<F5>键调试运行，观察主菜单运行效果。

2.1.2　控制台输出与输入

用 C#编程时，控制台相关的操作都用 System 命名空间下的 Console 类来实现。

1．控制台输出

默认情况下，System.Console 类提供的 Write 方法和 WriteLine 方法自动将各种类型的数据转换为字符串发送到标准输出流。标准输出流默认是命令行窗口。例如：

```
Console.Write("Hello World!");
Console.WriteLine("您好");
```

Write 方法与 WriteLine 方法的区别是：前者在当前光标位置直接输出结果；后者输出结果后，还会自动输出一个回车换行符，即将光标自动转到下一行。

如果希望清除控制台窗口中显示的内容，可以用下面的语句来实现：

```
Console.Clear();
```

2．控制台输入

System.Console 类提供了一个 ReadLine 方法，该方法从标准输入流依次读取字符，并将其立即显示在控制台窗口中，而且在用户按下回车键之前一直等待输入下一个字符，直到用户按下回车键为止。

下面的代码演示了 ReadLine 方法的基本用法。

```
string? s = Console.ReadLine();
if (s == "abc")
{
    Console.WriteLine("OK");
}
```

< 24 >

除了 ReadLine 方法，还可以用 ReadKey 方法读取用户按下的单个字符或功能键，并将其显示在控制台窗口中。ReadKey 方法可返回一个 ConsoleKeyInfo 类型的对象，该对象描述用户按下的是哪个键。例如：

```
Console.ReadKey();
```

3．示例

下面通过例子介绍控制台输入输出的基本用法，同时，也希望读者通过这些步骤，进一步理解项目源程序中各种文件的分类和组织办法。

【例 2-1】编写控制台应用程序，从键盘输入两个数，计算并输出这两个数的和。

设计步骤如下。

（1）鼠标右击 ch02 文件夹，在弹出的快捷菜单中，依次选择【添加】→【类】，在接下来弹出的窗口中，将文件名改为 "E0201.cs"，单击【添加】按钮。此时就会在 ch02 文件夹下添加了一个名为 E0201.cs 的文件。将该文件改为下面的内容：

```
namespace ClientConsoleExamples.ch02
{
    internal class E0201
    {
        public E0201()
        {
            Console.Write("请输入两个数（空格分隔）: ");
            var c = Console.ReadLine();
            string s;
            if (c == null)
            {
                return;
            }
            else
            {
                s = c;
            }
            string[] sArray = s.Split(' ');
            string r = $"两个数的和为: {int.Parse(sArray[0]) + int.Parse(sArray[1])}";
            Console.WriteLine(r);
        }
    }
}
```

（2）按<F5>键调试运行，运行效果如图 2-1 所示。

图 2-1　例 2-1 的运行效果

< 25 >

该例子的功能虽然简单，但却能让我们快速熟悉 C#的基本编程方法。但是，这个例子并不完善，请读者思考该例子有什么不足之处。比如，如果输入的不是两个数，或者未按规定的格式分隔两个数，会出现什么结果？

随着后续章节的学习，我们会逐步掌握解决该例子不足的办法，这里仅需要知道还有这些要解决的问题即可。

2.1.3 数据的格式化表示与基本用法

无论是控制台应用还是其他类型的应用模型，都可以利用 string.Format 方法将数据转换为字符串，并按规定的格式化表示形式定义输出的格式。

1. 格式化表示的一般形式

使用格式化表示时，用"{"和"}"将格式与其他输出字符区分开。一般形式为：

{N [, M] [: 格式码]}

格式中的中括号表示其内容为可选项。

假如参数序列为 x,y,z，格式中的含义如下。

- N：指定参数序列中的输出序号。例如{0}表示 x，{1}表示 y，{2}表示 z。
- M：指定参数输出的最小长度，如果参数的长度小于 M，就用空格填充；如果大于等于 M，则按实际长度输出；如果 M 为负，则左对齐；如果 M 为正，则右对齐；如果未指定 M，默认为零。例如{1,5}表示将参数 y 的值转换为字符串后按 5 位右对齐输出。
- 格式码：为可选的格式化代码字符串。例如如果 y 的值为 20，则{1:00000}的输出结果为 00020，其含义是将参数 y 按 5 位数字输出，不够 5 位时左边补零，超过 5 位时按 y 的实际位数输出。

表 2-1 列出了常用的格式码及其用法示例。

表 2-1　常用格式码

格式符	含义	示例
C	将数字按照金额形式输出	Console.WriteLine("{0:C}",10);　　//￥10.00 Console.WriteLine("{0:C}",10.5);　　//￥10.50
D 或 d	输出十进制整数。D 后的数字表示输出位数，不够指定的位数时，左边补 0	Console.WriteLine("{0:D}",10);　　//10 Console.WriteLine("{0:D5}",10);　　//00010
F 或 f	小数点后固定位数（四舍五入），F 后面不指定位数时，默认为两位	Console.WriteLine("{0:F}",10);　　//10.00 Console.WriteLine("{0:F4}",10.56736);　　//10.5674 Console.WriteLine("{0:F2}",12345.6789);　　//12345.68 Console.WriteLine("{0:F3}",123.45);　　//123.450
N 或 n	整数部分每三位用逗号分隔；小数点后固定位数（四舍五入），N 后面不指定位数时，默认为两位	Console.WriteLine("{0:n4}",12345.6789);　　//12,345.6789
P 或 p	以百分比形式输出，整数部分每三位用逗号分隔；小数点后固定位数（四舍五入），P 后面不指定位数时，默认为两位	Console.WriteLine("{0:p}",0.126);　　//12.60%
X 或 x	按十六进制格式输出。X 后的数字表示输出位数，不够指定的位数时，前面补 0	Console.WriteLine("{0:X}",10);　　//A Console.WriteLine("{0:X4}",10);　　//000A
0	0 占位符，如果数字位数不够指定的占位符位数，则左边补 0；如果数字位数超过指定的占位符位数，则按照实际位数原样输出。如果小数部分的位数超出指定的占位符位数，则多余的部分四舍五入	Console.WriteLine("{0:00000}", 123);　　//000123 Console.WriteLine("{0:000}", 12345);　　//12345 Console.WriteLine("{0:0000}", 123.64);　　//0124 Console.WriteLine("{0:00.00}", 123.6484);　　//123.65

< 26 >

续表

格式符	含义	示例	
#	#占位符。对整数部分，去掉数字左边的无效 0；对小数部分，按照四舍五入原则处理后，再去掉右边的无效 0。如果这个数就是 0，而又不想让它显示的时候，#占位符很有用	Console.WriteLine("{0:####}", 123); Console.WriteLine("{0:####}", 123.64); Console.WriteLine("{0:####.###}", 123.64); Console.WriteLine("{0:####.##}", 123.648);	//123 //124 //123.64 //123.65

在格式化表示形式中，有两个特殊的用法。

- 如果恰好在格式中也要使用大括号，可以用连续的两个大括号表示一个大括号，例如"{{、}}"。
- 如果希望格式中的字符或字符串包含与格式符相同的字符，但是又希望让其原样显示时，可以用单引号将其括起来。

2．利用"$"字符串表示法得到格式化后的字符串

"$"字符串表示法是从 C# 6.0 开始增加的一种格式化字符串的简洁表示形式，这种方式用起来直观易理解。例如：

```
int i = 123;
string s1 = $"{i:d6}";          //d 表示十进制，6 表示不够 6 位左边补零
Console.WriteLine(s1);          //结果为 000123
double j = 123.45;
//{0,-7}表示第 0 个参数左对齐，占 7 位，不够 7 位右边补空格
//{1,7}表示第 1 个参数右对齐，占 7 位，不够 7 位左边补空格
string s2 = $"i:{i,-7}, j:{j,7}";
Console.WriteLine(s2);          //结果 i:123, j: 123.45
string s3 = $"{i:###,###.00}";
Console.WriteLine(s3);          //结果 123.00
int num = 0;
string s4 = $"{num:###}";
Console.WriteLine(s4);          //结果输出长度为 0 的空字符串
```

3．利用 string.Format 方法得到格式化后的字符串

利用 string.Format 方法也可以将某种类型的数据按照希望的格式转换为对应的字符串。例如：

```
string s5 = string.Format("{0:###,###.00}", i);
Console.WriteLine(s5);          //结果为 123.00
```

4．在控制台应用程序中输出格式化后的数据

在控制台应用程序的 Console.Write 方法和 Console.WriteLine 方法的参数中，都可以先将某一个或多个数据转换为指定格式的字符串，然后再输出这个字符串。常用形式为：

```
Console.WriteLine("格式化表示", 参数序列);
Console.Write("格式化表示", 参数序列);
```

带下画线的斜体字表示需要用具体内容替换。例如：

```
int x=10, y=20, z=30;
Console.WriteLine("{0}+{1}+{2}={3}", x, y, z, x+y+z);   //输出 10+20+30=60
Console.WriteLine("{3}={1}+{2}+{0}", x, y, z, x+y+z);   //输出 60=20+30+10
```

< 27 >

还可以使用"$"字符串表示法来简化格式化输出的编写形式。例如，下面的两种形式输出结果完全相同：

```
int x = 20, y = 30, z = 10;
Console.WriteLine("{3}={1}+{2}+{0}", x, y, z, x+y+z);        //输出 60=20+30+10
Console.WriteLine($"{x+y+z}={y}+{z}+{x}");                   //输出 60=20+30+10
```

开发人员可根据个人偏好任选其中的一种方式，也可以混合使用这些方式。

5．示例

下面通过例子说明如何在控制台应用程序中输出格式化后的数据。

【例 2-2】演示如何将数据转换为格式化表示的字符串。

设计步骤如下。

（1）鼠标右击 ch02 文件夹，在弹出的快捷菜单中，依次选择【添加】→【类】，在接下来弹出的窗口中，将文件名改为"E0202.cs"，单击【添加】按钮。此时就会在 ch02 文件夹下添加一个名为 E0202.cs 的文件，将其改为下面的内容：

```
namespace ClientConsoleExamples.ch02
{
    internal class E0202
    {
        public E0202()
        {
            int a = 1, b = 2, c = 3, a1 = 123, a2 = -123;
            double d1 = 1234.56, d2 = -1234.56;
            Console.WriteLine($"a={a}, b={b}, c={c}");
            Console.WriteLine($"a1={a1}, a2={a2}, d1={d1}, d2={d2}");
            Console.WriteLine($"a+b+c={a + b + c}");
            var s = $"a1={a1:d5}, a2={a2:d5}, d1={d1:f4}, d2={d2:f4}";
            Console.WriteLine(s);
        }
    }
}
```

（2）按<F5>键调试运行，结果如图 2-2 所示。

图 2-2　例 2-2 的运行效果

读者也可以在此基础上，继续修改并验证其他格式化表示的运行结果。

2.2　WinForms 应用编程入门

这一节我们主要学习 Windows 窗体（WinForms）应用编程的入门知识。

< 28 >

2.2.1　创建 WinForms 应用项目示例主菜单

创建WinForms应用
项目示例主菜单

为了方便读者学习，本书将把所有 WinForms 应用的例子都通过 WinForms 主界面关联在一起，这一节我们仅列出创建步骤，这些代码的含义还会在后续的学习中逐步介绍。

1．添加 ch02 文件夹

打开 V4B2Source 解决方案，鼠标右击 ClientWinFormsExamples 项目名，在弹出的快捷菜单中，依次单击【添加】→【新建文件夹】，将该文件夹的名称改为 "ch02"。

2．添加 MainForm.cs 文件

鼠标右击 ClientWinFormsExamples 项目名，在弹出的快捷菜单中，依次选择【添加】→【窗体（Windows 窗体）】，在弹出的窗口中，将文件名改为 "MainForm.cs"，单击【添加】按钮。

双击 MainForm.cs 打开该窗体，鼠标右击其界面的空白处，选择 "查看代码"，这样就打开了 MainForm.cs 代码隐藏类，将其改为下面的内容：

```
using System.Diagnostics;
namespace ClientWinFormsExamples
{
    public partial class MainForm : Form
    {
        public MainForm()
        {
            InitializeComponent();
            this.StartPosition = FormStartPosition.CenterScreen;
            foreach (Control control in this.Controls)
            {
                if (control is LinkLabel linkLabel)
                {
                    linkLabel.Click += LinkLabel_Click;
                }
            }
        }
        private void LinkLabel_Click(object? sender, EventArgs e)
        {
            if (sender is LinkLabel linkLabel)
            {
                Form? fm = null;
                switch (linkLabel.Text)
                {
                    //case "例2-3": fm = new ch02.E0203Form(); break;
                }
                if (fm != null)
                {
                    fm.StartPosition = FormStartPosition.CenterScreen;
                    fm.ShowDialog();
                }
            }
        }
    }
}
```

< 29 >

3．修改 Program.cs

打开 Program.cs 文件，将下面这行代码：

```
Application.Run(new Form1());
```

改为：

```
Application.Run(new MainForm());
```

4．设置 ClientWinFormsExamples 为默认启动的项目

鼠标右击【解决方案资源管理器】中的项目名 "ClientWinFormsExamples"，在弹出的快捷菜单中，单击【设为启动项目】。

5．运行观察效果

按<F5>键调试运行，观察主界面运行效果。

2.2.2　窗体与控件

这一节我们学习 WinForms 窗体与控件相关的基本概念。

1．基本概念

Windows 窗体编程模型一般用于 C/S 模式的客户端桌面应用开发。

（1）应用程序入口

创建一个 Windows 窗体应用项目后，系统会自动在项目中生成 Program.cs 文件，该文件中包含了 Main 方法。默认生成的代码如下：

```
namespace ClientWinFormsExamples
{
    internal static class Program
    {
        [STAThread]
        static void Main()
        {
            ApplicationConfiguration.Initialize();
            Application.Run(new Form1());
        }
    }
}
```

Main 方法的最后一条语句表示通过调用 Application 类的 Run 方法来启动应用程序消息循环，并让窗体 Form1 显示出来。如果我们希望程序启动后显示的是另一个窗体，直接修改 Application 类的 Run 方法中的参数即可。

（2）退出应用程序

不论应用程序打开了多少个窗体，也不论当前窗体是哪个窗体，只要调用了 Application 类的 Exit 方法，整个应用程序就会立即退出，用法为：

```
Application.Exit( );
```

（3）窗体界面设计与代码隐藏类

WinForms 为应用程序提供所见即所得的编程模型，所有窗体都是通过将"控件"和"代码隐藏"相关联来实现的，界面设计（UI）用于实现界面的"外观"，与设计窗体相关联的 C#代码用于实现与

< 30 >

界面相关联的"行为",这种用 C#实现的代码称为代码隐藏。

在代码隐藏类中,构造函数默认调用 InitializeComponent 方法将 UI 界面与代码隐藏类合并在一起,该方法可确保无论开发人员在何时创建窗口都会得到正确的初始化。注意一定不要删除 InitializeComponent 方法,否则系统将无法正确地初始化界面。

2. 窗体应用程序的启动和停止

Windows 窗体应用程序提供了以下创建窗体的方式。

(1)创建并显示窗体

如果使用 C#代码打开某个窗体,首先应创建该窗体的实例,然后调用该实例的方法将其显示出来。例如在项目中添加一个名为 MyWindow.cs 的窗体后,就可以在与该窗体匹配的代码隐藏文件中用下面的代码将其显示出来:

```
MyWindow myWindow = new MyWindow();
myWindow.Show();
```

或者用下面的代码显示:

```
MyWindow myWindow = new MyWindow();
myWindow.ShowDialog();
```

Show 方法将窗体显示出来后就立即返回,接着执行 Show 方法后面的语句代码,而不是等待该窗体关闭,因此,打开的窗体不会阻止用户与应用程序中的其他窗体交互。这种类型的窗体称为"无模式"窗体。

如果使用 ShowDialog 方法来打开窗体,该方法将窗体显示出来以后,在该窗体关闭之前,应用程序中的所有其他窗体都会被禁用,并且仅在该窗体关闭后,才继续执行 ShowDialog 方法后面的代码。这种类型的窗体称为"模式"窗体。

(2)隐藏打开的窗体

对于"无模式"窗体,调用 Hide 方法即可将其隐藏起来。例如隐藏当前打开的窗体可以用下面的语句:

```
this.Hide( );
```

要在某个窗体的代码中隐藏其他的"无模式"窗体,可以在该窗体代码中调用其他窗体实例名的 Hide 方法,例如:

```
myForm.Hide( );
```

由于隐藏"无模式"窗体后,其实例仍然存在,因此还可以重新调用 Show 方法再次将其显示出来。

(3)关闭窗体

在 C#代码中,可以直接调用 Close 方法关闭当前打开的窗体。例如:

```
this.Close( );
```

如果关闭其他窗体,如关闭用语句 Form2 fm = new Form2( );创建的窗体,则使用下面的语句即可。

```
fm.Close( );
```

(4)先显示欢迎窗体再显示主窗体

在 WinForms 应用程序中,我们可能希望首先向用户显示一个欢迎窗体,当用户关闭欢迎窗体后再显示主窗体,可以通过修改 Program.cs 文件中的 Main 方法来达到这个目的。例如,假如主窗体是 MainForm.cs,欢迎窗体是 Welcome.cs,实现代码如下。

< 31 >

```
namespace ClientWinFormsExamples
{
    internal static class Program
    {
        [STAThread]
        static void Main()
        {
            ApplicationConfiguration.Initialize();
            var form = new WelcomeForm();
            form.ShowDialog();
            Application.Run(new MainForm());
        }
    }
}
```

3．窗体常用属性

Windows 窗体提供的属性非常多，限于篇幅，这里仅列出最常用的属性，并在含义中说明了其基本用法，如表 2-2 所示。

表 2-2　Windows 窗体常用属性

属性	含义
Name	获取或设置窗体的名称，代码通过该属性来访问窗体
BackColor	获取或设置窗体的背景色
ForeColor	获取或设置窗体上文本的前景色
StartPosition	获取或设置运行时窗体的起始位置，一般在构造函数中设置此属性
FormBorderStyle	获取或设置窗体的边框样式
Size	指定窗体的高度和宽度
WindowState	获取或设置窗体的窗口状态

设置窗体属性的途径有两种。一种是在设计模式下利用【属性】窗口设置窗体属性，如设置窗体的【BackgroundImage】属性可改变窗体背景图、修改窗体的【StartPosition】属性可改变窗体开始显示的位置等；另一种是在代码编辑模式下设置窗体的属性，例如在构造函数中添加下面的代码：

```
this.BackColor = Color.AntiqueWhite;
this.StartPosition = FormStartPosition.CenterScreen;
```

其效果与在设计界面中设置【属性】窗口中的对应属性得到的效果相同。

4．控件常用属性和基本操作

控件有一些常用属性和基本操作，如控件的名称、位置、透明、可见性、对齐方式、重叠控件的显示顺序以及控件的焦点获取与设置等。

（1）控件常用属性

控件的属性是指控件呈现的各种性质，如控件的大小、在窗体中显示的位置等。控件属性一般都有默认值，只有默认值不能满足要求时才需要更改它。

表 2-3 所示为大多数控件都含有的属性名称及其含义。

< 32 >

表 2-3　控件常用属性

属性	含义
Name	指定控件的名称，它是控件在当前应用程序中的唯一标识，代码通过该属性来访问控件
Enabled	决定控件是否可用，取值为 true 时可用，取值为 false 时不可用
Font	设置控件上文本的显示形式，包括字体名称、字号以及文字是否为斜体、加粗和加下画线等
BackColor	设置控件的背景色
ForeColor	设置控件的前景色，即控件上文本的颜色
Location	定位控件，需要指定控件的左上角相对于其容器左上角的坐标（x, y）
Size	指定控件的高度和宽度
Text	设置控件上所要显示的文本，如标签、按钮、复选框等控件上的文字
Visible	决定控件是否可见，取值为 true 时可见，取值为 false 时不可见

（2）控件的调整方式和显示顺序

当控件的【AutoSize】属性为"False"时，利用控件的【Size】属性可以精确控制控件的大小，也可以直接拖放控件的右下角改变其大小让其看起来符合要求。

如果窗体中有多个控件，可以按住<Shift>键同时选中多个控件，然后利用【布局】快捷工具栏中的快捷方式可以快速让各控件对齐。

将鼠标放置在布局快捷工具栏中的快捷按钮上时，系统会自动提示相应的功能，各快捷按钮的具体用法请读者自己尝试。

如果控件有重叠的情况，比如将一个控件放在另一个控件的上面，可以利用布局快捷工具栏中的"置于顶层"和"置于底层"按钮调整显示顺序。

5．控件的锚定和停靠

锚定（Anchor）和停靠（Dock）是控件最常用的两个属性，由于这两个属性对于界面布局非常重要，而且在实际项目开发中这两个属性的使用非常频繁，所以我们在这里单独对其进行介绍。

（1）Anchor 属性

设计一个窗体后，用户可能会在运行程序时调整这个窗体的大小，而且希望该窗体上的控件也能跟着窗体自动调整大小和重新定位，这就用到了 Windows 窗体控件的【Anchor】属性。

【Anchor】属性定义控件的定位点位置。当控件锚定到某个窗体时，如果用户调整该窗体的大小，该控件将维持它与定位点位置之间的距离不变。例如，如果一个 TextBox 控件锚定于窗体的左、右和底边缘，那么当用户调整该窗体的大小时，该 TextBox 控件将在水平方向上自动调整大小，以确保 TextBox 控件与该窗体右边和左边的距离不变。另外，也可以将控件锚定到与窗体底边的距离始终不变。

在窗体上锚定控件的步骤如下。

① 选择要锚定的控件。

② 在【属性】窗口中，单击【Anchor】属性右边的"..."按钮。

③ 此时会出现一个编辑器，该编辑器显示一个十字线。分别单击该十字线的上、下、左、右部分即可设置或清除对应的锚定方向。

默认情况下，控件锚定到左边和上边。

（2）Dock 属性

【Dock】属性的用途是使控件与窗体边缘对齐。此属性指定控件在窗体中的驻留位置，可以直接在设计界面中将【Dock】属性设置为下列值。

< 33 >

Left：停靠到窗体的左侧。

Right：停靠到窗体的右侧。

Top：停靠到窗体的顶部。

Bottom：停靠到窗体的底部。

Fill：占据窗体中的所有剩余空间。

None：不在任何位置停靠，它显示在由 Location 属性指定的位置。

如果选择了 Left、Right、Top 或 Bottom 之一，则系统会自动调整控件的指定边缘和相对边缘的尺寸至包含控件的相应边缘的尺寸。如果选择了 Fill，则系统会自动调整控件的所有四条边以匹配包含控件的边缘。

当控件停靠到其容器的一条边缘时，调整容器的大小时，控件将始终与那条边缘对齐。

2.2.3 消息框

System.Windows.Forms.MessageBox 对话框也叫作消息对话框，简称消息框，它是一个可立即弹出的标准模式对话框，一般利用它弹出重要的提示信息以引起用户的注意，只有用户关闭了弹出的消息框窗口，才会继续执行其下面的语句。

可以通过调用 MessageBox 类提供的静态 Show 方法来显示消息对话框，通过检查 Show 方法返回的值确定用户单击了哪个按钮。

下面的代码演示了 MessageBox 类的典型用法。

常用形式 1：

```
MessageBox.Show("消息内容");
```

常用形式 2：

```
MessageBox.Show("消息内容", "标题", MessageBoxButtons.OK, MessageBoxIcon.Error);
```

常用形式 3：

```
var result = MessageBox.Show("是否退出应用程序? ", "提示",
            MessageBoxButtons.YesNo, MessageBoxIcon.Question);
if (result == DialogResult.Yes)
{
    Application.Exit();  //结束应用程序
}
```

2.3 常用控件及其基本用法

WinForms 应用程序模板提供了很多控件，这里仅介绍最常用的控件及其基本用法。

2.3.1 标签、按钮和文本框

标签、按钮和文本框是最常用的基本控件。

1. 标签

WinForms 提供的标签有两种，一种是 Label，另一种是 LinkLabel。

< 34 >

（1）Label 控件

Label 控件用于提供控件或窗体的描述性文字，以便为用户提供相应的信息。Label 控件常用的属性是 Text 属性，该属性表示显示的文本内容。

常用属性有：

- Text：获取或设置要显示的文本（文字或图形字符）；
- Font：获取或设置文本使用的字体名称和大小；
- ForeColor：获取或设置文本的颜色。

对于文本字符串来说，最简单的办法就是用 Label 控件来显示它，例如：

```
label1.Font = new Font("华文彩云",50);
label1.Text = "Hello World";
```

如果希望显示图形字符，只需要修改使用的字体库即可，或者在代码隐藏类中，通过转义符用 Unicode 编码指定要显示的图形字符。例如：

```
label2.Font = new Font("Wingdings", 30);
label2.Text = "\u004A\u004B\u004C";
```

（2）LinkLabel 控件

LinkLabel 控件与 Label 控件的作用非常相似，不同的是 LinkLabel 控件会以超链接的形式显示文本信息。当用户单击 LinkLabel 控件时，会触发 LinkClicked 事件。

2．按钮

按钮（Button）是最基本的控件之一，一般利用它来响应用户的单击行为。

3．文本框

文本框（TextBox）主要用于让用户输入或编辑纯文本字符串。在 TextBox 中编辑的文本可以是单行文本，也可以是多行文本，还可以设置密码字符屏蔽掩码作为密码输入框。

该控件的常用属性如下。

- Text：表示显示的文本。
- MaxLength：控制用户可以在文本框控件中输入的字符最大数目，默认值为 32767 个字符。注意：由于使用的是 Unicode 字符，所以对中文和英文的字符计数方法是相同的，即一个英文字符的长度为 1，一个中文字符的长度也是 1。
- Multiline：决定是否可以包含多行内容。当该属性为 false 时，TextBox 的 Width 属性可以更改，但 Height 属性是固定的，即只允许输入单行文本；当该属性值为 true 时，TextBox 的 Width 属性和 Height 属性均可更改，也可直接由鼠标拉动改变文本框的大小，以支持多行文本的输入和显示。
- PasswordChar：用于指定作为密码输入的屏蔽字符。如果设置了该属性，则输入的任何文本字符将都显示为该属性指定的屏蔽字符。另外，还有一个 UseSystemPasswordChar 属性，若该属性设为 true，则无论在 PasswordChar 属性中指定了哪一个字符，最终在 TextBox 中的文本只能以系统默认的密码字符来显示。

TextBox 控件的常用事件是 TextChanged 事件。

4．示例

下面通过例子演示 Label、Button、TextBox 的基本用法。

【例 2-3】演示 Label、Button、TextBox 的基本用法以及如何显示和关闭窗体。运行效果如图 2-3 所示。

< 35 >

图 2-3　例 2-3 的运行效果

主要设计步骤如下。

（1）鼠标右击 ClientWinFormsExamples 项目下的 ch02 文件夹，在弹出的快捷菜单中，依次选择【添加】→【窗体（Windows 窗体）】命令，添加一个名为 E0203Form.cs 的窗体。

（2）按照前面的步骤，再在 ch02 文件夹下添加一个名为 E0203Form1.cs 的窗体。

（3）切换到 E0203Form.cs 的设计界面，从【工具箱】中向窗体拖放两个 Button 控件，然后分别设置两个控件的【（Name）】属性为 "buttonShow" 和 "buttonHide"，【Text】属性为 "显示另一个窗体" 和 "隐藏另一个窗体"。然后分别双击 buttonShow 和 buttonHide 按钮，目的是为了让其在 E0203Form.cs 的代码编辑界面中自动生成按钮对应的 Click 事件。

（4）单击 E0203Form.cs 设计界面的空白处，在【属性】窗口中单击 $\mathcal{F}$ 按钮（雷电符号），找到 FormClosing 事件，双击该事件，以便让其在 E0203Form.cs 的代码编辑界面中自动生成对应的代码。

（5）切换到 E0203Form1.cs 的设计界面，从【工具箱】中向窗体拖放两个 Label 控件、两个 TextBox 控件。再拖放一个 Button 控件，设置该控件的【(Name)】属性为 "buttonOK"，【Text】属性为 "确定"，然后双击 buttonOK 按钮系统，就会自动在 E0203Form1.cs 的代码编辑界面中生成该按钮对应的 Click 事件。

（6）将 E0203Form1.cs 的代码改为下面的内容。

```
namespace ClientWinFormsExamples.ch02
{
    public partial class E0203Form1 : Form
    {
        public E0203Form1()
        {
            InitializeComponent();
        }
        private void buttonOK_Click(object sender, EventArgs e)
        {
     MessageBox.Show($"用户名：{textBoxUserName.Text}，密码：{textBoxPwd.Text}", "提示");
        }
    }
}
```

（7）将 E0203Form.cs 的代码改为下面的内容。

```
namespace ClientWinFormsExamples.ch02
{
    public partial class E0203Form : Form
    {
        private E0203Form1? fm;
        public E0203Form()
        {
            InitializeComponent();
        }
```

< 36 >

```
private void buttonShow_Click(object sender, EventArgs e)
{
    if (fm == null)
    {
        fm = new E0203Form1();
    }
    fm.Show();
}
private void buttonHide_Click(object sender, EventArgs e)
{
    if (fm != null)
    {
        fm.Hide();
    }
}
private void E0203Form_FormClosing(object sender, FormClosingEventArgs e)
{
    if (fm != null)
    {
        fm.Close();
    }
}
}
}
```

（8）在 MainForm.cs 的 switch 语句块中，取消与该例子相关的代码的注释，即：
将

```
//case "例 2-3": fm = new ch02.E0203Form(); break;
```

改为：

```
case "例 2-3": fm = new ch02.E0203Form(); break;
```

（9）按<F5>键调试运行，观察运行效果。

2.3.2 面板和分组框

Panel 控件和 GroupBox 控件均用于对控件集合进行分组，不同组的控件放置在不同的 Panel 控件和 GroupBox 控件内即可。Panel 控件与 GroupBox 控件的不同之处是，Panel 控件不能显示标题但可以显示滚动条，而 GroupBox 控件可以显示标题但不能显示滚动条。

1. Panel

Panel 是包含其他控件的控件。利用 Panel 可对控件集合（如一组 RadioButton 控件）进行分组，以将面板包含的区域与窗体上的其他区域区分开来。

默认情况下，Panel 控件不显示边框，但可以使用 BorderStyle 属性来设置要显示的边框。另外，还可以使用 AutoScroll 属性在 Panel 控件中启用滚动条。

如果控件 Panel 的 Enabled 属性设置为 false，则会禁用 Panel 中包含的控件。

2. GroupBox

GroupBox 是定义控件组的容器控件，GroupBox 的典型用途是包含 RadioButton 控件的逻辑组的。如果有两个 GroupBox，每个组包含多个 RadioButton，则每组按钮是互斥的，即每个组只能设置一个

< 37 >

选项值。

GroupBox 无法显示滚动条。如果需要显示滚动条，可使用 Panel 控件。

2.3.3 单选按钮

RadioButton 控件也叫作单选按钮，以单项选择的形式出现，即一组 RadioButton 按钮中只能有一个处于选中状态。一旦某一项被选中，则同组中其他 RadioButton 按钮的选中状态自动清除。单选按钮是以每个选项各自所在的容器来分组的，直接添加在窗体上的多个单选按钮默认属于同一组，此时窗体就是容器。如果要在一个窗体上创建多个单选按钮组，则需要使用 GroupBox 控件或者 Panel 控件作为容器将其分类。

【例 2-4】演示 RadioButton 控件的基本用法。运行效果如图 2-4 所示。

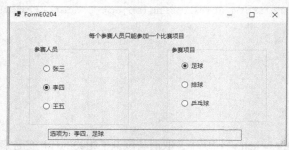

图 2-4 例 2-4 的运行效果

该例子的源程序见 E0204Form.cs 及其代码隐藏类。

2.3.4 复选框

CheckBox 控件可提供多选功能，常用的形式是两种状态选其一，如对于"是/否"来说，可以用选中表示"是"，未选中表示"否"。该控件也可以表示 3 种状态，如当一个树形结构的某个节点所包含的子节点有些"选中"、有些"未选中"，此时该表示节点状态的 CheckBox 用选中和未选中都不合适，这种情况下，就可以用"不确定"状态来表示。

每一个 CheckBox 所代表的选中或未选中都是独立的，当用多个 CheckBox 控件构成一组复合选项时，各个 CheckBox 控件之间互不影响，即用户既可以只选择一项，也可以同时选中多项，这就是复选的含义。

CheckBox 控件有两个重要属性：Checked 和 CheckState。Checked 属性返回 true 或 false，CheckState 属性返回 Checked（表示选中）或 Unchecked（表示未选中）枚举值之一。如果 ThreeState 属性被设置为 true，用户单击 CheckBox 控件改变状态时，CheckState 将返回 Checked、Unchecked 和 Indeterminate（表示不确定）3 种状态之一。

"不确定"状态也可以表示该选项"不可用"，此时一般还要将该控件的 Enabled 属性设置为 false，即不允许用户改变该控件的状态。

除了 Checked 和 CheckState 属性，该控件常用的还有 Text 属性，表示与复选框控件相关联的文本。

CheckBox 控件常用的事件是 CheckedChanged 事件，当复选框的 Checked 属性值更改时会触发该事件。

【例 2-5】设计一个窗体，让用户选择球类参赛项目，要求用一个复选框表示是否参加所有比赛项

< 38 >

目，如果只参加了部分球赛项目，该复选框用"不确定"状态表示。

该例子的源程序见 E0205.cs，运行效果如图 2-5 所示。

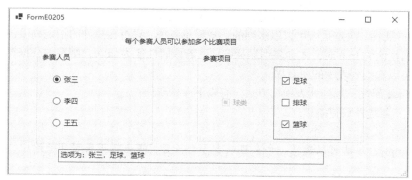

图 2-5 例 2-5 的运行效果

2.3.5 列表框和下拉框

ListBox（列表框）控件和 ComboBox（下拉框）控件均用于显示一组条目，以便从中选择一条或者多条信息，并对其进行相应的处理。两个控件的用法基本上一样，不同之处仅仅在于控件的外观不一样。

表 2-4 所示为 ListBox 控件和 ComboBox 控件共有的常用属性、方法和事件。

表 2-4 ListBox 控件和 ComboBox 控件的常用属性、方法和事件

属性、方法或事件	说明
Items 属性	获取或设置控件中的所有项
SelectedIndex 属性	获取当前选定的条目在列表中的索引
SelectedItem 属性	获取当前选定的条目在列表中的项
SelectedItems 属性	获取包含所有当前选定条目项的集合
Sorted 属性	获取或设置各项是否按字母的顺序排序显示
Items.Add 方法	向 ListBox 的项列表添加项
Items.AddRange 方法	向 ListBox 的项列表添加一组项
Items.Clear 方法	从集合中移除所有项
Items.Contains 方法	确定指定的项是否位于集合内
Items.Remove 方法	从集合中移除指定的对象
ClearSelected 方法	取消选择 ListBox 中的所有项
SelectedIndexChanged 事件	当 SelectedIndex 属性值更改时触发的事件

SelectedIndex 属性用于获取或设置 ListBox 和 ComboBox 控件选中的项，如果未选择任何项，则 SelectedIndex 值为-1。如果选择列表中的第一项，则 SelectedIndex 值为 0，如窗体开始显示时，要设置默认选中第一项，则可以用以下示例语句：

```
listBox1.SelectedIndex = 0;
comboBox1.SelectedIndex = 0;
```

SelectedItem 属性与 SelectedIndex 类似，但它的返回项本身，一般是一个字符串值。

可以利用 Count 属性得到列表的总项数，由于 SelectedIndex 是从零开始的，所以 Count 属性的值

< 39 >

通常比 SelectedIndex 的最大值大 1。

1．ListBox 控件

除了表 2-4 列出的两个控件共有的属性，ListBox 还有以下 3 个常用的属性。

MutiColumn 属性：决定是否可以以多列的形式显示各项。只有在控件的指定高度内无法完全显示所有项，且该属性值为 true 时，才会多列显示各项。若该属性值为 false，则控件会根据多少自动显示滚动条，以便可以看到列表中的所有项。

SelectionMode 属性：选择列表项的方式，有以下 4 种取值。

- None：不能选择任何条目。
- One：每次只能选择一个条目。
- MultiSimple：每次可以选择一个条目或者多个条目，单击对应条目即被选中，再次单击取消选中。
- MultiExtended：每次可以选择一个条目或者多个条目，仅用鼠标单击各条目时，每次选择一个条目；使用组合键（如<Shift>键或<Ctrl>键）配合时，可以选择多个条目。

HorizontalScrollbar 属性：获取或设置一个值（true 或者 false），该值指示是否在控件中显示水平滚动条。

2．ComboBox 控件

ComboBox 控件的用法与 ListBox 相似。可以认为 ComboBox 控件是 TextBox 和 ListBox 组合出来的结果。

ComboBox 控件包含了两个部分：顶部是由一个允许键入列表项的文本框（TextBox）和文本框右边带有向下箭头的按钮组合出来的结果，文本框可以用来编辑或者显示当前选中的条目。顶部下方是一个列表框（ListBox），它显示一个项列表，用户可从中选择一项。

默认情况下顶部下方的列表框是隐藏的，用户单击顶部的文本框旁边带有向下箭头的按钮时才弹出列表框，然后使用键盘或者鼠标在列表框中快速选择条目。

ComboBox 控件的优点是它可以节约窗体上的空间。由于该控件默认不显示完整列表，所以利用它可以方便地放入列表框放不下的窄小空间。

除了表 2-4 列出的 ComboBox 和 ListBox 相同的属性，ComboBox 控件还有以下常用的两个属性。

DropDownStyle 属性：表示组合框的显示样式，它有 3 种选择形式。

- Simple：同时显示文本框和列表框，文本框可以被编辑。
- DropDown：只显示文本框，隐藏列表框，且文本框可以被编辑。
- DropDownList：只显示文本框，隐藏列表框，但文本框不可以被编辑。

MaxDropDownItems 属性：设置打开列表框时所显示的最大条目数，其他多出的部分可以以滑动滚动条的方式显示查看。

下面通过例子来说明 ListBox 控件和 ComboBox 控件的用法，例子中演示了如何在代码中向 ListBox 和 ComboBox 控件添加新项，以及如何删除选中的项。

【例 2-6】设计一个简单的选修课程修改界面，从可选项中选择课程添加到选修的课程列表内。如果可选项中没有提供所选课程，允许用户直接键入新课程，并自动将键入的新课程添加到供选择的课程中。

该例子的源程序见 E0206.cs，运行效果如图 2-6 所示。

这里需要说明一点，使用 for 语句删除选择的项时，要从索引号最大的选项开始逐步递减，并依次删除该索引号对应的项，否则可能会得到错误的结果。

< 40 >

图 2-6　例 2-6 的运行效果

2.3.6　图像和图像列表

本小节主要学习 PictureBox 控件和 ImageList 组件的基本用法。

1. 图像

图像（PictureBox）控件用于显示图像或者 GIF 动画。

（1）常用属性

PictureBox 控件的常用属性如表 2-5 所示。

表 2-5　PictureBox 控件的常用属性

属性	说明
Image 属性	在 PictureBox 中显示的图片。可接受的图片文件类型有.bmp、.ico、.gif、.wmf、.jpg、.png 等
SizeMode 属性	图片在控件中的显示方式，有如下 5 种显示方式。 ①AutoSize：自动调整控件 PictureBox 的大小，使其等于所包含的图片大小。 ②CenterImage：将控件的中心和图片的中心对齐显示。如果控件比图片大，则图片将居中显示；如果图片比控件大，则图片将居于控件中心，而外边缘将被剪裁掉。 ③Normal：图片被置于控件的左上角。如果图片比控件大，则超出部分被剪裁掉。 ④StretchImage：控件中的图像被拉伸或收缩，以适合控件的大小，完全占满控件。 ⑤Zoom：控件中的图片按照比例拉伸或收缩，以适合控件的大小，占满控件的长度或高度

如果希望在代码中加载或清除图片，可以使用类似下面的语句：

```
//加载图片
if (pictureBox1.Image != null)
{
    pictureBox1.Image.Dispose( );
}
string fileName= Application.StartupPath + @"\MyImage.gif";
pictureBox1.Image = Image.FromFile(fileName);
//清除图片
if (pictureBox1.Image != null)
{
    pictureBox1.Image.Dispose( );
    pictureBox1.Image = null;
}
```

这里需要说明一点，不论是加载图片还是清除图片，都要及时释放原图片占用的内存资源。这是因为图片占用的内存资源一般都很大，靠垃圾回收来清理资源会使程序性能受影响。

（2）如何将图像等文件保存到项目中

为了管理项目中的图像、音视频等文件，可先将这些文件添加到项目中，例如将图像文件添加到

< 41 >

项目中的 images 文件夹下等。添加的办法很简单，直接将文件拖放到项目中的 images 文件夹下即可。

（3）如何创建资源文件并将图像添加到资源中

① 在【解决方案资源管理器】中，用鼠标右击项目名，在弹出的快捷菜单中，依次选择【添加】→【新建项】，在弹出的窗口中，选择"资源文件"，指定一个资源文件名（如 Resource1.resx），单击【添加】按钮。

② 双击某个资源文件（例如 Resource1.resx）打开【资源设计器】，然后再利用它添加或删除被链接的资源文件。

图像文件、图标文件、音频文件、视频文件等都可以作为资源文件。资源文件创建完毕后，就可以用 PictureBox 显示它了。

（4）如何在图片上显示透明标签

如果将 Label 控件的背景色设置为"Transparent"，则该控件相对于其父容器是透明的。例如，对于放置在 Panel 控件内的 Label 控件来说，其父容器就是 Panel 控件，将其【BackColor】属性设置为"Transparent"，该 Label 控件就可以在 Panel 控件内透明显示。

2．图像列表

图像列表（ImageList）是一个组件，该组件用于保存一组图像，然后供其他控件显示一组图像中的某一个图像。

ImageList 组件的主要属性是【Images】属性，它包含关联的控件将要使用的图片。每个单独的图像可通过其索引值或其键值来访问，其中索引值用【ImageIndex】属性来设置，键值用【ImageKey】属性来设置。

3．示例

下面通过例子演示 PictBox 控件和 ImageList 组件的基本用法。

【例 2-7】演示 PictBox 和 ImageList 组件的基本用法。

该例子的源程序见 E0207.cs，运行效果如图 2-7 所示。

例 2-7 讲解

图 2-7　例 2-7 的运行效果

主要设计步骤如下。

（1）在项目中新建一个名为 images 的文件夹，然后将使用的图像文件和动画文件分别拖放到该文件夹下。

（2）在【解决方案资源管理器】中，用鼠标右击项目名，选择【添加】→【新建项】，在弹出的窗口中，选择"资源文件"，指定资源文件名为 Resource1.resx，单击【添加】按钮。

（3）双击 Resource1.resx 打开【资源设计器】，然后将 images 文件夹下的所有图像全部添加到资源文件中。

（4）设计 E0207.cs 的窗体界面（步骤略）。

（5）向 E0207.cs 设计窗体拖放一个 ImageList 组件，然后鼠标右键单击该组件右上角的三角按钮，利用其提供的功能向该组件添加两个图像资源（park、dog），并将该组件的图像大小设置为与界面上

< 42 >

button1 控件的大小相同。

（6）选中界面上 panel1 控件，将其【BackgroundImage】属性设置为 "park"，【BackgroundImageLayout】属性设置为 "Stretch"。然后分别将其上方的 label1 和 pictureBox1 的【BackColor】属性均设置为 Web 选项卡下的 "Transparent"。

（7）分别添加按钮 button1 的 MouseEnter 事件和 MouseLeave 事件。

（8）将 E0207.cs 的代码改为如下内容。

```
namespace ClientWinFormsExamples.ch02
{
    public partial class E0207 : Form
    {
        public E0207()
        {
            InitializeComponent();
            button1.Size = new Size(imageList1.ImageSize.Width, imageList1.ImageSize.
Height + 25);
            button1.TextImageRelation = TextImageRelation.ImageAboveText;
            button1.ImageList = imageList1;
            button1.ImageIndex = 0;
        }
        private void button1_MouseEnter(object sender, EventArgs e)
        {
            button1.ImageIndex = 1;
        }
        private void button1_MouseLeave(object sender, EventArgs e)
        {
            button1.ImageIndex = 0;
        }
    }
}
```

（9）按<F5>键调试运行，观察鼠标移动到按钮上和鼠标离开按钮图像的变化。

实际上，这个例子除了演示 ImageList 的用法，也同时演示了如何将按钮中的图像和文字上下排列同时显示。除此之外，还可以将图像和文字左右排列显示，具体如何实现请读者自己尝试。

习题

1. 利用 Label 控件的（　　）属性可设置文字的字体大小。

　　A. FontSize　　　　　B. Foreground　　　　　C. Font　　　　　D. FontFamily

2. 在 WinForms 应用程序中，如果复选框控件的 Checked 属性值为 False，表示该复选框（　　）。

　　A. 被选中　　　　　B. 未被选中　　　　　C. 显示信息　　　　　D. 不显示信息

3. System.Console 类提供了一个（　　）方法从标准输入流依次读取字符。

4. 在 Windows 窗体应用程序的 Main 方法中，（　　）方法用于在当前线程上启动应用程序消息循环，并显示窗体。

5. Windows 窗体编程模型一般用于 C/S 模式的（　　）开发。

6. 简要回答窗体的显示方式有哪些，并说明其特点。

< 43 >

第 **3** 章 C#基本数据类型和流程控制语句

这一章我们主要通过 Windows 窗体应用程序学习 C#数据类型和流程控制语句的基本用法，这些基本用法在其他类型的应用程序中同样适用。

3.1 数据类型和运算符

数据类型、运算符和表达式是构成 C#代码的基础。
这一节我们主要学习 C#数据类型的划分以及常用的运算符和表达式。

3.1.1 C#的类型系统

在 C#的类型系统中，除了内置的数据类型，还允许开发人员使用类型声明（type declaration）来创建自定义的类型，包括类类型（简称类）、结构类型（简称结构）、接口类型（简称接口）、枚举类型（简称枚举）、数组类型（简称数组）和委托类型（简称委托）等。

1．类型系统划分

无论是 C#内置的类型还是开发人员自定义的类型，这些类型从大的方面来看可分为两大类，一类是值类型，另一类是引用类型。如表 3-1 所示。

表 3-1　C#类型系统的划分

类别		说明
值类型	简单类型	有符号整型（1 字节、2 字节、4 字节、8 字节）：sbyte、short、int、long
		无符号整型（1 字节、2 字节、4 字节、8 字节）：byte、ushort、uint、ulong
		Unicode 字符：char
		IEEE 浮点型（4 字节、8 字节）：float、double
		高精度小数型：decimal
		布尔型：bool
	枚举	用 enum E {...}的形式声明
	结构	用 struct S {...}的形式声明
	可空类型	具有 null 值的值类型的扩展，例如： int? i=null;　//int?表示可以为 null 的 int 类型

续表

类别		说明
引用类型	类	所有类型的基类：object Unicode 字符串：string 用 class C {...}的形式声明
	接口	用 interface I {...}的形式声明
	数组	一维和多维数组，例如 int[ ]和 int[,]
	委托	用 delegate int D(...)的形式声明

C#的可空类型是指可以为 null 的值类型，int?是泛型 System.Nullable<int>的简写形式，比如当处理数据库中未赋值的数据时，就可以用这种类型来表示。

2．值类型和引用类型的区别

值类型和引用类型的区别在于，值类型变量直接在"栈（Stack）"中保存该变量的值；引用类型的变量在栈中保存的仅是该对象的引用地址，而它的实际值则保存在由垃圾回收器负责管理的"堆（Heap）"中。

当把一个值类型的变量赋给另一个值类型的变量时，会在栈中保存两个完全相同的值；而把一个引用变量赋给另一个引用变量时，在栈中的两个值虽然相同，但是由于这两个值都是堆中对象的引用地址，所以实际上引用的是同一个对象。

对于值类型，由于每个变量都有自己的值，因此对一个变量的操作不会影响到其他变量；对于引用类型的变量，对一个变量的数据进行操作就是对堆中的数据进行操作，如果两个引用类型的变量引用同一个对象，对一个变量的操作同样也会影响另一个变量。

表 3-2 所示为值类型和引用类型的区别。

表 3-2　值类型和引用类型的区别

特性	值类型	引用类型
变量中保存的内容	实际数据	指向实际数据的引用指针
内存空间配置	栈（stack）	受管制的堆（managed heap）
内存需求	较少	较多
执行效率	较快	较慢
内存释放时间点	超出变量的作用域时	由垃圾回收机制负责回收

在 C#语言中，不论是值类型还是引用类型，其最终基类都是 Object 类（首字母小写的 object 仅是 Object 类的别名）。例如所有值类型都是从 System.ValueType 派生的，而 System.ValueType 是从 System.Object 派生的，所以所有值类型的最终基类都是 System 命名空间下的 Object 类。

3.1.2　常量与变量

常量名和变量名都必须以字母或者下画线开头，后跟字母或数字的组合。

1．常量

对于多个地方都需要使用的固定不变的数据（常数），一般用常量来表示。这样可以让程序容易阅读和理解，修改常量的值也比较方便。

C#用 const 关键字声明常量。例如：

< 45 >

```
const double pi = 3.14;
```

编译器编译这条语句时，会把所有声明为 const 的常量全部替换为实际的常数。

2. 变量

变量用来表示其值可以被更改的数据。比如一个数值、一个字符串值或者一个类的实例。变量存储的值可能会发生更改，但变量名则保持不变。

下面的例子说明了如何声明变量：

```
int a = 100;        //声明一个整型变量 a，并赋初值为 100
```

或者：

```
int a;              //声明一个整型变量 a
a = 100;            //为整型变量 a 赋值为 100
```

也可以用一条语句完成多个变量的声明和初始化，各个变量之间用逗号分隔。例如：

```
int a = 100, b, c = 200,d;     //声明整型变量 a、b、c、d，并将 a 赋值 100，c 赋值 200
```

3. 隐式类型的局部变量

在语句块内用 var 声明的变量称为隐式类型的局部变量。对于局部变量而言，除了显式声明其数据类型，还可以用 var 关键字来声明它，这是因为 C#规定局部变量必须赋初值，所以用 var 声明的变量实际上仍然是一种强类型的数据，只是它的实际数据类型由编译器通过为其赋的初值来自动推断而已。

当开发人员记不清楚某局部变量应该属于哪种数据类型时，此时用 var 来声明它特别方便。例如：

```
var key = Console.ReadKey();
```

这条语句用于获取用户按下的某个字符键或功能键，并将结果赋值给 key，它和下面的语句是等价的：

```
ConsoleKeyInfo key = Console.ReadKey();
```

还可以利用隐式类型的局部变量将一组具有初值的只读属性封装到单个对象中，而无需先显式定义一个类再创建该类的实例。例如：

```
var v = new { ID = "0001 ", Name="张三" };
Console.WriteLine("学号: {0}, 姓名: {1}", v.ID, v.Name);
```

注意，由于隐式类型的局部变量仍然属于强类型，所以类级别的"字段"不能使用 var 来声明。另外，用 var 声明的局部变量不能赋初值为 null，这是因为编译器无法推断 null 属于哪种具体的类型。

3.1.3 运算符与表达式

表达式由操作数和运算符构成。

1. 运算符

按操作数的个数来分，C#语言提供了 3 大类运算符。

一元运算符：指带有一个操作数（x）的运算符，如 x++。

二元运算符：指带有两个操作数（x，y）的运算符，如 x + y。

三元运算符：指带有三个操作数（x，y，z）的运算符。如 a = (x = = true) ? y : z;该语句的含义是如

< 46 >

果 x 为 true 则 a 为 y，否则 a 为 z。

表 3-3 列出了 C#提供的常用运算符及其说明。

表 3-3　常用运算符

运算符类型	说明
点运算符	指定类型或命名空间的成员，如 "System.Console.WriteLine("hello");"
圆括号运算符( )	有 3 个用途：（1）指定表达式运算顺序；（2）用于显示转换；（3）用于方法或委托，即将参数放在括号内

方括号运算符[ ]	（1）用于数组和索引。例如：
	　int[ ] a;
	　a = new int[100];
	　a[0] = a[1] = 1;
	　for (int i = 2; i < 100; ++i)
	　{
	　　a[i] = a[i - 1] + a[i - 2];
	　}
	（2）用于特性（Attribute）声明。例如：
	　[Conditional("DEBUG")]
	　void TraceMethod( ) {}
	（3）用于指针（仅适用于非托管模式）。例如：
	　unsafe void M( )
	　{　int[ ] nums = {0,1,2,3,4,5};
	　　fixed (int* p = nums)
	　　{
	　　　p[0] = p[1] = 1;
	　　　for(int i=2; i<100; ++i) p[i] = p[i-1] + p[i-2];
	　　}
	　}

new 运算符	（1）用于创建对象和调用构造函数，如 Class1 obj = new Class1( ); （2）用于创建匿名类型的实例
递增递减运算符	"++" 运算符将变量的值加 1，如 x++;　++x; "--" 运算符将变量的值减 1，如 x--;　--x;
赋值运算符	=、+=、-=、*=、/=、%=、<<=、>>=、&=、^=、|= 例如：x += y 相当于 x = x + y; 　　　x <<= y 相当于 x = x <<y
算术运算符	加（+）、减（-）、乘（*）、除（/）、求余数（%），如 x % y

关系运算符	大于（>）、小于（<）、等于（==）、不等于（!=）、小于或等于（<=）、大于或等于（>=）
	例如：
	if(x>=y)x++;
	if(x==y)x++;
	if(x!=y)x--;

条件运算符	&&　条件 "与"，如 x && y 的含义是仅当 x 为 true 时计算 y ||　条件 "或"，如 x || y 的含义是仅当 x 为 false 时计算 y ?:　条件赋值，如 int x = （条件）? 条件成立时 x 的值：条件不成立时 x 的值 ??　如果类不为空值时返回它自身，如果为空值则返回之后的操作。例如：int j = i ?? 0; 其含义是如果 i 不为 null，则 j 为 i，否则 j 为 0
逻辑运算符 （按位操作运算符）	逻辑与（&）、逻辑或（|）、逻辑非（!）、逻辑异或（^） 按位求反（~）、逻辑左移（<<）、逻辑右移（>>） 如 x << y 含义是将 x 向左移动 y 位

< 47 >

续表

运算符类型	说明
typeof 运算符	获取类型的 System.Type 对象，如 System.Type type = typeof(int);

is 运算符	检查对象是否与给定类型兼容，x is T 含义为如果 x 为 T 类型，则返回 true；否则返回 false。例如：
	static void Test(object o)
	{
	　if (o is Class1)　a = (Class1)o;
	}

as 运算符	x as T 的含义为返回类型为 T 的 x，如果 x 不是 T，则返回 null。例如： Class1 c = new Class1( ); Base b = c as Base; if (b != null){…}

　　当一个表达式包含多个操作符时，表达式的值由各操作符的优先级来决定。如果搞不清楚操作符的运算优先级，编程时最好通过小括号"( )"来明确指定它，以确保运算的顺序准确无误，也使代码看起来一目了然。

　　2．表达式

　　表达式是指可以计算且结果为单个值、对象、方法或命名空间的代码片段。

　　构造表达式时，需要使用运算符；而运算符对应的操作数可以是单个数据（常量或变量），也可以是表达式，甚至是某一方法调用；并且，该方法调用的参数又可以是其他的方法调用（只要满足类型匹配即可），因此表达式从形式上看，既可以非常简单，也可以非常复杂。

　　例如，x+y 是最简单的表达式，它既可以表示两个值类型的数据相加，又可以表示两个字符串连接；而(x+y>z) && (x>y)则是稍微复杂的表达式，其含义是：如果 x 加 y 大于 z 并且 x 大于 y，则结果为 true，否则结果为 false。

　　C#语言的表达式与 C++的表达式用法非常相似，这里不再过多介绍。

3.2 简单类型

　　简单类型包括整型、浮点型、布尔型、字符型、枚举类型以及可空类型，这些都是 C#类型系统内置的值类型。

3.2.1 整型

　　根据变量在内存中所存储的位数不同，C#语言提供了 8 种整数类型，分别表示 8 位、16 位、32 位和 64 位有符号和无符号的整数值。其表示形式及取值范围如表 3-4 所示。

表 3-4　整数类型表示形式及其取值范围

类型	说明	取值范围	常数指定符
Sbyte	1 字节有符号整数（8 位）	$-2^7 \sim +(2^7-1)$，即$-128 \sim +127$	
Byte	1 字节无符号整数（8 位）	$0 \sim (2^8-1)$，即 $0 \sim 255$	
Short	2 字节有符号整数（16 位）	$-2^{15} \sim +(2^{15}-1)$，即$-32\,768 \sim +32\,767$	
ushort	2 字节无符号整数（16 位）	$0 \sim (2^{16}-1)$，即 $0 \sim 65\,535$	

< 48 >

续表

类型	说明	取值范围	常数指定符
Int	4 字节有符号整数（32 位）	$-2^{31} \sim +(2^{31}-1)$ 即$-2\ 147\ 483\ 648 \sim +2\ 147\ 483\ 647$	如果是十六进制数需要加 0x 前缀
Uint	4 字节无符号整数（32 位）	$0 \sim (2^{32}-1)$，即 $0 \sim 4\ 294\ 967\ 295$	后缀：U 或 u
Long	8 字节有符号整数（64 位）	$-2^{63} \sim +(2^{63}-1)$，即$-9\ 223\ 372\ 036\ 854\ 775\ 808 \sim +9\ 223$ $372\ 036\ 854\ 775\ 807$	后缀：L 或 l
Ulong	8 字节无符号整数（64 位）	$0 \sim (2^{64}-1)$，即 $0 \sim 18\ 446\ 744\ 073\ 709\ 551\ 615$	后缀：UL 或 ul

类型指定符用于赋值为常数的情况，指定符放在常数的后面，大小写均可。例如：

```
long  y = 1234;    //int 型的值 1234 隐式转换为 long 类型
```

由于后缀为小写字母的"l"容易和数字"1"混淆，所以 Uint、Long、Ulong 类型的常量指定符一般都用大写字母来表示。例如：

```
long  x1 = 1234L;
```

给整型变量赋值时，可分别采用十进制、十六进制或者二进制的常数。

如果是十进制常数，直接写出即可。例如：

```
int  x2 = 1234;    //声明一个整型变量，并为其赋值为十六进制的数据 1234
```

如果是十六进制常数，必须加前缀"0x"。例如：

```
long  x3 = 0x1a;    //声明一个长整型变量，并为其赋值为十六进制的数据 1A，即十进制的 26
```

如果是二进制常数，必须加前缀"0b"。例如：

```
int  x4 = 0b1001;    //声明一个整型变量，并为其赋值为二进制的数据 1001，即十进制的 9
```

3.2.2　浮点型

C#语言中的浮点类型有 float、double 和 decimal，它们均属于值类型，如表 3-5 所示。

表 3-5　浮点型表示形式

类型表示	说明	精度	取值范围	类型指定符
float	4 字节 IEEE 单精度浮点数	7	$\pm(1.5 \times 10^{-45} \sim 3.4 \times 10^{38})$	F 或 f
double	8 字节 IEEE 双精度浮点数	15~16	$\pm(5.0 \times 10^{-324} \sim 1.7 \times 10^{308})$	D 或 d
decimal	16 字节高精度浮点数	28~29	$\pm(1.0 \times 10^{-28} \sim 7.9 \times 10^{28})$	M 或 m

C#语言提供了三种类型的浮点数，分别用 float、double 和 decimal 来表示 4 字节单精度、8 字节双精度和 16 字节高精度。

例如，可以使用下面的形式给浮点型变量赋值：

```
double y = 2.7;       //y 的值为 2.7，不加后缀默认为 double 型，也可以加后缀 D 来明确表示
double z = 2.7E+23;   //z 的值为 2.7×10²³，这是一种科学表示法
float x = 2.3f;       //x 的值为 2.3，由于不加后缀默认为 double 型，所以此处加 f 后缀
```

对于浮点型常数来说，不加后缀默认为 double 类型，也可以加后缀"D"或"d"来明确表示这是

< 49 >

double 类型，例如 15d、1.5d、1e10d 和 122.456D 等都是 double 类型。

有一点需要注意，浮点数的小数点后紧跟的必须是十进制数字。例如，1.3F 表示该数为 float 类型的常数，但 1.F 不是，因为 F 不是十进制数字。

小数型（decimal）是一种特殊的浮点型数据，这种数据类型的特点是精度高，但它表示的数值范围并不大。这种数据类型特别适用于航空航天、金融、国际银行财务结算等需要高精度数值计算的领域。这种类型的常量需要添加后缀 "M" 或者 "m"，例如：

```
decimal myMoney = 300.5M;
decimal y = 99999999999999999999999999M;
decimal x = 122.123456789123456789m;
```

3.2.3 布尔型

在 C#语言中，布尔型（Boolean）用 bool 来表示。

bool 类型只有两种可能：true 或 false。例如：

```
bool myBool = false;
bool b = (i>0 && i<10);
```

在 C#语言中，条件表达式的运算结果必须是 bool 类型的值，不能是其他类型的值，而不是像 C++等其他程序设计语言那样也可以用整数零表示 false，用非零表示 true。

例如，下面的 C#代码是错误的：

```
int i = 5, j = 6;
if(i) j += 10;         //错误，因为 i 不是 bool 类型
if(j = 15) j += 10;    //错误，因为 j=15 结果不是 bool 类型
```

正确的代码应该是：

```
int i = 5, j = 6;
if(i != 0) j += 10;
if(j == 15) j += 10;
```

3.2.4 字符型

字符型属于值类型，用 char 表示它是单个 Unicode 编码的字符。一个 Unicode 编码字符的标准长度为两字节。

字符型常数必须用单引号引起来，例如：

```
char c1 = 'A';
```

对于一些特殊字符，需要用转义符来表示。表 3-6 所示为常用的转义符。

表 3-6　常用的转义符

转义符	字符	十六进制表示
\'	单引号	0x0027
\"	双引号	0x0022
\\	反斜杠	0x005C
\0	空字符	0x0000
\a	发出一声响铃	0x0007

< 50 >

转义符	字符	十六进制表示
\b	退格	0x0008
\r	回车	0x000D
\n	换行	0x000A

除了表中列出的这些特殊字符，其他无法通过键盘直接键入的图形符号等特殊字符也可以用转义符来表示。例如，下面的代码用十六进制的转义符前缀（"\x"）或 Unicode 表示法前缀（"\u"）来表示字符型常数：

```
char c2 = '\x0041';     //字母 "A" 的十六进制表示
char c3 = '\u0041';     //字母 "A" 的 Unicode 编码表示
```

3.2.5　枚举类型

枚举类型表示一组同一类型的常量，简称枚举。

枚举的用途是为一组在逻辑上有关联的值提供便于记忆的符号，从而使代码的含义更清晰，也易于维护。

例如，下面的代码定义一个称为 MyColor 的枚举类型：

```
public enum MyColor{ Red, Green, Blue};
```

这行代码的含义是：定义一个类型名为 MyColor、基础类型是 int 的枚举类型。它包含 3 个字符串常量：Red、Green、Blue，这 3 个字符串常量的索引都是 int 类型（默认从 0 开始编号），分别为：0、1、2。

上面这行代码也可以写为：

```
public enum MyColor{ Red=0, Green=1, Blue=2};
```

定义枚举类型时，所有常量值必须是同一种基础类型。基础类型只能是 8 种"整型"类型之一，如果不指定基础类型，默认为 int 类型。

默认情况下，系统使用 int 型作为基础类型，且第一个元素的值为 0，其后每一个元素的值依次递增 1。例如：

```
public enum Days {Sun,Mon,Tue };          //Sun:0,Mon:1,Tue:2
```

这条语句定义了一个类型名为 Days 的枚举类型。

枚举类型定义完成后，就可以像声明其他类型一样声明枚举类型的变量，并采用"枚举类型名.常量名"的形式使用每个枚举值。例如：

```
MyColor color= MyColor.Red;
```

也可以通过显式转换将枚举字符串转换为整型值，反之亦然。例如：

```
int i = (int)Days.Tue;    //相当于 int i = 2;
Days day = (Days)2;       //相当于 Days day = Days.Tue;
```

使用枚举的好处是可以利用.NET 框架提供的 Enum 类的一些静态方法，对枚举类型进行各种操作。例如，当我们希望将枚举定义中的所有成员的名称全部显示出来供用户选择时，此时可以用 Enum 类提供的静态 GetNames 方法来实现。

< 51 >

下面通过例子说明枚举的基本用法。

【例 3-1】定义一个 MyColor 枚举类型，然后声明 MyColor 类型的变量，通过该变量使用枚举值。再通过 Enum 类提供的静态 GetNames 方法将 MyColor 的所有枚举值全部显示出来。

例 3-1 讲解

该例子的源程序见 E0301enum.cs，运行效果如图 3-1 所示。

图 3-1　例 3-1 的运行效果

E0301enum.cs 的代码如下。

```csharp
namespace ClientWinFormsExamples.ch03
{
    /// <summary>自定义颜色</summary>
    public enum MyColor
    {
        /// <summary>黑色</summary>
        Black,
        /// <summary>白色</summary>
        White,
        /// <summary>蓝色</summary>
        Blue
    };
    public partial class FormE0301 : Form
    {
        public FormE0301()
        {
            InitializeComponent();
            MyColor myColor = MyColor.Black;
            //获取枚举值
            var s = $"{myColor.ToString()}\n";
            //获取枚举类型中定义的所有符号名称
            string[] colorNames = System.Enum.GetNames(typeof(MyColor));
            label1.Text = $"{string.Join(",", colorNames)}";
        }
    }
}
```

3.2.6　可空类型

可空类型表示可以为 null 的类型，简写形式是在类型名的后面加一个问号（？）。可空类型既可以是值类型，也可以是引用类型。

例如 "int?" 读作 "可以为 null 的 Int32 类型"，就是说可以将其赋值为任意一个 32 位整数值，也可以将其赋值为 null。

下面是可空类型的示例：

```csharp
int? age = 0;
int? n = null;
```

< 52 >

```
double? d = 4.108;
bool? isFlag = false;
Form? fm = null;
string? str = default!;    //初始化为默认值（引用类型的默认值为 null）
```

注意最后一条语句，变量 s 被初始化为保留字 default，其后面的 "!" 是为了向编译器表明 str 稍后将被初始化，不需要对其进行 null 检查。

3.3　字符串

在 C#语言中，字符串是引用类型，是由一个或多个 Unicode 字符构成的一组字符序列。

C#中定义了一个引用类型的 String（第 1 个字母大写），一般用别名 string（第 1 个字母小写）来声明字符串变量。

3.3.1　字符串的创建与表示形式

string 类型的常量用双引号将字符串引起来。例如：

```
string str1 = "ABCD";
string str2 = mystr1;
int i = 3;
string str3 = str1 + str2;
string str4 = str1 + i;
```

创建字符串的方法有多种，最常用的一种是直接将字符串常量赋给字符串变量，例如：

```
string s1 = "this is a string.";
```

另一种常用的操作是通过构造函数创建字符串类型的对象。下面的语句通过将字符 'a' 重复 4 次来创建一个新字符串：

```
string s2 = new string('a',4);  //结果为 aaaa
```

也可以直接利用格式化输出得到希望的字符串格式。例如：

```
string s = string.Format("{0, 30}", ' ');        //s 为 30 个空格的字符串
string s1 = string.Format("{0, -20}", "abc");     //s1 为左对齐长度为 20 的字符串
```

和 char 类型一样，字符串也可以包含转义符。例如下面的例子中的两个连续的反斜杠看起来很不直观：

```
string filePath = "C:\\CSharp\\MyFile.cs";
```

为了使表达更清晰，C#规定：如果在字符串常量的前面加上@符号，则字符串内的所有内容均不再进行转义，例如：

```
string filePath = @"C:\CSharp\MyFile.cs";
```

这种表示方法和带有转义的表示方法效果相同。

需要注意的是，string 是 Unicode 字符串，即每个英文字母占两个字节，每个汉字也是两个字节。也就是说，计算字符串长度时，每个英文字母的长度为 1，每个汉字的长度也是 1。例如：

```
string str = "ab 张三 cde";
```

< 53 >

```
Console.WriteLine(str.Length);          //输出结果：7
```

3.3.2　字符串的常用操作方法

任何一个应用程序，几乎都离不开对字符串的操作，掌握常用的字符串操作方法，是对 C#编程人员的基本要求。

字符串的常用操作有字符串比较、查找、插入、删除、替换、求子字符串、移除首尾字符、合并与拆分字符串以及字符串的大小写转换等。

1．字符串比较

要比较两个字符串是否相等，最简单的办法就是用两个等号来比较。例如：

```
Console.WriteLine(s1 == s2);                    //结果为 True
```

2．字符串查找

除了可以直接用 string[index]得到字符串中第 index 个位置的单个字符（index 从零开始编号），还可以使用下面的方法在字符串中查找指定的子字符串。

（1）Contains 方法

Contains 方法用于查找字符串 s 中是否包含指定的子字符串。例如：

```
string s = "123abc123abc123";
if(s.Contains("abc")) Console.WriteLine("s 中包含 abc");
```

（2）StartsWith 方法和 EndsWith 方法

StartsWith 方法和 EndsWith 方法用于从字符串的首或尾开始查找指定的子字符串，并返回布尔值（true 或 false）。例如：

```
string s = "this is a string";
Console.WriteLine(s.StartsWith("abc"));  //结果为 False
Console.WriteLine(s.StartsWith("this")); //结果为 True
Console.WriteLine(s.EndsWith("abc"));    //结果为 False
Console.WriteLine(s.EndsWith("ing"));    //结果为 True
```

输出结果中的 True、False 是布尔值 true、false 转换为字符串的输出形式。

（3）IndexOf 方法

IndexOf 方法有多种重载的形式，其中最常用的是求某个子字符串 c 在字符串 s 中首次出现的从零开始索引的位置，如果 s 中不存在 c，则返回–1。例如：

```
string s = "123abc123abc123", c="bc1";
int n = s.IndexOf("bc1");  //n 的结果为 4
```

（4）IndexOfAny 方法

如果要查找某个字符串中是否包含多个不同的字符之一，可以用 IndexOfAny 方法来查找。该方法返回 Unicode 字符数组 c 中的任意字符在字符串 s 中第一个匹配项的从零开始索引的位置，如果未找到其中的任何一个字符，则返回–1。例如：

```
string s = "123abc123abc123";
char[ ] c = { 'a', 'b', '5', '8' };
int x = s.IndexOfAny(c); //x 结果为 3
```

< 54 >

这段代码的含义为：在 s 中查找包含字符（'a'、'b'、'5'、'8'）之中的任何一个字符，并返回首次找到的位置。

3．获取字符串中的单个字符或者子字符串

如果要得到字符串中的某个字符，直接用中括号指明字符在字符串中的索引序号即可，例如：

```
string s = "some text";
//求字符串 s 的第 2 个字符，结果为 m（第 0 个为 s，第 1 个为 o）
char c = s[2];
```

如果希望得到一个字符串中从某个位置开始的子字符串，可以用 Substring 方法。例如：

```
string s = "abc123";
//从第 2 个字符 c 开始（第 0 个为 a，第 1 个为 b）取到字符串末尾，结果为"c123"
string s1 = s.Substring(2);
//从第 2 个字符 c 开始（第 0 个为 a，第 1 个为 b）取 3 个字符，结果为"c12"
string s2 = s.Substring(2, 3);
```

4．字符串的插入、删除与替换

也可以在一个字符串中插入、删除、替换某个子字符串。例如：

```
string s = "abcdabcd";
string s1 = s.Insert(2, "12");      //结果为"ab12cdabcd"
string s2 = s.Remove(2);            //结果为"ab"
string s3 = s.Remove(2,1);          //结果为"abdabcd"
string s4 = s.Replace('b','h');     //结果为"ahcdahcd"
string s5 = s.Replace("ab","");     //结果为"cdcd"
```

5．移除首尾字符

利用 TrimStart 方法可以移除字符串首部的一个或多个字符，从而得到一个新字符串；利用 TrimEnd 方法可以移除字符串尾部的一个或多个字符；利用 Trim 方法可以同时移除字符串首部和尾部的一个或多个字符。

这 3 种方法中，如果不指定要移除的字符，则默认移除空格。例如：

```
string s1 = "   this is a book";
string s2 = "that is a pen      ";
string s3 = "   is a pen        ";
Console.WriteLine(s1.TrimStart());     //移除首部空格
Console.WriteLine(s2.TrimEnd());       //移除尾部空格
Console.WriteLine(s2.Trim());          //移除首部和尾部空格
string str1 = "Hello World!";
string str2 = "北京北奥运会京北京";
char[] c1 = { 'r', 'o', 'W', 'l', 'd', '!', ' ' };
char[] c2 = { '北', '京' };
string newStr1 = str1.TrimEnd(c1); //移除 str1 尾部在字符数组 c 中包含的所有字符（结果为"He"）
string newStr2 = str2.Trim(c2);   //结果为"奥运会"
```

6．字符串中字母的大小写转换

将字符串的所有英文字母转换为大写可以用 ToUpper 方法，将字符串的所有英文字母转换为小写

< 55 >

可以用 ToLower 方法。例如：

```
string s1 = "This is a string";
string s2 = s1.ToUpper( );  //s2 结果为 THIS IS A STRING
string s3 = Console.ReadLine( );
if (s2.ToLower( ) == "yes")
{
    Console.WriteLine("OK");
}
```

3.3.3 StringBuilder 类

通过前面的学习，我们已经知道 string 类型表示的是一系列不可变的字符。例如在 s 变量的后面连接另一个字符串：

```
string s = "abcd";
s += " and 1234 ";  //结果为"abcd and 1234"
```

对于用 "+" 号连接的字符串来说，其实际操作并不是在原来的字符串 s 后面直接附加上第二个字符串，而是返回一个新的字符串，即重新为新字符串分配内存空间。显然，如果这种操作次数非常多，对内存的消耗是非常大的。因此，字符串连接要考虑如下两种情况：如果字符串连接次数不多（例如 10 次以内），使用 "+" 号直接连接比较方便；如果有大量的字符串连接操作，应该使用 System.Text 命名空间下的 StringBuilder 类，这样可以提高系统的运行性能。例如：

```
StringBuilder sb = new StringBuilder( );
sb.Append("s1");
sb.AppendLine("s2");
Console.WriteLine(sb.ToString());
```

这段代码的输出结果如下。

```
s1s2
```

3.4 数组

在 C#中，数组表示具有相同类型的对象的集合。

3.4.1 基本概念

数组是引用类型而不是值类型。声明数组类型是通过在某个类型名后加一对方括号来构造的。表 3-7 所示为常用数组的语法声明格式。

表 3-7　常用数组的语法声明格式

数组类型	语法	示例
一维数组	数据类型[ ] 数组名;	int[ ] myArray;
二维数组	数据类型[,] 数组名;	int[,] myArray;
三维数组	数据类型[,,] 数组名;	int[,,] myArray;
交错数组	数据类型[ ][ ] 数组名;	int[ ][ ] myArray;

< 56 >

数组的秩（rank）是指数组的维数，如一维数组秩为 1，二维数组秩为 2。多维数组指维数大于 1 的数组，其中最常用的是二维数组，例如用二维数组描述具有相同行和列的规则表格。除此之外，还可以用交错数组描述具有不同列数的不规则表格。

数组长度是指数组中所有元素的个数。例如：

```
int[] a = new int[10];        //定义有 10 个元素的数组，分别为 a[0]、a[1]……a[9]
int[,] b = new int[3, 5];     //数组长度为 3*5=15，其中第 0 维长度为 3，第 1 维长度为 5
```

在 C#中，数组的最大容量默认为 20GB。换言之，只要内存足够大，绝大部分情况都可以利用数组在内存中对数据直接进行处理。

3.4.2　一维数组的声明和引用

一维数组的下标默认从 0 开始索引。假如数组 a 有 30 个元素，则 a 的下标范围为 0～29。对一维数组的常用操作有求值以及统计运算等，另外还有排序、查找以及将一个数组复制到另一个数组中。

程序中可以通过在中括号内指定下标来访问某个元素。例如：

```
int[] a = new int[30];
a[0] = 23;        // 为 a 数组中的第一个元素赋值 23
a[29] = 67;       // 为 a 数组中的最后一个元素赋值 67
```

在一维数组操作中，常用的一个属性是 Length 属性，它表示数组的长度。例如：

```
int arrayLength = a.Length;
```

声明一维数组时，既可以一开始就指定数组元素的个数，也可以一开始不指定元素个数，而是在使用数组元素前动态地指定元素个数。

不论采用哪种方式，一旦元素个数确定后，数组的长度就确定了。例如：

```
int[] a1 = new int[30];  //a1 共有 30 个元素，分别为 a1[0]～a1[29]
int number = 10;
string[] a2 new String[number];  // a2 共有 numer 个元素
```

也可以在声明语句中直接用简化形式为各元素赋初值，例如：

```
string[] a = {"first","second","third"};
```

或者写为：

```
string[ ] a = new string[ ]{"first","second","third"};
```

但是要注意，不带 new 运算符的简化形式只能用在声明语句中，比较下面的写法：

```
string[] a1 = { "first", "second", "third" };    //正确
string[] a2 = new string[] { "first", "second", "third" };  //正确
string[] a3;
a3 = { "first", "second", "third" };    //错误
string[] a4;
a4 = new string[] { "first", "second", "third" };  //正确
```

语句中的 new 运算符用于创建数组并将数组元素初始化为它们的默认值。例如，int 类型的数组每个元素初始值默认为 0，bool 类型的数组每个元素默认初始值为 false 等。如果数组是引用类型，则实例化该类型时，数组中的每个元素默认为 null。

< 57 >

3.4.3 一维数组的统计运算及数组和字符串之间的转换

在实际应用中，我们可能需要计算数组中所有元素的平均值、求和、求最大数以及求最小数等，这些可以利用数组的 Average 方法、Sum 方法、Max 方法和 Min 方法来实现。

对于字符串数组，可以直接利用 string 的静态 Join 方法和静态 Split 方法实现字符串和字符串数组之间的转换。

Join 方法用于在数组的每个元素之间串联指定的分隔符，从而生成单个串联的字符串。它相当于将多个字符串插入分隔符后合并在一起。语法为：

```
public static string Join( string separator, string[] value )
```

Split 方法用于将字符串按照指定的一个或多个字符进行分离，从而得到一个字符串数组。常用语法为：

```
public string[] Split( params char[] separator )
```

这种语法形式中，分隔的字符参数个数可以是一个，也可以是多个。如果分隔符是多个字符，各字符之间用逗号分开。当有多个参数时，系统只要找到其中任何一个分隔符，就将其分离。例如：

```
string[] sArray1 = { "123", "456", "abc" };
string s1 = string.Join(",", sArray1);    //结果为"123,456,abc"
string[] sArray2 = s1.Split(',');          //sArray2 得到的结果与 sArray1 相同
string s2 = "abc 12;34,56";
string[] sArray3 = s2.Split(',', ';', ' ');  //分隔符为逗号、分号、空格
Console.WriteLine(string.Join(Environment.NewLine,sArray3));
```

这段代码的输出结果如下。

```
abc
12
34
56
```

下面通过具体例子说明相关的用法。

【例 3-2】演示如何统计数组中的元素以及如何实现数组和字符串之间的转换。运行效果如图 3-2 所示。

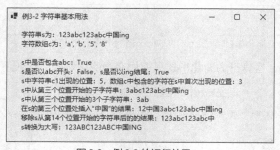

图 3-2　例 3-2 的运行效果

该例子的源程序见 E0302string.cs 及其代码隐藏类。

3.4.4 一维数组的复制、排序与查找

Array 是所有数组类型的抽象基类。对数组进行处理时，可以使用 Array 类提供的静态方法，例如

< 58 >

对元素进行排序、反转、查找等。常用的方法如下所示。

- Copy 方法：将一个数组中的全部或部分元素复制到另一个数组中。
- Sort 方法：使用快速排序算法，将一维数组中的元素按照升序排列。
- Reverse 方法：反转一维数组中的元素。

例 3-3 讲解

另外，还可以使用该类提供的 Contains 方法和 IndexOf 方法查找指定的元素。

【例 3-3】演示一维数组的统计、复制和排序的基本用法。运行效果如图 3-3 所示。

```
一维数组的基本用法                                          —  □  ×

初始值: 23,64,15,72,36    平均值: 42    和: 210    最大值: 72    最小值: 15
原始整数数组: 23,64,15,72,36
反转后的值: 36,72,15,64,23    升序排序后的值: 15,23,36,64,72    降序排序后的值: 72,64,36,23,15
原始数组: Java,C#,C++,Python
升序排序后的值: C#,C++,Java,Python    降序排序后的值: Python,Java,C++,C#
```

图 3-3 例 3-3 的运行效果

该例子的源程序见 E0303array.cs，代码如下。

```csharp
namespace ClientWinFormsExamples.ch03
{
    public partial class E0303array : Form
    {
        public E0303array()
        {
            InitializeComponent();
            this.Text = "一维数组的基本用法";
            int[] a = { 23, 64, 15, 72, 36 };
            string[] b = { "Java", "C#", "C++", "Python" };
            var s = "";
            s += $"初始值: {string.Join(",", a)}" + new string(' ',5);
            s += $"平均值: {a.Average()}" + new string(' ', 5);
            s += $"和: {a.Sum()}" + new string(' ', 5);
            s += $"最大值: {a.Max()}" + new string(' ', 5);
            s += $"最小值: {a.Min()}\n";
            s += ArraySortDemo(a);
            s += ArraySortDemo(b);
            label1.Text = s;
        }
        /// <summary>对整型数组排序并返回结果</summary>
        public static string ArraySortDemo(int[] a)
        {
            int[] b = new int[a.Length];
            Array.Copy(a, b, a.Length); //将数组 a 的值全部复制到数组 b 中
            var s = $"原始整数数组: {string.Join(",", a)}\n";
            Array.Reverse(a); //反转数组 a 的值, 结果仍保存到 a 中
            s += $"反转后的值: {string.Join(",", a)}" + new string(' ', 5);
            Array.Sort(b); //将数组 b 升序排序, 排序结果仍保存到 b 中
            s += $"升序排序后的值: {string.Join(",", b)}" + new string(' ', 5);
            Array.Reverse(b); //反转排序后的值, 得到降序结果仍保存到 b 中
```

< 59 >

```
            s += $"降序排序后的值: {string.Join(",", b)}\n";
            return s;
        }
        /// <summary>对字符串数组排序</summary>
        public static string ArraySortDemo(string[] a)
        {
            var s = $"原始数组: {string.Join(",", a)}\n";
            Array.Sort(a);
            s += $"升序排序后的值: {string.Join(",", a)}" + new string(' ', 5);
            Array.Reverse(a);
            s += $"降序排序后的值: {string.Join(",", a)}\n";
            return s;
        }
    }
}
```

3.4.5　二维数组

下面的 3 条语句的作用相同，都是创建一个 3 行 2 列的二维数组：

```
int[,] n1 = new int[3, 2] { {1, 2}, {3, 4}, {5, 6} };
int[,] n2 = new int[,] { {1, 2}, {3, 4}, {5, 6} };
int[,] n3 = { {1, 2}, {3, 4}, {5, 6} };
```

引用二维数组的元素时，也是使用中括号，如 n1[2,1]的值为 6。

3.4.6　交错数组

交错数组相当于一维数组的每一个元素都是一个数组，也可以把交错数组称为"数组的数组"。下面是交错数组的一种定义形式：

```
int[][] n1 = new int[][]
{
    new int[] {2,4,6},
    new int[] {1,3,5,7,9}
};
```

这条语句也可以用下面的形式来定义：

```
int[][] n1 = {
    new int[] {2,4,6},
    new int[] {1,3,5,7,9}
};
```

交错数组的每一个元素既可以是一维数组，也可以是多维数组。例如下面的语句中每个元素又是一个二维数组：

```
int[][,] n4 = new int[3][,]
{
    new int[,] { {1,3}, {5,7} },
    new int[,] { {0,2}, {4,6}, {8,10} },
    new int[,] { {11,22}, {99,88}, {0,9} }
};
```

< 60 >

3.5 　数据类型之间的转换

有时我们需要将一种数据类型转换为另一种数据类型，这一节我们学习一些常用的转换办法。

3.5.1 　基本概念

从值类型和引用类型这两大分类来说，可将类型转换分为三种情况：值类型与值类型之间的转换、引用类型与引用类型之间的转换、值类型与引用类型之间的转换。

1. 值类型与值类型之间的转换

如果是从一种值类型转换为另一种值类型，或者从一种引用类型转换为另一种引用类型，比较常见的转换方式是：隐式转换与显式转换。

（1）隐式转换

隐式转换就是系统默认的、不需要加以声明就可以进行的转换，如从 int 类型转换到 long 类型：

```
int k = 1;
long i = 2;
i = k;          //隐式转换
```

对于不同值类型之间的转换，如果是从低精度、小范围的数据类型转换为高精度、大范围的数据类型，可以使用隐式转换。这种转换一般没有问题，这是因为大范围类型的变量具有足够的空间存放小范围类型的数据。

（2）显式转换

显式转换又称强制转换。显式转换需要用小括号指定被转换后的类型。例如：

```
long k = 5000L;
int i = (int)k;
```

所有的隐式转换也都可以采用显式转换的形式来表示。例如：

```
int i = 10;
long j = (long)i;
```

将大范围类型的数据转换为小范围类型的数据时，必须特别谨慎，因为此时可能有丢失数据的危险。例如：

```
long r = 123456789012L;
int i1 = (int)r;
```

执行上述语句之后，虽然语法不会出错，但是得到的 i 值并不正确，这是因为 long 型变量 r 的值比 int 型所能表示的最大值还要大，从而引起数据丢失。

显式转换一般用于"不关心"是否丢失数据的情况。如果希望类型转换时还要检查是否丢失数据，可使用下面的两种办法之一：一是利用 checked 运算符来实现类型转换，二是利用 Convert 类来实现类型转换。

（3）利用 Convert 类实现类型转换

Convert 类提供了很多静态的方法，利用它能进行各种基本类型之间的转换。例如：

```
long r = 30000000000L;
int i3 = Convert.ToInt32(r);
```

< 61 >

采用这种办法时，当转换出现溢出或者转换失败时，系统都会报异常。

2．引用类型与引用类型之间的转换

如果希望将一种引用类型转换为另一种引用类型，除了隐式转换与显式转换，还可以用 as 运算符强制实现类型转换，用 is 运算符判断某个引用类型是否兼容另一个引用类型。

（1）隐式转换和显式转换

将一种引用类型转换为另一种引用类型时，隐式转换与显式转换的用法与值类型与值类型之间的转换用法相似，但是只有相互兼容的引用类型之间才能进行转换，否则会引发异常。

比如，假定 Class2 类继承自 Class1 类，则这两个类是兼容的，因此可以进行转换：

```
Class1 c1 = new Class1();
Class2 c2 = new Class2();
c2 = c1;          //隐式转换
c1= (Class1)c2;   //显式转换
```

（2）as 运算符

as 运算符用于将一种引用类型强制转换为另一种引用类型。如果转换成功，则返回转换后的类型；如果转换失败，则返回 null。例如：

```
Class1 c1 = new Class1();
Class2 c2 = new Class2();
var c3 = c2 as Class1;
var c4 = c1 as Class2;
```

（3）is 运算符

is 运算符用于判断两个类型的兼容性，如果兼容返回 true，否则返回 false。例如：

```
Class1 c1 = new Class1();
Class2 c2 = new Class2();
bool b1 = c1 is Class1;    //true
bool b2 = c2 is Class1;    //false
```

还可以用模式匹配法来使用 is 运算符，例如：

```
if (c is Class1 c3)
{
    var c4 = c3.ToString();
}
```

它等价于：

```
var c3 = c as Class1;
if(c3 != null)
{
    var c4 = c3.ToString();
}
```

3．值类型与引用类型之间的转换

值类型和引用类型之间的转换是靠装箱和拆箱来实现的。

C#的类型系统是统一的，因此任何类型的值都可以按对象来处理。这意味着值类型可以"按需"将其转换为对象。由于这种统一性，使用 Object 类型的通用库（如.NET 中的集合类）既可以用于引用类型，又可以用于值类型。

（1）Object 类

System 命名空间下有一个 Object 类，该类是所有类型的基类。C#语言中的类型都直接或间接地从

< 62 >

Object 类继承，因此，可以将 Object 类型的对象显式转换为任何一种对象。但是，值类型如何与 Object 类型之间进行转换呢？举个例子，在程序中可以直接这样写：

```
string s = (10).ToString( );
```

数字 10 只是一个在堆栈上的 4 字节的值，怎么能实现调用它上面的方法呢？实际上，C#语言是通过装箱操作来实现的，即先把 10 转换为 Object 类型，然后再调用 Object 类型的 ToString 方法来实现转换功能。

（2）装箱

装箱（boxing）操作是将值类型隐式地转换为 Object 类型。装箱一个数值会为其分配一个对象实例，并把该数值复制到新对象中。例如：

```
int i = 123;
object o = i;    //装箱
```

这条装箱语句执行的结果是在堆栈（Stack）中创建了一个对象 o，该对象引用了堆（heap）上 int 类型的数值，而该数值是赋给变量 i 的数值的备份。

（3）拆箱

拆箱（unboxing）操作是指显式地把 Object 类型转换为值类型。拆箱操作包括以下两个步骤。

① 检查对象实例，确认它是否包装了值类型的数字。

② 把实例中的值复制到值类型的变量中。

下面的语句演示了装箱和拆箱操作。

```
int i = 123;          //值类型
object box = i;       //装箱操作
int j = (int)box;     //拆箱操作
```

可以看出，拆箱是装箱的逆过程。但必须注意的是，装箱和拆箱必须遵循类型兼容的原则，如果整型是值类型，字符串是引用类型，由于这两种类型并不兼容，所以不能采用装箱和拆箱的办法进行转换，此时需要用特殊的办法来实现，如 int.Parse 方法、double.Parse 方法等。

3.5.2　几种特殊的类型转换方法

实际项目中经常需要将字符串或者字符转换为其他类型，或者反之。这一节我们系统地介绍几种特殊的转换办法，也是要求编程人员必须熟练掌握的内容。

将其他类型转换为字符串类型比较简单，直接通过 ToString 方法或者 String.Format 方法或者用$运算符来实现即可。

本小节我们主要学习如何将字符串转换为其他类型，以及如何实现 char 类型和 int 类型之间的转换。

1. string 转换为 int、double 类型

要将 string 引用类型转换为 int、double 等值类型，最常见的办法是调用这些数值类型提供的 Parse 或者 TryParse 方法。例如：

```
string s1 = "12";
int n1 = int.Parse(s1);
string s2 = "12.3";
double n2 = double.Parse(s2);
if (int.TryParse(s1, out int n3)) {...}
```

< 63 >

```
if (double.TryParse(s1, out double n4)) {...}
```

2．string 与数组之间的转换

利用 string 类提供的静态.Join 方法可将数组转换为字符串，并可以指定转换时要插入的分隔字符串。例如：

```
int[] a = { 11, 12, 13 };
string str1 = string.Join(",", a);
```

利用数组变量的 Split 方法可将字符串转换为数组，参数指定将字符串转换为数组元素时使用的分隔符。例如：

```
string s = "21,22,23";
string[] b = s.Split(',');
```

3．char 与 int 之间的转换

char 与 int 之间的转换直接利用显式转换或者隐式转换来实现即可。例如：

```
char ch1 = 'A';
int x1 = ch1;          //隐式转换
int x2 = 49;
char ch2 = (char)x2;   //显式转换
```

4．示例

【例 3-4】演示数据类型之间的转换办法。

本例子演示了显式转换、隐式转换、运算符（checked、as、is）、Convert 类以及字符串和数组之间的转换等基本用法。运行效果如图 3-4 所示。

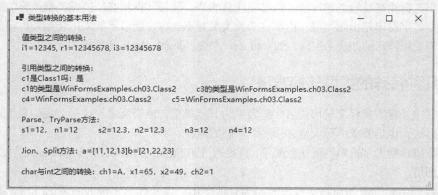

图3-4 例3-4 的运行效果

该例子的源程序见 E0304convert.cs，此处不再列出代码。

3.6 流程控制语句

一个应用程序由很多语句组合而成。在 C#提供的语句中，最基本的语句就是声明语句和表达式语句。声明语句用于声明局部变量和常量。表达式语句用于对表达式求值。

< 64 >

除了最基本的语句，还有一些控制程序流程的语句，例如分支语句、循环语句、异常处理语句等。

3.6.1　分支语句

当程序中需要进行两个或两个以上的选择时，可以使用分支语句判断所要执行的分支。C#语言提供了两种分支语句：if 语句和 switch 语句。

1．if 语句

if 语句是最常用的条件语句，它的功能是根据布尔表达式的值（true 或者 false）选择要执行的语句序列。注意 else 应和最近的 if 语句匹配。

一般形式为：

```
if (条件表达式1)
{
    条件表达式1 为 true 时执行的语句序列
}
else if (条件表达式2)
{
    条件表达式2 为 true 时执行的语句序列
}
else if (条件表达式3)
{
    条件表达式3 为 true 时执行的语句序列
}
...
else
{
    所有条件均为 false 时执行的语句序列
}
```

在上面的语法表示形式中，*带下画线的斜体*表示需要读者用实际内容替换。C#严谨的语法形式实际上是用正则表达式来表示的，非常复杂，为了容易理解，我们没有用它来表示。如果读者希望深入研究 C#语法，请参看微软的 MSDN 以及 ECMA 和 ISO 公布的 C#语言标准规范。

如果只有两个分支，可以直接用 if 和 else。例如：

```
string s1 = Console.ReadLine();
string s2 = Console.ReadLine();
if (s1.Length > s2.Length)
{
    Console.WriteLine("s1 的长度大于 s2 的长度");
}
else
{
    Console.WriteLine("s1 的长度不大于 s2 的长度");
}
```

也可以不包括 else 只使用 if 语句，例如：

```
string s1 = Console.ReadLine();
string s2 = Console.ReadLine();
if (s1.Length > s2.Length)
```

< 65 >

```
{
    Console.WriteLine("s1 的长度大于 s2 的长度");
}
```

如果块内只有一条语句，也可以省略大括号。

下面通过例子说明 if 语句的基本用法。

【例 3-5】设有如下数学表达式，从键盘接收 x 的值，然后根据 x 的值计算 y 的值，并输出计算结果。

$$y = \begin{cases} -1 & x < 0 \\ 0 & x = 0 \\ +1 & x > 0 \end{cases}$$

运行效果如图 3-5 所示。

图 3-5　例 3-5 的运行效果

该例子的源程序见 E0305if.cs 及其代码隐藏类。

2．switch 语句

当一个条件具有多个分支时，虽然可以用 if 语句来实现，但程序的可读性差，这种情况下，可以使用 switch 语句来实现。

switch 语句中可包含许多 case 块，每个 case 标记后可以指定一个常量值。常量值是指 switch 中的条件表达式计算的结果，例如字符串"张三"、字符"a"、整数 25 等。常用形式为：

```
switch (条件表达式)
{
    case 常量1:
        语句序列1
        break;
    case 常量2:
        语句序列2
        break;
    ...
    default:
    {
        语句序列n
        break;
    }
}
```

例如：

```
static void Main(string[] args)
{
    int n = args.Length;
    switch (n)
    {
```

< 66 >

```
case 0:
    Console.WriteLine("无参数");
    break;
case 1:
    Console.WriteLine("有一个参数");
    break;
default:
    Console.WriteLine("有{0}个参数", n);
    break;
    }
}
```

使用 switch 语句时，需要注意以下要点。

- 条件表达式和每个 case 后的常量值可以是 string、int、char、enum 或其他类型。
- 每个 case 的语句块可以用大括号括起来，也可以不用大括号。
- 在一个 switch 语句中，不能有相同的 case 标记。

switch 语句的执行原则如下。

- 如果条件表达式的值和某个 case 标记后的常量值相等，此时：
    - 如果 case 块中有语句块，则它只执行该 case 的语句块，而不再对其他的 case 标记进行判断，所以要求该 case 的语句块中必须至少包含 break 语句、goto 语句或者 return 语句三者之一；
    - 如果 case 块中没有语句，则会从这个 case 块直接跳到下一个 case 块。
- 当所有 case 标记后的常量值和 switch 参数中条件表达式的值都不相等时，才检查是否包含 default 标记，如果包含则执行该 default 块，否则退出 switch 语句。或者说，即使将 default 放在所有 case 块的最前面，它也不会先执行。

下面通过例子说明 switch 语句的基本用法。

3．示例

【例 3-6】从键盘接收一个成绩，按优秀（90-100）、良好（70-89）、及格（60-69）、不及格（60 分以下）输出成绩等级。运行效果如图 3-6 所示。

图 3-6　例 3-6 的运行效果

该例子的源程序见 E0306switch.cs 及其代码隐藏类。

3.6.2　循环语句

循环语句可以重复执行一个程序模块，C#语言提供的循环语句有 for 语句、while 语句、do 语句和 foreach 语句。

1．for 语句

for 语句的功能是以"初始值"作为循环的开始，当"循环条件"满足时进入循环体，开始执行"语

< 67 >

句序列"，语句序列执行完毕返回"循环控制"，按照控制条件改变局部变量的值，并再次判断"循环条件"，决定是否执行下一次循环，以此类推，直到条件不满足为止。一般形式为：

```
for ( 初始值 ；  循环条件 ；  循环控制 )
{
    语句序列
}
```

例如：

```
for (int i = 0; i < 10; i++)
{
    Console.WriteLine(i);
}
```

在初始值、循环条件以及循环控制中，还可以使用多个变量，例如：

```
for (int i = 0, j = 100; i < 10 || j>70; i++, j-=2)
{
    Console.WriteLine("i={0},j={1}", i, j);
}
```

【例3-7】用for语句编写程序，输出九九乘法表。运行效果如图3-7所示。

```
■ for语句基本用法                                    —    □    ×

1×1= 1
1×2= 2  2×2= 4
1×3= 3  2×3= 6  3×3= 9
1×4= 4  2×4= 8  3×4=12  4×4=16
1×5= 5  2×5=10  3×5=15  4×5=20  5×5=25
1×6= 6  2×6=12  3×6=18  4×6=24  5×6=30  6×6=36
1×7= 7  2×7=14  3×7=21  4×7=28  5×7=35  6×7=42  7×7=49
1×8= 8  2×8=16  3×8=24  4×8=32  5×8=40  6×8=48  7×8=56  8×8=64
1×9= 9  2×9=18  3×9=27  4×9=36  5×9=45  6×9=54  7×9=63  8×9=72  9×9=81
```

图3-7　例3-7的运行效果

该例子的源程序见E0307for.cs及其代码隐藏类。

2．foreach语句

foreach语句特别适合对集合对象的存取。可以使用该语句逐个提取集合中的元素，并对集合中每个元素执行语句序列中的操作。foreach语句的一般形式为：

```
foreach ( 类型 标识符 in 表达式 )
{
    语句序列
}
```

类型和标识符用于声明循环变量，表达式为操作对象的集合。注意在循环体内不能改变循环变量的值。另外，类型也可以使用var来表示，此时其实际类型由编译器自行推断。

集合的例子有数组、泛型集合类以及用户自定义的集合类等。

【例3-8】演示foreach语句的基本用法。运行效果如图3-8所示。

```
■ foreach语句基本用法                                —    □    ×

1 2 3 4 5 6 7 8 9 10
```

图3-8　例3-8的运行效果

< 68 >

该例子的源程序见 E0308foreach.cs 及其代码隐藏类。

3．while 语句

while 语句用于循环次数不确定的场合。在条件为 true 的情况下，它会重复执行循环体内的语句序列，直到条件为 false 为止。一般形式为：

```
while (条件表达式)
{
    语句序列
}
```

显然，循环体内的程序可能会执行多次，也可能一次也不执行。

【例 3-9】使用 while 语句计算并输出 1 到 20 以内所有能被 3 整除的自然数。运行效果如图 3-9 所示。

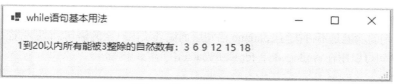

图 3-9　例 3-9 的运行效果

该例子的源程序见 E0309while.cs 及其代码隐藏类。

4．do 语句

do 语句也叫 do-while 语句，它也是用来重复执行循环体内的程序，一般形式为：

```
do
{
    语句序列
}while (条件表达式);
```

do 语句与 while 语句不同的是，do 语句循环体内的程序至少会执行一次。每次执行后再判断条件是否为 true，如果为 true，则继续下一次循环。

【例 3-10】用 do-while 语句求正整数 n 的阶乘，例如 4 的阶乘为 $4 \times 3 \times 2 \times 1=24$。运行效果如图 3-10 所示。

图 3-10　例 3-10 的运行效果

该例子的源程序见 E0310do_while.cs 及其代码隐藏类。

3.6.3　跳转语句

在条件和循环语句中，程序的执行都是按照条件的测试结果来进行的，但是在实际使用时，可能会使用跳转语句来配合条件测试和循环的执行。

在跳转语句中，常用的是 break、continue 和 return 语句。

< 69 >

1. break 语句

break 语句的功能是退出最近的封闭 switch、while、do、for 或 foreach 语句。

格式如下所示。

```
break;
```

例如：

```csharp
static void Main()
{
    while (true) {
        string s = Console.ReadLine();
        if (s == null) break;
        Console.WriteLine(s);
    }
}
```

2. continue 语句

continue 语句的功能是不再执行 continue 语句后面循环块内剩余的语句，而是将控制直接传递给下一次循环，此语句可以用在 while、do、for 或 foreach 语句块的内部。

格式如下所示。

```
continue ;
```

例如：

```csharp
static void Main(string[] args)
{
    for (int i = 0; i < args.Length; i++) {
        if (args[i].StartsWith("/")) continue;
        Console.WriteLine(args[i]);
    }
}
```

3. return 语句

return 语句的功能是将控制返回到出现 return 语句的函数成员的调用方。

格式如下所示：

```
return;
```

或

```
return 表达式 ;
```

带表达式的 return 语句用于方法的返回类型不为 null 的情况。例如：

```csharp
static int Add(int a, int b)
{
    return a + b;
}
static void Main() {
    Console.WriteLine(Add(1, 2));
    return;
}
```

< 70 >

4. goto 语句

goto 语句的功能是将控制转到由标识符指定的语句。

格式如下所示。

```
goto 标识符;
```

例如:

```
static void Main(string[] args) {
    int i = 0;
    goto check;
loop:
    Console.WriteLine(args[i++]);
check:
    if (i < args.Length) goto loop;
}
```

需要注意的是,虽然 goto 语句使用比较方便,但是容易引起逻辑上的混乱,因此除了以下两种情况,其他情况下不要使用 goto 语句。

- 在 switch 语句中从一个 case 标记跳转到另一个 case 标记时。
- 从多重循环体的内部直接跳转到最外层的循环体外部时。

下面的代码说明了如何利用 goto 语句从循环体内直接跳出到循环体的外部。

```
for (int i = 0; i < 100; i++)
{
    for (int j = 0; j < 100; j++)
    {
        if ((j+i)/7 == 0) goto Exit;
    }
}
Exit:
Console.WriteLine("The number k is {0}", k);
```

可见,在特殊情况下,使用 goto 语句还是很方便的。

3.6.4　异常处理语句

异常是指在程序运行过程中可能出现的不正常情况。异常处理是指程序员在程序中可以捕获到可能出现的错误并加以处理,如提示用户通信失败或者退出程序等。

从程序设计的角度来看,错误和异常的主要区别在于:错误指程序员可通过修改程序解决或避免的问题,如编译程序时出现的语法错误、运行程序时出现的逻辑错误等;异常是指程序员可捕获但无法通过程序加以避免的问题,如在网络通信程序中,可能会由于某个地方网线断开导致通信失败,但"网线断开"这个问题无法通过程序本身来避免,这就是一个异常。

在程序中进行异常处理是非常重要的,一般情况下,应尽可能考虑并处理可能出现的各种异常,如对数据库进行操作时可能出现的异常、对文件操作时可能出现的异常等。

C#提供的异常处理语句为 try 语句,try 语句又可以进一步分为 try-catch、try-finally、try-catch-finally 三种形式。

在 catch 块内,还可以使用 throw 语句将异常抛给调用它的程序。

1. try-catch 语句

C#语言提供了利用 try-catch 捕捉异常的方法。在 try 块中的任何语句产生异常,都会执行 catch 块

< 71 >

中的语句来处理异常。常用形式为：

```
try
{
    语句序列
}
catch
{
    异常处理语句序列
}
```

或

```
try
{
    语句序列
}
catch（异常类型 标识符）
{
    异常处理语句序列
}
```

在程序运行正常的时候，执行 try 块内的程序。如果 try 块中出现了异常，程序就立即转到 catch 块中执行。

在 catch 块中可以通过指定异常类型和标识符来捕获特定类型的异常。也可以不指定异常类型和标识符，此时将捕获所有类型的异常。

一个 try 语句中也可以包含多个 catch 块。如果有多个 catch 块，则每个 catch 块处理一个特定类型的异常。但是要注意，由于 Exception 是所有异常的基类，因此如果一个 try 语句中包含多个 catch 块，应该把处理其他异常的 catch 块放在上面，最后才是处理 Exception 异常的 catch 块，否则的话，处理其他异常的 catch 块就根本无法有执行的机会。

2．try-catch-finally 语句

如果 try 后有 finally 块，不论是否出现异常，也不论是否有 catch 块，finally 块总是会执行的，即使在 try 内使用跳转语句或 return 语句也不能避免 finally 块的执行。

一般在 finally 块中做释放资源的操作，如关闭打开的文件、关闭与数据库的连接等。

try-catch-finally 语句的常用形式为：

```
try
{
    语句序列
}
catch（异常类型 标识符）
{
    异常处理
}
finally
{
    语句序列
}
```

3．throw 语句

有时候在方法中出现了异常，不一定要立即把它显示出来，而是想把这个异常抛出并让调用这个方法的程序进行捕捉和处理，这时可以使用 throw 语句。它的格式为：

```
throw [表达式];
```

可以使用 throw 语句抛出表达式的值。注意：表达式类型必须是 System.Exception 类型或从 System.Exception 继承的类型。

throw 也可以不带表达式，不带表达式的 throw 语句只能用在 catch 块中，在这种情况下，它重新抛出当前正在由 catch 块处理的异常。

【例 3-11】演示 try-catch-finally 的基本用法。运行效果如图 3-11 所示。

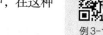
例 3-11 讲解

图 3-11　例 3-11 的运行效果

该例子的源程序见 E0311try_catch.cs 及其代码隐藏类。

习题

1. 简要回答值类型和引用类型有何不同。
2. C#语言中不同整型之间进行转换的原则是什么？
3. 错误和异常有什么区别？为什么要进行异常处理？用于异常处理的语句有哪些？
4. 下列表达式中不正确的是（　　　）。
   - A. long a=0x12ab;
   - B. char a='A';
   - C. enum num:byte{x1=254,x2};
   - D. if(b=0) i++;
5. Console.WriteLine("{0}--{0:p}good",12.34F);的输出结果为（　　　）。

< 73 >

第4章 C#面向对象编程

面向对象是指将所有需要处理的现实问题抽象为类（class），并通过类的实例（对象）去处理它。作为开发人员，应首先学会如何将要处理的业务抽取到类中，并通过类的成员去声明或定义业务逻辑，然后再通过对象来访问它，这是面向对象编程的基础。

4.1 类和结构

在面向对象的技术中，一般用类类型（简称类）来描述某种事物的共同特征，用类的实例（称为对象）来创建具体的实体。例如单位员工是一个类，则该单位的张三、李四、王五都是员工对象（员工类的实例）。

虽然.NET 提供了数万个已经编写好的类供开发人员使用，但是由于现实中的业务逻辑千差万别，所以对于具体项目来说，仍然需要开发人员自定义类。这就像一团乱麻，相互缠绕，我们要将顺它，最好先把它"分类"，然后再分别去处理。

4.1.1 类的定义和成员组织

类是封装数据的基本单位。一般用类来定义对象具有的特征（字段、属性等）和可执行的操作（方法、事件等）。

属性、方法和事件是构成类的主要成员。其中，属性描述的是一种意图，即"做什么事"，方法描述的是"如何做"，事件描述的是"什么时候做"。一般通过属性访问对象具有的特征，通过方法处理对象的行为，通过事件引发对象的动作。

1. 自定义类

下面是自定义类的基本格式，中括号表示该部分可省略，下画线表示该部分需要用实际的内容替换，冒号表示继承。

```
[访问修饰符] [static] class 类名 [: 基类 [，接口序列]]
{
    [类成员]
}
```

例如：

```
public class Person
{
    public string Id { get; set; }
```

```
    public string Name { get; set; }
}
public class Student : Person
{
    private int age;
    public int Grade { get; set; }
    public Student() { }
}
```

这段代码定义了一个 Person 类，一个继承自 Person 的 Student 类。public 是访问修饰符，age 是字段，Id、Name、Grade 都是属性，Student() 是 Student 类的构造函数。

2. 类的成员

类的成员是指在类中声明的成员。类的成员包括：常量、字段、属性、索引、方法、事件、运算符、构造函数、析构函数、嵌套类。

3. 示例

希望读者通过这个例子，对如何解决以下问题有一个直观的感性认识，以便在后续的学习中通过这个简单例子的具体代码实现，加深对面向对象编程基础的理解。

（1）如何声明类及其成员，并通过访问修饰符限定其访问范围。

（2）如何声明和继承父类。

（3）如何声明和重载构造函数。

（4）如何声明和实现接口。

（5）如何利用 new 关键字创建对象，以及如何明确指定调用的是哪个构造函数。

【例 4-1】演示类的基本构造，运行效果如图 4-1 所示。

图 4-1 例 4-1 的运行效果

该例子的源程序见 E0401.cs，代码如下。

```
namespace ClientWinFormsExamples.ch04
{
    public partial class E0401 : Form
    {
        public E0401()
        {
            InitializeComponent();
            var v1 = new C0401();
            var v2 = new C0401("李四", new DateTime(1998, 10, 15));
            label1.Text = $"{v1.Result}\n{v2.Result}";
        }
    }
    internal class C0401
    {
        //属性
        public string Result { get; private set; } = "";
```

< 75 >

```
public string Name { get; } = "张三";
public DateTime BirthDate { get; set; } = new DateTime(2005, 9, 13);
//构造函数
public C0401()
{
    AddToResult();
}
public C0401(string name, DateTime birthDate)
{
    Name = name;
    BirthDate = birthDate;
    AddToResult();
}
//方法
private void AddToResult()
{
    Result += $"姓名：{Name}，出生日期：{BirthDate:yyyy-MM-dd}\n";
}
}
}
```

4.1.2　访问修饰符

类的访问修饰符用于控制类的访问权限，成员的访问修饰符用于控制类中成员的访问权限。类和类的成员都可以使用本节介绍的这些访问修饰符。

1．基本的访问修饰符

常用的访问修饰符包括：public、private、internal。

定义一个类时，如果省略类的访问修饰符，默认为 internal；如果省略类成员的访问修饰符，默认为 private。

（1）public

该关键字表示类的内部和外部代码都可以访问它。

（2）private

该关键字表示类的内部可访问，类的外部无法访问。

（3）internal

该关键字表示同一个程序集（同一个项目）中的代码都可以访问，程序集外的其他代码则无法访问。

2．用于类继承的访问修饰符

一个类可以有一个或多个子类，每个子类又可以有一个或多个子类。

（1）protected

该关键字表示类的内部或者从该类继承的子类可以访问。

（2）protected internal

该关键字表示从该类继承的子类或者从另一个程序集中继承的类都可以访问。

4.1.3　字段和局部变量

字段是指类的成员变量，可通过 this 关键字访问这些变量；局部变量是指在语句块内声明的临时

< 76 >

变量，不能通过 this 关键字访问这些变量。

1．字段

字段是"类级别"的变量，是在类的所有方法和事件中都可以访问的变量。字段的作用域仅局限于定义它的类的内部，而在类的外部则无法访问该变量。

程序中一般应仅将私有或受保护的变量声明为字段，类对外部公开的数据应通过方法、属性和索引器提供。

下面的代码说明了如何定义字段 age：

```
public class A
{
    private int age = 15;
}
```

2．只读字段

只读字段（readonly）关键字用于声明可以在程序运行期间只能初始化"一次"的字段。初始化的方式有两种，一种是在声明语句中初始化该字段，另一种是在构造函数中初始化该字段。初始化以后，该字段的值就不能再更改了。例如：

```
public class A
{
    readonly int a = 3;
    readonly string ID;
    public A ()
    {
        ID = "12345";
    }
}
```

如果在 readonly 关键字的左边加上 static，例如：

```
public static readonly int a=3;
```

则其作用就和用 const 关键字声明一个常量相似，区别是 readonly 常量在运行的时候才初始化，而 const 常量在编译的时候就将其替换为实际的值。另外，const 常量只能在声明中赋值，readonly 常量既可以在声明中赋值，也可以在构造函数中赋值。

3．局部变量

局部变量是相对于字段来说的。可以将局部变量理解为"块"级别的变量，例如在某个 while 语句块内定义的变量，其作用域仅局限于定义它的语句块内，而在语句块的外部则无法访问该变量。

对于字段来说，如果程序员没有编写初始化代码，系统会自动根据其类型将其初始化为默认值，如 int 类型的字段默认初始化为 0，但对于局部变量，系统不会为其自动初始化。

4.1.4　构造函数

构造函数是创建对象时自动调用的函数。一般在构造函数中做一些初始化工作，或者做一些仅需执行一次的特定操作。

构造函数没有返回类型，并且它的名称与其所属的类的名称相同。

C#支持两种构造函数：实例构造函数和静态构造函数。

< 77 >

1．实例构造函数

在 C#语言中，每创建一个对象，都要通过 new 关键字指明要调用的是哪个构造函数。例如：

```
Child child = new Child();
```

这条语句的 Child()就是被调用的实例构造函数。

2．默认构造函数和私有构造函数

每个类要求必须"至少"包含一个构造函数。如果代码中没有声明构造函数，则系统会自动为该类提供一个不带参数的构造函数，这种自动提供的构造函数称为默认构造函数。

提供默认构造函数的目的是保证能够在使用对象或静态类之前对类的成员进行初始化处理，即将字段成员初始化为下面的值。

- 对数值类型，如 int、double 等，初始化为 0。
- 对 bool 类型，初始化为 false。
- 对引用类型，初始化为 null。

下面的代码没有声明构造函数。

```
class Message
{
    object sender;
    string text;
}
```

这段代码与下面的代码等效。

```
class Message
{
    object sender;
    string text;
    public Message(): base() {}
}
```

构造函数一般使用 public 修饰符，但也可以使用 private 创建私有构造函数。如果不指定构造函数的访问修饰符，默认是 private。

私有构造函数是一种特殊的构造函数，通常用在只包含静态成员的类中，用 private 修饰符来清楚地表明该类不能被实例化。

3．重载构造函数

构造函数可以被重载，但不能被继承。

重载构造函数是指具有相同的构造函数名，但参数类型或参数个数不完全相同的多个构造函数同时出现在一个类中。

由于本章后面的多个例子都定义了重载的构造函数，因此这里不再单独列出代码。

4．析构函数和自动内存管理

析构函数是一种实现销毁对象的方式。

在 C#语言中，不建议开发人员显式声明析构函数去回收内存中的对象。这是因为 C#的内存管理是系统自动实现的，它能确保在"合适的时候"自动销毁内存中不再使用的对象，而不是靠开发人员去管理，只有在某些特殊的高级开发中（例如在使用指针的情况下）才需要显式声明析构函数。

< 78 >

4.1.5　new 关键字和 this 关键字

new 关键字用于创建类的实例（对象），this 关键字用于访问当前对象包含的成员。

1．new 关键字

在 C#语言中，new 关键字有两个主要的用途，一是用于创建对象，二是用于隐藏基类的成员。

（1）创建对象

定义一个类以后，就可以通过 new 关键字创建该类的实例了。例如：

```
Person p1 = new Person(){ Id = "001", Name = "张三" };
Person p2 = new Person(){ Id = "002", Name = "李四" };
```

这段代码也可以用下面的简写形式，这两种写法是等价的。

```
Person p1 = new(){ Id = "001", Name = "张三" };
Person p2 = new(){ Id = "002", Name = "李四" };
```

这里的 p1、p2 两个变量都是 Person 对象。语句中的 new 表示创建对象，new 后面表示调用 Person 类不带参数的构造函数，同时初始化 Id 和 Name 属性。

创建一个类的实例时，实际上做了两方面的工作，一是使用 new 关键字要求系统为该对象分配内存，二是指明调用的是哪个构造函数。

（2）对象初始化

使用 new 关键字时，还可以用一条语句同时实现创建对象和初始化属性这两个操作，而无需显式调用构造函数，这种独特的构造形式称为对象初始化。

假设有下面的类：

```
class StudentInfo
{
    string Name{get;set;}
    int Grade{get;set;}
}
```

下面的语句演示了其基本用法：

```
StudentInfo si = new();
si.Name = "张三"
si.Grade = 20;
```

对这段代码来说，如果用对象初始化来实现，只需要用一条语句即可：

```
StudentInfo si = new(){ Name="张三", Grade=20 };
```

（3）隐藏基类的成员

除了创建对象，也可以在扩充类中通过 new 关键字隐藏基类的成员。在介绍类的继承与多态性时，我们再学习它的具体用法。

2．this 关键字

在 C#语言中，this 关键字有多个用途，其中最常见的用途是表示所访问的成员为当前对象。除此之外，在某些特殊应用中，还可以利用 this 关键字来串联构造函数、声明索引、扩展类型等。

（1）访问对象

可通过 "this.实例名" 来访问当前对象，这是最基本也是最常见的用法。

< 79 >

编写代码时，如果目标是明确的，一般省略 this 关键字。如果目标有多个且名称相同（比如构造函数或方法中的参数名与字段或属性名相同），则通过 "this.字段名" 或 "this.属性名" 来明确指定所访问的目标是字段还是属性，而不是参数名。

（2）作为参数来传递

利用 this 关键字，还可以将当前对象作为引用参数传递给另一个对象。一般通过构造函数或者定义方法来实现参数的传递。在介绍方法及其参数传递时，我们再学习其具体用法。

（3）其他（高级用法）

除了上面介绍的常见用法，在 C#语言中，还可以利用 this 关键字实现某些特殊的高级功能，比如串联构造函数、声明索引、扩展类型等。限于篇幅，本书不再详述。当读者有了一定的编程基础和编程经验后，再看相关的参考资料即可。

3．示例

【例 4-2】演示 this 关键字的基本用法，运行结果如图 4-2 所示。

图 4-2 例 4-2 的运行效果

希望读者通过这个例子，理解并掌握以下基本技术：一是如何重载构造函数；二是当参数名称与字段或属性名冲突时，如何通过 this 关键字明确所访问的目标。

该例子的源程序见 E0402thisKey.cs，代码如下。

```csharp
namespace ClientWinFormsExamples.ch04
{
    public partial class E0402thisKey : Form
    {
        public E0402thisKey()
        {
            InitializeComponent();
            var c1 = new C0402();
            var c2 = new C0402("002", "李四");
            label1.Text = $"{c1.Result}\n{c2.Result}";
        }
    }
    internal class C0402
    {
        private readonly string id = "001";
        private readonly string name = "张三";
        public string Result { get; } = "";
        public C0402()
        {
            Result += $"id={id}, name={name}\n";
        }
        public C0402(string id, string name)
        {
            this.id = id;
            this.name = name;
```

< 80 >

```
        Result += $"id={id}, name={name}\n";
      }
   }
}
```

4.1.6　static 关键字

在 C#语言中，通过指定类名来调用静态成员，通过指定实例名来调用实例成员。static 关键字表示该成员为静态成员。

1. 基本概念

static 关键字表示类或成员加载到内存中只有一份，而不是有多个实例。当垃圾回收器检测到不再使用该静态成员时，会自动释放其占用的内存。如果有些成员（比如方法）与其所在类的实例无关，此时可将该成员定义为静态（static）成员。

static 可用于类、字段、方法、属性、运算符、事件和构造函数，但不能用于索引器、析构函数或者类以外的其他类型。

静态字段有两个常见的用法：一是记录已实例化对象的个数，二是存储必须在所有实例之间共享的值。

静态方法可以被重载，但不能被重写（override），因为它们属于类，而不是属于类的实例。

C#不支持在方法范围内声明静态的局部变量。用 static 声明的静态成员在外部只能通过类名称来引用，不能用实例名来引用。例如：

```
class Class1
{
   public static int x = 100;
   public static void Method1()
   {
      Console.WriteLine(x);
   }
}
class Program
{
   static void Main(string[] args)
   {
      Class1.x = 5;
      Class1.Method1();
   }
}
```

对于 Class1 来说，即使创建多个实例，该类中的静态字段在内存中也只有一份。

2. 静态构造函数

如果构造函数声明包含 static 修饰符，则为静态构造函数，否则为实例构造函数。

创建第一个实例或引用任何静态成员之前，公共语言运行时（CLR）都会自动调用静态构造函数。例如：

```
class SimpleClass
{
   static readonly long baseline;
   static SimpleClass()
   {
```

```
    baseline = DateTime.Now.Ticks;
    }
}
```

静态构造函数具有以下特点。

- 静态构造函数既没有访问修饰符，也没有参数。
- 在创建第一个实例或引用任何静态成员之前，CLR 会自动调用静态构造函数来初始化类。换言之，静态构造函数是在实例构造函数之前执行的。
- 编程人员无法直接调用静态构造函数，也无法控制何时执行静态构造函数。
- 静态构造函数仅调用一次。如果静态构造函数引发异常，在程序运行所在的应用程序域的生存期内，类型将一直保持未初始化的状态。

静态构造函数的典型用途是：当类使用日志文件时，使用静态构造函数向日志文件中写入项。另外，静态构造函数在为非托管代码创建包装类时也很有用。

3．静态类中的 static 关键字

声明自定义类时如果加上 static 关键字，则该类就是静态类。一般将成员声明为静态的，而不是将类声明为静态的。如果将类声明为静态的，则该类的所有成员也必须都声明为静态的。

加载引用静态类的程序时，CLR 可以保证在程序中首次引用该类前自动加载该类，并初始化该类的字段以及调用其静态构造函数。在程序驻留的应用程序域的生存期内，静态类将一直保留在内存中。

静态类的主要特点如下。

- 仅包含静态成员。
- 无法实例化。这与在非静态类中定义私有构造函数可阻止类被实例化的机制相似。
- 是密封的，因此不能被继承。
- 不能包含实例构造函数，但可以包含静态构造函数。如果非静态类包含需要进行初始化的重要的静态成员，也应定义静态构造函数。

使用静态类的优点在于，编译器能确保不会出现创建该类的实例的情况。比如单例（Singleton Instance）就可以通过静态类来实现。

4．非静态类中的 static 关键字

对于只对输入参数进行运算而不获取或设置任何内部实例字段的方法，可以用静态类作为这些方法的容器。例如，在.NET 中，静态类 System.Math 包含的方法只执行数学运算，不需要访问 Math 类的实例中的数据。

5．示例

下面通过例子演示 static 关键字最基本的用法。

【例 4-3】演示 static 关键字的基本用法，运行效果如图 4-3 所示。

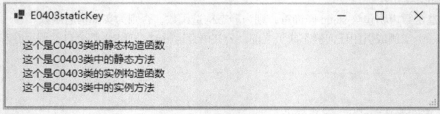

图 4-3 例 4-3 的运行效果

< 82 >

该例子的源程序见 E0403staticKey.cs，代码如下。

```
namespace ClientWinFormsExamples.ch04
{
    public partial class E0403staticKey : Form
    {
        public E0403staticKey()
        {
            InitializeComponent();
            C0403.Hello1();
            var c = new C0403();
            c.Hello2();
            label1.Text = C0403.Result;
        }
    }
    internal class C0403
    {
        public static string Result { get; set; } = "";
        static C0403()
        {
            Result += "这个是 C0403 类的静态构造函数\n";
        }
        public C0403()
        {
            Result += "这个是 C0403 类的实例构造函数\n";
        }
        public static void Hello1()
        {
            Result += "这个是 C0403 类中的静态方法\n";
        }
        public void Hello2()
        {
            Result += "这个是 C0403 类中的实例方法";
        }
    }
}
```

4.1.7　结构

在 C#语言中，可将结构（struct）看作是一种轻量型的类。有时之所以用结构来实现而不是用类来实现，是因为在某些情况下，使用结构可有效地提高系统运行的性能，例如处理坐标系中的每一个"坐标点"或字典中的每一对"键/值"时，用结构来实现的运行效率要远比用类来实现高。

结构是值类型，数据直接保存在栈（Stack）中而不是保存在堆（Heap）中，这是结构和类的主要区别。

结构也是都默认隐式地从 Object 继承，但结构不能继承自其他结构。

如果不考虑性能因素，那么所有用结构实现的功能也都可以改为用类来实现。

从形式上看，结构的构造与类的构造非常相似，区别仅是前者用 struct 关键字，后者用 class 关键字。除此之外，成员的声明都是相同的。

< 83 >

自定义结构的常用形式为：

[*访问修饰符*] [static] struct *结构名* [: *接口序列*]
{
    [*结构成员*]
}

例如：

```
public struct MyPoint
{
    public int x, y;
    public MyPoint(int x, int y)
    {
        this.x = x;
        this.y = y;
    }
}
```

在上面的代码中，x、y 都是该结构的成员。

结构成员和类成员相同，也包括字段、属性、构造函数、方法、事件、运算符、索引器、析构函数等。

结构和结构成员的访问修饰符只能是以下之一：public、private、internal。由于自定义的结构不能从其他结构继承，所以不能使用 protected 和 protected internal。

定义一个结构后，在执行时，系统只是在内存的某个临时位置保存该结构的定义。当声明结构类型的变量时，调用结构的构造函数也是使用 new 运算符，但它只是从临时位置将结构的定义复制一份到栈中，而不是在堆中分配内存。

下面的代码段产生的输出取决于 MyPoint 是类还是结构。

```
MyPoint a = new MyPoint(10, 10);
MyPoint b = a;
a.x = 20;
Console.WriteLine(b.x);
```

如果 MyPoint 是类，输出将是 20，因为 a 和 b 引用的是同一个对象。如果 MyPoint 是结构，输出将是 10，因为 a 对 b 的赋值创建了该值的一个副本，因此接下来对 a.x 的赋值不会影响 b 这一副本。

但是，并不是在任何情况下用结构实现都比用类实现效率高。例如对于对象变量的复制，此时用类实现要比用结构实现占用的开销小得多，因为复制结构实际上是将结构中的每个成员的值都复制一遍，而复制对象引用仅仅需要对变量本身进行操作。

总之，如果不考虑"程序执行效率"这个因素或者该因素影响不大，那么所有用结构实现的构造都可以改为用类来实现。

4.2 方法

在结构化程序设计技术中，通常将一组完成特定功能的代码集合称为函数（function）。在面向对象的程序设计技术中，除了构造函数比较特殊仍继续叫函数，其他情况下，一般都将这些单独实现的功能称为方法（method）。

在面向对象编程中，属性是对类的内部字段进行读写的封装，主要用于对外声明某个类"能做什

< 84 >

么",方法主要用于声明在这个类中是"如何做"的,事件主要用于处理"什么时候做",比如是单击某个按钮时还是在某个区域内移动鼠标时引发对应的事件等。

由于属性也可以被认为是方法的另一种实现手段,所以我们先学习方法的基本声明方式和基本用法,然后再学习如何通过属性对外公开"类"所能做的事。

4.2.1　方法声明

方法是类或结构的一种成员,是一组程序代码的集合。每个方法都有一个方法名,便于识别和让其他方法调用。

C#程序中定义的方法都必须放在某个类中。定义方法的一般形式为:

〔*访问修饰符*〕 *返回值类型 方法名*(〔*参数序列*〕)
{
　　〔*语句序列*〕
}

如果方法没有返回值,可将返回值类型声明为 void。

声明方法时,需要注意以下几点。

- 方法名后面的小括号中可以有参数,也可以没有参数,但是不论是否有参数,方法名后面的小括号都是必需的。如果有多个参数,各参数之间用逗号分隔。
- 可以用 return 语句结束某个方法的执行。程序遇到 return 语句后,会将执行流程交还给调用此方法的程序代码段。此外,还可以利用 return 语句返回一个值,注意,return 语句只能返回一个值。
- 如果声明一个返回类型为 void 的方法,return 语句可以省略不写;如果声明一个非 void 返回类型的方法,则方法中必须至少有一个 return 语句。

4.2.2　方法中的参数传递

方法声明中的参数用于向方法传递值或变量引用。方法的参数从调用该方法时指定的实参获取实际值。有四类参数:值参数、引用参数、输出参数和数组参数。

1. 值参数

值参数(value parameter)用于传递输入参数。一个值参数相当于一个局部变量,只是它的初始值来自于该形参传递的实参。

定义值类型参数的方式很简单,只要注明参数类型和参数名即可。当该方法被调用时,便会为每个值类型参数分配一个新的内存空间,然后将对应的表达式运算的值复制到该内存空间。另外,声明方法时,还可以指定参数的默认值,这样可以省略传递对应的实参。

在方法中更改参数的值不会影响到这个方法之外的变量。

2. 引用参数

引用参数(reference parameter)用于传递输入和输出参数。为引用参数传递的实参必须是变量,并且在方法执行期间,引用参数与实参变量表示同一存储位置。

引用参数使用 ref 修饰符声明。与值参数不同,引用参数并没有再分配内存空间,实际上传递的是指向原变量的引用,即引用参数和原变量保存的是同一个地址。运行程序时,在方法中修改引用参数的值实际上也就是修改被引用的变量的值。

< 85 >

当将值类型作为引用参数传递时，必须使用 ref 关键字。对于引用类型来说，可省略 ref 关键字。

3．输出参数

输出参数（output parameter）用于传递返回的参数，用 out 关键字声明。格式为：

out *参数类型 参数名*

对于输出参数来说，调用方法时提供的实参的初始值并不重要，因此声明时也可以不赋初值。除此之外，输出参数的用法与引用参数的用法类似。

由于 return 语句一次只能返回一个结果，当一个方法返回的结果有多个时，仅用 return 就无法满足要求了。此时除了利用数组让其返回多个值，还可以用 out 关键字来实现。

4．数组参数

数组参数用于向方法传递可变数目的实参，用 params 关键字声明。例如 System.Console 类的 Write 和 WriteLine 方法使用的就是数组参数。它们的声明如下。

```
public class Console
{
    public static void Write(string fmt, params object[] args) {...}
    public static void WriteLine(string fmt, params object[] args) {...}
    ...
}
```

如果方法有多个参数，只有最后一个参数才可以用数组来声明，并且数组的类型必须是一维数组类型。

在调用具有数组参数的方法中，既可以传递参数数组类型的单个实参，也可以传递参数数组的元素类型的任意数目的实参。实际上，数组参数自动创建了一个数组实例，并用实参对其进行初始化。

例如：

```
Console.WriteLine("x={0} y={1} z={2}", x, y, z);
```

等价于以下语句：

```
string s = "x={0} y={1} z={2}";
object[] args = new object[3];
args[0] = x;
args[1] = y;
args[2] = z;
Console.WriteLine(s, args);
```

当需要传递的参数个数不确定时，如求多个数的平均值，由于没有规定参数的个数，运行程序时，每次输入的值的个数即使不一样也同样可正确计算。

5．方法重载

方法重载（Overloading）是指具有相同的方法名，但参数类型或参数个数不完全相同的多个方法可以同时出现在一个类中。这种技术非常有用，在项目开发过程中，我们会发现很多方法都需要使用方法重载来实现。

6．示例

下面通过例子演示方法中的参数传递基本用法。

【例 4-4】演示方法中的参数传递基本用法，运行效果如图 4-4 所示。

例 4-4 讲解

< 86 >

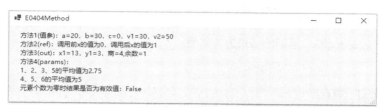

图 4-4　例 4-4 的运行效果

该例子的源程序见 E0404Method.cs 及其代码隐藏类。

4.2.3　Lambda 表达式

Lambda 表达式（箭头函数）是内置在 C#语言中的一种"用类似于表达式的语法来声明匿名函数或匿名方法"的手段。由于其语法简洁直观，因此在 C#编程中得到了广泛的应用。

这一节我们主要介绍 Lambda 表达式的基本概念和基本用法。

1．基本概念

Lambda 表达式是一种特殊的表达式，特殊之处（也是创新之处）在于它采用类似于"常规表达式"的语法来描述函数或方法的声明和参数，而不需要显式声明函数或方法的名称。

Lambda 表达式的基本语法格式如下。

（输入参数列表）=>{*表达式或语句块*}

所有 Lambda 表达式都使用 Lambda 运算符"=>"来描述，该运算符读作"goes to"。其中，运算符左侧用于描述函数或方法的输入参数。输入参数可以是零个，也可以是多个。如果有多个输入参数，各参数之间用逗号分隔；如果输入参数只有一个，可省略小括号，其他情况都必须用小括号将其括起来。

运算符右侧用于描述函数或方法要执行的操作。右侧既可以是表达式，也可以是语句块。如果是表达式或者只有一条语句，可不加大括号，否则必须用大括号括起来。

2．基本用法

根据输入参数的个数，Lambda 表达式有以下几种基本用法。

（1）无输入参数

此时需要用小括号指定有零个输入参数（返回 void 类型）。例如：

```
() => SomeMethod()
```

（2）有一个输入参数

如果仅有一个输入参数，左侧的小括号也可以省略。例如：

```
x => x * x
```

含义：输入参数是 x，表达式返回的结果为 x×x 的值。

（3）有多个输入参数

如果有多个输入参数，必须用小括号将这些输入参数括起来。例如：

```
(x, y) => x == y
```

含义：输入参数是 x 和 y，如果 x 等于 y，返回的结果为 true，否则为 false。

（4）显式声明输入参数的类型

当编译器无法推断输入参数的类型时，需要显式指定其类型。例如：

< 87 >

```
(int x, string s) => s.Length > x
```

含义：输入参数是 x 和 s，返回的结果为布尔型。

4.3 属性和事件

在 C#语言中，属性（Property）和事件（Event）的使用非常广泛，这一节我们主要学习其基本概念和基本用法。

方法、属性和事件是类成员的基本构造形式。其中，属性描述的是一种意图，即"做什么事"，事件描述的是"什么时候做"，方法描述的是"如何做"。

4.3.1 属性声明

属性用于描述类所具有的特征，是一种对类的外部公开其内部字段的手段。

1. 属性和字段的联系与区别

属性和字段的区别如下。

- 字段占用存储空间，属性不占用存储空间。
- 属性用于对外公开字段，其功能类似于分别为字段提供一个读方法和一个写方法，即通过 get 访问器和 set 访问器指定读写字段的值时需要执行的语句。根据使用情况不同，可以只提供 get 访问器或者只提供 set 访问器，也可以两者都提供。

使用属性公开字段而不是用方法来实现的优点是：如果外部错误地使用属性，编译就无法通过，而方法却做不到这一点。

2. 常规属性声明

如果需要对外公开某些字段，并对字段的值进行验证，可以利用属性的 get 和 set 访问器来实现。例如：

```
class Student
{
    private int age;
    public int Age
    {
        get { return age; }
        set { if (value >= 0) age = value; }
    }
}
class Program
{
    static void Main(string[] args)
    {
        Student s = new Student();
        s.Age = 25;
        Console.WriteLine("年龄: {0}", s.Age);
        Console.ReadKey();
    }
}
```

get 访问器相当于一个具有属性类型返回值的无形参的方法。当在表达式中引用属性时，会自动调

< 88 >

用该属性的 get 访问器以计算该属性的值。

set 访问器相当于具有一个名为 value 的参数并且没有返回类型的方法。当某个属性作为赋值的目标被引用时，会自动调用 set 访问器，并传入提供新值的实参。

不具有 set 访问器的属性称为只读属性。不具有 get 访问器的属性称为只写属性。同时具有这两个访问器的属性称为读写属性。

与字段和方法相似，C#同时支持实例属性和静态属性。静态属性使用 static 修饰符声明，而实例属性的声明不带 static 修饰符。

3．自动实现的属性

自动实现的属性是指开发人员只需要声明属性，而与该属性对应的字段则由系统自动提供。

自动实现的属性最初限制必须同时声明 get 和 set 访问器,但后来的 C#版本取消了此限制。从 C# 6.0 开始，既可以同时声明 get 和 set 访问器，也可以仅声明 get 访问器或者仅声明 set 访问器。

如果希望声明只读属性，不能将 set 访问器声明为 public，但可以声明为 private 或者 protected；同样，如果希望声明只写属性，不能将 get 访问器声明为 public。

使用自动实现的属性可使属性声明变得更简单，因为这种方式不再需要声明对应的私有字段。例如：

```
class Student
{
    public int Age{ get; private set; }
    public string Name { get; set; }
}
```

上面这段代码中，Age 是只读属性，而 Name 则是读写属性。

4．属性初始化

从 C# 6.0 开始，可直接初始化自动实现的属性。例如：

```
class ToDo
{
    public DateTime Due { get; set; } = DateTime.Now.AddDays(1);
    public DateTime Created { get; } = DateTime.Now;
    public string Description { get; }
    public ToDo (string description)
    {
        this.Description = description; //仅声明为 get 的属性还能（且仅能）在构造函数中赋值
    }
}
```

5．示例

下面通过例子演示属性的基本用法。

【例 4-5】演示属性的基本用法，运行效果如图 4-5 所示。

图 4-5　例 4-5 的运行效果

< 89 >

该例子的源程序见 E0405Property.cs 及其代码隐藏类。

4.3.2 委托

顾名思义，委托（delegate）类似于某人让另一方去做某件事。例如 A 要发一个快件到目的地，实际上是"委托"某个快递公司来处理的，这里的快递公司就是被委托方，A 在快递公司填写的相关信息就是方法签名。

委托的最大特点是，任何类或对象中的方法都可以通过委托来调用，唯一的要求是必须先声明委托的名称以及它要调用的方法的参数和返回类型，即方法签名。

1．定义委托

在 C#语言中，委托用于定义一个从 System.Delegate 类派生的类型，其功能与 C++语言中指向函数的指针功能类似，不同的是利用 C++语言的指针只能调用静态的方法，而 C#语言中的委托除了可以调用静态的方法，还可以调用实例的方法。另外，委托是完全面向对象的技术，不会出现像 C++语言的指针那样编程时一不小心就会出现的内存泄露的情况。

从语法形式上来看，定义一个委托与定义一个方法的形式类似。但是，方法有方法体，而委托没有方法体，因为通过它执行的方法是在调用委托时才指定的。

定义委托的一般语法为：

[*访问修饰符*] delegate *返回类型* *委托名*([*参数序列*]);

例如：

```
public delegate double MyDelegate(double x);
```

这行代码定义了一个名为 MyDelegate 的委托。编译器编译这行代码时，会自动为其生成一个继承自 System.Delegate 类的委托类型，该委托类型的名称为 MyDelegate，通过它调用方法时必须满足以下条件：有一个 double 类型的输入参数，且返回的类型为 double 类型。

2．通过委托调用方法

定义了委托类型后，就可以像创建类的实例那样来创建委托的实例。委托的实例封装了一个调用列表，该列表包含一个或多个方法，每个方法都是一个可调用的实体。

通过委托的实例，可将方法作为实体赋值给这个实例变量，也可以将方法作为委托的参数来传递。下面的方法将 f 作为参数，f 为自定义的委托类型 MyFunction。

```
public static double[] Apply(double[] a, MyDelegate f)
{
    double[] result = new double[a.Length];
    for (int i = 0; i < a.Length; i++) result[i] = f(a[i]);
    return result;
}
```

假如有下面的静态方法：

```
public static double Square(double x) { return x * x; }
```

那么，就可以将静态的 Square 方法作为 MyDelegate 类型的参数传递给 Apply 方法：

```
double[] a = {0.0, 0.5, 1.0};
double[] squares = Apply(a, Square);
```

除了可以通过委托调用静态方法，还可以通过委托调用实例方法。例如：

< 90 >

```
class Multiplier
{
    double factor;
    public Multiplier(double factor) { this.factor = factor; }
    public double Multiply(double x) { return x * factor; }
}
```

下面的代码将 Multiply 方法作为 MyDelegate 类型的参数传递给 Apply 方法：

```
Multiplier m = new Multiplier(2.0);
double[] doubles =  Apply(a, m.Multiply);
```

3．使用匿名方法创建委托

也可以使用匿名方法创建委托，这是即时创建的"内联方法"。由于匿名方法可以查看外层方法的局部变量，因此在这个例子中也可以直接写出实现的代码：

```
double[] doubles =  D1.Apply(a, (double x) => x * 2.0);
```

在这条语句中，内联方法是用 Lambda 表达式来实现的。

4.3.3　事件

事件是一种使类或对象能够提供通知的成员，一般利用事件响应用户的鼠标或键盘操作，或者自动执行某个与事件关联的行为。要在应用程序中自定义和引发事件，必须提供一个事件处理程序，以便让与事件相关联的委托能自动调用它。事件是靠委托来实现的。

1．事件的声明和引发

事件在本质上是利用委托来实现的，因此声明事件前，需要先定义一个委托，然后就可以用 Event 关键字声明事件。例如：

```
public delegate void MyEventHandler();
public event MyEventHandler Handler;
```

若要引发 Handler 事件，可以定义引发该事件时要调用的方法，例如：

```
public void OnHandler()
{
    Handler();
}
```

程序中可以通过"+="或"−="运算符向事件添加委托来注册或取消对应的事件。例如：

```
myEvent.Handler += new MyEventHandler(myEvent.MyMethod);
myEvent.Handler -= new MyEventHandler(myEvent.MyMethod);
```

2．具有标准签名的事件

在实际的应用开发中，绝大部分情况下使用的都是具有标准签名的事件。在具有标准签名的事件中，事件处理程序包含两个参数，第 1 个参数是 Object 类型，表示引发事件的对象；第 2 个参数是从 EventArgs 类型派生的类型，用于保存事件数据。

在 C#代码中，注册具有标准签名的事件非常简单，例如在 Windows 窗体的构造函数中键入 "button1.Click +="以后，再按<Tab>键，它就会自动添加事件处理程序的代码段。

```
public MyForm()
{
```

< 91 >

```
    InitializeComponent();
    button1.Click += Button1_Click;
}
void Button1_Click(object? sender, EventArgs e)
{
    //事件处理代码
}
```

3．自定义事件

如果具有标准签名的事件不能满足项目要求（实际上这样的情况非常少），也可以用自定义新的事件来实现。下面通过例子演示了如何自定义事件以及如何自动引发事件。

【例 4-6】演示自定义事件的基本用法，运行效果如图 4-6 所示。

图 4-6　例 4-6 的运行效果

该例子的源程序见 E0406Event.cs 及其代码隐藏类。

4．WinForms 应用程序中的常用鼠标和键盘事件

WinForms 应用程序的设计是基于事件驱动的。事件是指由系统事先设定的、能被控件识别和响应的动作，如单击鼠标、按下某个键等。事件驱动是指程序不是完全按照代码文件中代码的排列顺序从上到下依次执行，而是根据用户操作触发相应的事件来执行对应的代码。

WinForms 应用程序中的一个控件可以响应多个事件，设计 WinForms 应用程序时的很多工作就是为各个控件编写事件处理代码，但一般来说只需要对必要的事件编写代码。在程序运行时由控件识别这些事件，然后去执行对应的代码。没有编写代码的事件是不会响应任何操作的。

虽然 WinForms 提供的每个控件都有对应的若干个事件，不同的控件所具有的事件也不尽相同，但是鼠标事件和键盘事件是绝大多数控件都有的两大类事件。

表 4-1 所示为大多数控件常用的鼠标和键盘事件。

表 4-1　鼠标和键盘常用事件

事件类型	事件名称	事件触发条件
常用鼠标事件	Click	单击鼠标左键时触发
	MouseDoubleClick	双击鼠标左键时触发
	MouseEnter	鼠标进入控件可见区域时触发
	MouseMove	鼠标在控件区域内移动时触发
	MouseLeave	鼠标离开控件可见区域时触发
	MouseDown	鼠标按键按下时触发
	MouseUp	鼠标按键抬起时触发
常用键盘事件	KeyDown	按下键盘上某个键时触发
	KeyPress	在 KeyDown 之后 KeyUp 之前触发，非字符键不会触发该事件
	KeyUp	释放键盘上的按键时触发

< 92 >

这里需要说明一点，由于使用 KeyPress 事件判断键盘输入有点复杂，所以一般在 KeyDown 事件或者 KeyUp 事件中对用户按键进行处理。

4.4　常用类和结构的基本用法

.NET 提供的库大部分是用类来实现的，少部分是用结构来实现的。开发人员可直接在项目中利用这些类或结构快速开发各种业务逻辑功能。

这一节我们仅介绍几个常用的类和结构，并通过例子说明其基本用法。

4.4.1　数学运算

Math 类定义了各种常用的数学运算，该类位于 System 命名空间下，其作用有两个，一个是为三角函数、对数函数和其他通用数学函数提供常数，如 PI 值等；二是通过静态方法提供了各种数学运算功能。

1．基本用法

下面的代码演示了 Math 类的基本用法：

```
int x = -5;
double y = 45.0, a = 2.0, b = 5.0;
int r1 = Math.Abs(x);          //求绝对值
double r2 = Math.Sin(y);       //求指定角度的正弦值
double r3 = Math.Cos(y);       //求指定角度的余弦值
```

在后面的例子中，我们还会见到更多的用法。

2．舍入

对于浮点型数据（float、double、decimal），可通过 System.Math.Round 方法来实现舍入功能，该方法默认采用国际标准（IEEE）规定的算法，此算法也叫银行家算法，所有符合国际结算标准的银行采用的都是这种算法。在大型数据事务处理中，此转换原则有助于避免趋向较高值的系统偏差。例如：

```
double x = 2.345m;
double r1 = Math.Round(x, 2)   //取两位小数
```

"四舍五入"是取近似数的舍入办法，在国内使用比较普遍，但这个并不是国际标准。下面的代码演示了如何按四舍五入法求近似数：

```
double x = 2.345;
double r1 = Math.Round(x, 2 , MidpointRounding.AwayFromZero);
```

3．取整

有三种获取整数的方式，一是利用 Math.Ceiling 方法可得到大于或等于给定浮点数的最小整数，二是利用 Math.Floor 方法可得到小于或等于给定浮点数的最大整数。例如：

```
double x = 1.3, y = 2.7;
double r1 = Math.Ceiling(x);
double r2 = Math.Floor(y);
```

除此之外，还可以利用 Round 方法取整，此时只需要将小数位数指定为零即可。

< 93 >

【例 4-7】演示 Math 类的基本用法，运行效果如图 4-7 所示。

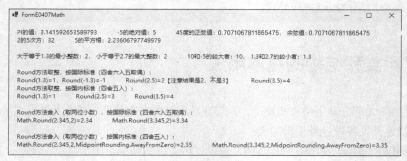

图 4-7　例 4-7 的运行效果

该例子的源程序见 E0407Math.cs 及其代码隐藏类。

4.4.2　日期时间处理

为了对日期和时间进行快速处理，.NET 在 System 命名空间下提供了 DateTime 结构和 TimeSpan 结构。

1．基本概念

DateTime 表示范围在 0001 年 1 月 1 日午夜 12:00:00 到 9999 年 12 月 31 日晚上 11:59:59 之间的日期和时间，最小时间单位等于 100ns。

TimeSpan 表示一个时间间隔，其范围在 Int64.MinValue 到 Int64.MaxValue 之间。

对于日期和时间，有多种格式化字符串输出形式，表 4-2 所示为日期和时间格式的字符串形式及其格式化输出说明。

表 4-2　日期和时间格式字符串及其说明

格式字符串	说明
d	一位数或两位数的天数（1 到 31）
dd	两位数的天数（01 到 31）
ddd	三个字符的星期几缩写。例如：周五、Fri
dddd	完整的星期几名称。例如：星期五、Friday
h	12 小时格式的一位数或两位数小时数（1 到 12）
hh	12 小时格式的两位数小时数（01 到 12）
H	24 小时格式的一位数或两位数小时数（0 到 23）
HH	24 小时格式的两位数小时数（00 到 23）
m	一位数或两位数分钟值（0 到 59）
mm	两位数分钟值（00 到 59）
M	一位数或两位数月份值（1 到 12）
MM	两位数月份值（01 到 12）
MMM	三个字符的月份缩写。例如：八月、Aug
MMMM	完整的月份名。例如：八月、August
s	一位数或两位数秒数（0 到 59）
ss	两位数秒数（00 到 59）

< 94 >

格式字符串	说明
fff	三位毫秒数
ffff	四位毫秒数
t	单字母 A.M.或者 P.M.的缩写（A.M.将显示为 A）
tt	两字母 A.M.或者 P.M.缩写（A.M.将显示为 AM）
y	一位数的年份（0 到 99。例如 2001 显示为 1）
yy	年份的最后两位数（00 到 99。例如 2001 显示为 01）
yyyy	完整的年份
z	相对于 UTC 的小时偏移量，无前导零
zz	相对于 UTC 的小时偏移量，带有表示一位数值的前导零
zzz	相对于 UTC 的小时和分钟偏移量

例如：

```
DateTime dt=new DateTime(2009,3,25,12,30,40);
string s = string.Format("{0:yyyy年MM月dd日 HH:mm:ss dddd, MMMM}",dt);
Console.WriteLine(s);
```

运行输出结果：

```
2009年03月25日12:30:40 星期三, 三月
```

对于中文操作系统来说，默认情况下星期几和月份均显示类似"星期三"、"三月"的中文字符串形式。如果希望在中文操作系统下显示英文形式的月份和星期，还需要使用 System.Globalization 命名空间下的 DateTimeFormatInfo 类，例如：

```
DateTime dt = new DateTime(2009, 3, 25, 12, 30, 40);
System.Globalization.DateTimeFormatInfo dtInfo =
    new System.Globalization.CultureInfo("en-US", false).DateTimeFormat;
string s = string.Format(dtInfo,
    "{0:yyyy-MM-dd  HH:mm:ss  ddd(dddd), MMM(MMMM)}", dt);
Console.WriteLine(s);
```

运行输出结果：

```
2009-03-25  12:30:40  Wed(Wednesday), Mar(March)
```

2．示例

【例 4-8】演示 DateTime 结构和 TimeSpan 结构的基本用法，结果如图 4-8 所示。

图 4-8　例 4-8 的运行效果

该例子的源程序见 E0408DateTime.cs 及其代码隐藏类。

< 95 >

4.4.3 计时器

本节我们学习两种类型的计时器，一是 System.Windows.Forms.Timer 类，在 WinForms 客户端应用程序中使用它比较方便；二是 System.Timers.Timer 类，一般在服务器端应用程序中利用它定时执行需要的操作。

1. System.Windows.Forms.Timer 组件

System.Windows.Forms 命名空间下的 Timer 类是一个基于 WinForms 的计时组件，利用它可在 WinForms 客户端应用程序中按固定间隔周期性地引发 Tick 事件，然后通过处理这个事件来提供定时处理功能，例如每隔 30ms 更新一次窗口中的信息等。该类的常用属性、方法和事件如下。

- Interval 属性：获取或设置时间间隔，以 ms 为计时单位，默认为 100ms。
- Enabled 属性：表示是否启用计时，false 表示停止计时，true 表示开始计时。
- Tick 事件：当到达指定的时间间隔后引发的事件。每隔 Interval 属性指定的时间间隔，都会触发该事件。
- Start 方法：启动计时。它与将 Enabled 属性设置为 true 的作用相同。
- Stop 方法：停止计时。它与将 Enabled 属性设置为 false 的作用相同。

下面通过例子说明该组件的具体用法。

【例 4-9】 利用 System.Windows.Forms.Timer 组件，在窗体上显示类似于电影字幕形式的循环向上滚动的文本。运行效果如图 4-9 所示。

例4-9讲解

图 4-9　例 4-9 的运行效果

该例子的源程序见 E0409Timer.cs，主要设计步骤如下。

（1）给设计窗体添加一个背景图，然后从工具箱中向窗体拖曳一个 Label 控件，用于显示滚动的文字。

（2）从工具箱中向窗体拖曳一个 Timer 组件，用于控制文字滚动的速度。

（3）修改 E0409Timer.cs 的代码，将其改为下面的内容：

```
namespace ClientWinFormsExamples.ch04
{
    public partial class E0409Timer : Form
    {
        public E0409Timer()
        {
            InitializeComponent();
            label1.Text = "动画设计：张三\n\n美  工：李四\n\n代码设计：王五";
            label1.BackColor = Color.Transparent;
            label1.ForeColor = Color.Red;
            label1.Font = new Font("宋体", 19F, FontStyle.Regular, GraphicsUnit.Point);
            timer1.Interval = 30;
            timer1.Tick += Timer1_Tick;
```

< 96 >

```
            timer1.Start();
        }
        private void Timer1_Tick(object? sender, EventArgs e)
        {
            label1.Location = new Point(label1.Location.X, label1.Location.Y - 1);
            if (label1.Top <= -label1.Height)
            {
                label1.Top = this.ClientRectangle.Height + 10;
            }
        }
    }
}
```

（4）按<F5>键调试执行，即可看到不停地向上滚动的字幕，字幕从窗体上方消失后，又自动出现在窗体的下方继续向上滚动。

2．System.Timers.Timer 类

System.Timers.Timer 类是一种轻量级的类，该类默认在线程池线程中引发事件，而不是在当前线程中引发事件。一般利用它在服务器端实现间隔时间较长的计时操作行为。

在不需要人工干预的情况下，服务器实现定时执行的情况非常多，例如每星期自动处理一次数据，每月自动汇总一次数据，每季度自动执行一次数据迁移等。在服务器端定时执行这些任务时，最简单的方式是使用 System.Timers.Timer 类来实现。

System.Timers.Timer 类的常用属性和方法如下。

- AutoReset 属性：获取或设置一个布尔型的值，该值为 true（默认）表示每次间隔结束时都引发一次 Elapsed 事件，false 表示仅在首次间隔结束时引发一次该事件。
- Interval 属性：获取或设置两次 Elapsed 事件的间隔时间（以毫秒为单位）。该值必须大于零并小于或等于 Int32.MaxValue。默认值为 100 毫秒。
- Start 方法：启动定时器。
- Stop 方法：停止计时器。

学习服务器端编程时，我们会看到该类的具体用法。

4.4.4　秒表和随机数

1．秒表

秒表（System.Diagnostics.Stopwatch 类）提供了一组方法和属性，利用 Stopwatch 类的实例可以测量一段时间间隔的运行时间，也可以测量多段时间间隔的总运行时间。

Stopwatch 的常用属性和方法如下。

- Start 方法：开始或继续运行。
- Stop 方法：停止运行。
- Elapsed 属性、ElapsedMilliseconds 属性、ElapsedTicks 属性：检查运行时间。

默认情况下，Stopwatch 实例的运行时间值相当于所有测量的时间间隔的总和。每次调用 Start 时开始累计运行时间计数，每次调用 Stop 时结束当前时间间隔测量，并冻结累计运行时间值。使用 Reset 方法可以清除现有 Stopwatch 实例中的累计运行时间。

2．随机数

System.Random 类用于生成随机数。默认情况下，Random 类的无参数构造函数使用系统时钟生成其种子值，但由于时钟的分辨率有限，频繁地创建不同的 Random 对象有可能创建出相同的随机数序

< 97 >

列。为了避免这个问题，一般先创建一个 Random 对象，然后再利用该对象提供的方法来多次生成随机数。

下面的代码演示了 System.Random 类的基本用法：

```
Random r = new Random();
for (int i = 0; i < 10; i++)
{
    Console.WriteLine(r.Next(0, 100));
}
```

3. 示例

【例 4-10】演示 Stopwatch 类和 Random 类的基本用法。运行效果如图 4-10 所示。

例 4-10 讲解

图 4-10 例 4-10 的运行效果

该例子的源程序见 E0410Stopwatch.cs 及其代码隐藏类。

4.5 类的封装与继承

在面向对象编程技术中，编程人员仅有一些编程基础还不够，还需要深刻理解继承与多态性的本质及其含义，以及类的多种封装方式，这样才能编写出高质量的代码。

4.5.1 基类与扩充类

实际项目中很少将业务逻辑全部都封装到同一个类中，大部分都是先将业务逻辑进行分类，然后通过继承机制在不同的类中分别实现。

1. 基本语法

在 C#语言中，用冒号 ":" 表示继承。其中被继承的类只能有一个，叫作基类或者父类；从基类继承的类称为扩充类，又叫子类或者派生类。

下面是自定义类的完整语法形式，其中中括号表示该部分可省略，下画线表示该部分需要用实际的内容替换，冒号表示继承。

```
[访问修饰符] [static] class 类名 [: 基类 [, 接口序列]]
{
    [类成员]
}
```

如果不指定基类，则基类默认为 Object 类。

如果有多个接口，各接口之间用逗号分隔。

< 98 >

如果既有基类又有接口，则必须把基类放在冒号后面的第一项，基类和接口之间也是用逗号分隔的。

例如：

```
public class A
{
    public A() { Console.WriteLine("a"); }
}
public class B : A
{
    public B() { Console.WriteLine("b"); }
}
public class C : B
{
    public C() { Console.WriteLine("c"); }
}
```

这段代码中的 B 继承自 A，C 继承自 B，因此将 A 称为 B 的父类，将 B 称为 A 的子类。另外，B、C 都是 A 的扩充类或派生类（类似于"晚辈"）。

继承意味着一个类隐式地将它的基类的所有公开的成员（指访问修饰符声明为 public、protected 或者 protected internal 的成员）都作为自己的成员，而且扩充类还能够在继承基类的基础上继续添加新的成员。但是，基类的实例构造函数、静态构造函数和析构函数除外，这些都不会被继承。

针对上面定义的具有继承关系的 A、B 两个类来说，当创建 B 的实例时，该实例既可以属于 B 类型，也可以属于 A 类型。例如：

```
B b1 = new B();
A b2 = new B();
```

第 2 条语句中的 b2 实际上是将扩充类型隐式地转换为基类型。这样一来，就可以在某个集合中只声明一种基类型，而集合中的多个元素则可以是不同的扩充类的实例。比如 Microsoft Visio 绘图软件包含多种不同类型的图形，每种图形又包含多个不同的形状，这些图形的绘制就是利用继承来实现的。

2. 封装、继承与多态性

"封装、继承与多态性"是面向对象编程的三大基本原则。

（1）封装

封装是指将业务逻辑封装到一个单独的类或者结构中。封装时既可以像定义一个普通的类一样，也可以将类声明为抽象类、分部类、密封类、嵌套类、泛型类等。

（2）继承

继承是描述"类成员"及其层次关系的一种方式，继承所描述的关系类似于"家族成员"及其层次关系。换言之，某个类的成员可以在其子类系列中体现，也可以不体现。

继承的用途是简化类的重复设计工作量，同时还能避免设计的不一致性。

（3）多态性

在 C#中，多态性的定义是：同一个操作可分别作用于不同的对象，此时系统将对不同的对象类型进行不同的解释，最后产生不同的执行结果。

通俗地说，多态性是指"类"在不同的情况下有多种不同的表现形态。这里所说的"类"是复数的，其概念类似于"一个家族"，描述类及其成员的多种形态的方式与描述"家族成员"多种形态的概念有点相似。比如，一个人对其自身来说是一种表现形态，但是对其"长辈"或者"子辈"来说，针对不同的对象，其表现的形态也不同。对于父类来说，当一个人向别人介绍说"这是我孩子"时，他

< 99 >

可能指的是儿子，也可能指的是孙子、重孙子，而且这个孩子可能是男的，也可能是女的，这是"多态性"的其中一种表现形式。对于子类来说，每个扩充类都可以根据需要，去重写基类的成员以提供不同的功能。这与某个孩子的特征针对其"父亲、爷爷、老祖宗"而言表现的形态也不一定相同相似。这是"多态性"的另一种表现形式。

3．类继承与接口继承

C#提供了两种实现继承的方式，一是通过类来实现单继承，二是通过接口来实现多继承。

（1）通过类继承呈现多态性

在 C#语言中，对某个类来说，其基类（父类）是唯一的。但是，由于基类还可以有基类，所以可通过这种方式依次继承下去，从而表现出多种子代形态。

单继承主要用于描述类似"父子关系"逻辑的相邻层次的继承特性。换言之，某个类只能有一个基类或父类，这和"孩子的亲生父亲是唯一的"道理相似；但是多个类可以继承自同一个父类，这和"多个孩子的父亲可能是同一个人"相似。当然，基类还可以有基类，这与"父亲还有父亲"的道理是一样的。总之，在 C#语言中，类继承的层次关系与人类的一代一代繁衍而来的层次关系极为相似。

（2）通过接口继承呈现多态性

多继承主要用于描述"一个类所具有的多个特征"都是来自哪里（是谁实现的）。比如对一个人的"财富"特征来说，这些财富除了来自其亲生父亲（单继承），还可能有多种其他来源（多继承），虽然这些来源本身也是用类来实现的，但是可通过接口公开出来，以便让其他类去继承。

接口仅用于公开可提供的方法和属性等成员，以及每个方法需要接收和返回的参数类型，而这些成员的具体实现则可以通过不同的类分别去完成。或者说，多个类可以实现相同的接口。

虽然扩充类只能有一个基类，但是基类和扩充类都可以继承多个接口，因此也可以通过接口来呈现类的不同形态。

4.5.2　类继承中的关键字和构造函数

这一节我们学习实现类的继承时 virtual、override、new、base、abstract、sealed 等关键字的基本概念和用法，并学习在类继承的过程中构造函数是如何执行的。

1．base 关键字

在 C#语言中，用 base 关键字表示基类的实例。

（1）利用 base 关键字调用其他构造函数

为了说明 base 关键字的用途，我们先看下面的例子：

```
using System;
class A
{
    private int age;
    public A(int age)
    {
        this.age = age;
    }
}
class B : A
{
    private int age;
    public B(int age)
    {
```

< 100 >

```
        this.age = age;
    }
}
class Program
{
    static void Main( )
    {
        B b = new B(10);
    }
}
```

按<F5>键编译并运行这个程序，系统会提示下列错误信息："A 方法没有 0 个参数的重载"。这是因为创建 B 的实例时，编译器会寻找其基类 A 中提供的无参数的构造函数，而 A 中并没有提供这个构造函数，所以无法通过编译。

要解决这个问题，只需要将 public B(int age)改为下面的代码：

```
public B(int age): base(age)
```

其含义为：将 B 类的构造函数的参数 age 传递给 A 类的构造函数。

程序执行时，将首先调用 System.Object 的构造函数，然后调用 A 类中带参数的构造函数，由于 B 的构造函数中已经将 age 传递给 A，所以 A 的构造函数就可以利用这个传递的参数进行初始化。

在第 7 章的多机协同绘图系统实例中，大量使用了这种用法。

（2）利用 base 关键字调用基类中的方法

另一种用法是在扩充类中通过 base 关键字直接调用其基类中的方法，例如：

```
class MyBaseClass
{
  public virtual int MyMethod()
  {
    return 5;
  }
}
class MyDerivedClass : MyBaseClass
{
  public override int MyMethod()
  {
    return base.MyMethod() * 4;
  }
}
```

2．abstract 关键字

abstract 关键字既可以用于类的声明，也可以用于类成员的声明。

用 abstract 关键字声明类时，表示该类是一个抽象类，其含义是该类只能用做其他类的基类，无法直接实例化这个类。抽象类一般用于具有紧密关系的类的继承中。

用 abstract 关键字声明类成员时，表示该成员为抽象成员。

抽象成员只有声明部分而没有实现部分，其含义是这个成员（例如方法）不在本类中实现，但必须在其子类中实现。

当从某个抽象类派生其非抽象类时，非抽象类必须实现抽象类中声明的所有抽象方法，否则就会引起编译错误。比如，A 是抽象类，B 是继承自 A 的非抽象类，此时必须在 B 中实现 A 中声明的所有抽象方法，而且在 B 中实现的这些方法必须和 A 中的抽象方法签名相同，即接收相同数目和类型的参

< 101 >

数，而且具有同样的返回类型。

下面的代码演示了 abstract 关键字的基本用法。

```
public abstract class A
{
    protected Pen pen = new Pen(Brushes.Red, 1.0);
    public A()
    {
        Console.WriteLine($"ARGB={pen.Brush}");
    }
    public abstract void Draw();
}
public class B : A
{
    public override void Draw()
    {
        //Draw 方法的具体实现
    }
}
```

3．sealed 关键字

在 C#语言中，用 sealed 关键字表示这个类是密封类。例如：

```
public sealed class A{...}
```

由于密封类不能被其他类继承，因此在运行时，系统就可以对加载到内存中的密封类进行优化处理，从而提高运行的性能。

sealed 关键字除了可表示类是密封的，也可以利用它防止基类中的方法被扩充类重写，带有 sealed 关键字的方法称为密封方法。密封方法不能被扩充类中的方法继承，也不能被扩充类隐藏。

4．方法重写

可通过在扩充类中重写或隐藏基类的方法来呈现多态性。

在实现继承的过程中，一般将公共的、相同的成员放在基类中，非公共的、不相同的成员放在扩充类中。

在方法声明中添加关键字 virtual，表示此方法可以被扩充类中同名的方法重写。例如：

```
public virtual void MyMethod( )
{
    //……
}
```

这样一来，在扩充类中就可以使用关键字 override 重写此方法了。例如：

```
public override void MyMethod( )
{
    //实现代码
}
```

C#规定，类中定义的方法默认都是非虚拟的，即不允许重写这些方法，但是当基类中的方法使用了 virtual 关键字以后，该方法就变成了虚拟方法。在扩充类中，既可以重写基类的虚拟方法，也可以不重写该方法。如果重写基类的虚拟方法，必须在扩充类中用 override 关键字声明。注意扩充类可能是子类，也可能是子类的子类等，无论是那一代的子类，重写时都用 override 来声明。

< 102 >

使用虚拟与重写时，需要注意下面几个方面。

- 虚拟方法不能声明为静态（static）的。因为静态的方法是应用在类这一层次的，而面向对象的多态性只能通过对象进行操作，所以无法通过类名直接调用。
- virtual 不能和 private 一起使用。声明为 private 就无法在扩充类中重写了。
- 重写方法的名称、参数个数、参数类型以及返回类型都必须和虚拟方法的一致。

在 C#语言中，类中所有的方法默认都是非虚拟的，调用类中的某个非虚拟方法时不会影响其他类，无论是调用基类的方法还是调用扩充类的方法都是如此。但是，虚拟方法却可能会因扩充类的重写而影响执行结果。也就是说，调用虚拟方法时，它会自动判断应该调用哪个类的实例方法。

例如，假设基类 A 中用 virtual 声明了一个虚拟方法 M1，而扩充类 B 使用 override 关键字重写了 M1 方法，则如果创建 B 的实例，执行时就会调用扩充类 B 中的方法；如果扩充类 B 中的 M1 方法没有使用 override 关键字，则调用的是基类 A 中的 M1 方法。

另外还要说明一点，如果类 B 继承自类 A，类 C 继承自类 B，A 中用 virtual 声明了一个方法 M1，而 B 中用 override 声明的方法 M1 再次被其扩充类 C 重写，则 B 中重写的方法 M1 仍然使用 override 关键字（而不是 virtual），C 中的方法 M1 仍然用 override 重写 B 中的 M1 方法。

5. 方法隐藏

如果希望在扩充类中显式隐藏基类中的同名方法，需要在扩充类中用 new 关键字来声明该方法。例如：

```
public class A
{
    public void MyMethod()
    {
        Console.WriteLine("a");
    }
}
public class B : A
{
    public new void MyMethod()
    {
        Console.WriteLine("b");
    }
}
```

与方法重写不同的是，无论基类中的某个方法是否有 virtual 关键字，都可以在扩充类中通过 new 关键字去隐藏基类中的同名的方法。

6. 继承过程中构造函数的处理

扩充类可继承基类中声明为 public、protected 或者 protected internal 的成员，但是构造函数不会被扩充类继承。

为什么扩充类不继承基类的构造函数呢？这是因为构造函数的用途主要是对类的成员进行初始化，包括对私有成员的初始化。如果构造函数也能继承，由于扩充类中无法访问基类的私有成员，因此会导致创建扩充类的实例时无法对基类的私有成员进行初始化工作。

C#在内部按照下列顺序处理构造函数：从扩充类依次向上寻找其基类，直到找到最初的基类，然后开始执行最初的基类的构造函数，再依次向下执行扩充类的构造函数，直至执行完该扩充类的构造函数为止。

假定有 A、B、C、D 四个类，其中 D 的基类为 C，C 的基类为 B，B 的基类为 A。那么，当创建 D 的实例时，则会首先执行 A 的构造函数，然后执行 B 的构造函数，接着执行 C 的构造函数，最后执

< 103 >

行 D 的构造函数。

7. 示例

例4-11 讲解

【例 4-11】演示 abstract、virtual、override、new 的基本用法，以及在类继承中构造函数的执行过程，运行效果如图 4-11 所示。

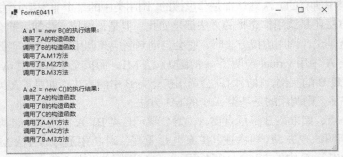

图 4-11　例 4-11 的运行效果

该例子的源程序见 E0411.cs 及其代码隐藏类。

4.6　接口和泛型集合

接口（interface）表示调用者和设计者的一种约定。例如，设计者提供的某个方法用什么名字、需要哪些参数，以及每个参数的类型是什么等。当团队合作开发同一个项目时，事先定义好相互调用的接口可以极大地提高项目的开发效率。

4.6.1　接口的声明和实现

接口仅用于公开类中用 public 声明的成员，以及每个成员需要接收和返回的参数类型，而这些成员的实现则通过类去完成。

接口只包含成员的声明部分，而没有实现部分，即接口本身并不提供成员的实现，而是在继承接口的类中去实现接口的成员。

1. 声明接口

在 C#语言中，使用 interface 关键字声明一个接口。语法为：

```
[访问修饰符] interface 接口名称
{
    接口体
}
```

接口名称一般用大写字母"I"开头，这是一种默认约定，但不是强制性的。例如：

```
public interface Itest
{
    int sum();
}
```

接口中只能包含方法、属性、索引器和事件的声明，不能包含构造函数（因为无法构建不能被实

< 104 >

例化的对象），也不能包含字段（因为字段隐含了类中某些内部的执行方式）。另外，接口体中的声明必须都是 public 的，所以不能再添加 public 修饰符。

2．隐式实现接口

接口是通过类来实现的，实现接口的类必须严格按照接口的声明来实现接口提供的功能。有了接口，就可以在不影响已经公开的现有接口声明的情况下，在类中去修改接口的内部实现，从而使兼容性问题最小化。

若要实现接口中的成员，类中的对应成员也必须是公共的、非静态的，并且必须与接口成员具有相同的名称和签名。

类的属性和索引器可以为接口中定义的属性或索引器定义额外的访问器。例如，接口可以声明一个带有 get 访问器的属性，而实现该接口的类可以声明同时带有 get 和 set 访问器的同一属性。但是，如果想要显式实现该属性，则其访问器也必须和接口中的声明完全匹配。

3．显式实现接口

由于不同接口中的成员（方法、属性、事件或索引器）有可能会重名，因此，在一个类中实现接口中的成员时，可能会存在多义性的问题。为了解决此问题，可以显式实现接口中的成员，即用完全限定的接口成员名称作为标识符。

"显式接口成员实现"的成员只能通过接口实例来访问，并且只能调用该接口成员的名称。

在显式接口成员实现中，包含访问修饰符会产生编译错误。包含 abstract、virtual、override 或 static 关键字也会产生编译错误。

4.6.2　通过接口实现继承

类继承只允许单一继承，如果必须使用多重继承，可以通过接口来实现。

同一个接口也可以在多个类中分别去实现，从而让这个接口针对不同的情况分别呈现不同的行为。

1．接口和抽象类的区别

接口的作用在某种程度上和抽象类的作用相似，但它与抽象类不同的是，接口是完全抽象的成员集合。另外，类可以继承多个接口，但不能继承多个抽象类。

抽象类主要用于关系密切的对象，而接口最适合为不相关的类提供通用的功能。设计优良的接口往往很小而且相互独立，这样可减少产生性能问题的可能性。

使用接口还是抽象类，主要考虑以下方面。

- 如果要创建不同版本的组件或实现通用的功能，则用抽象类来实现。
- 如果创建的功能在大范围的完全不同的对象之间使用，则用接口来实现。
- 设计小而简练的功能块一般用接口来实现，大的功能单元一般用抽象类来实现。

2．基本用法

接口可以继承其他接口，语法为：

```
[访问修饰符] interface 接口名称：[被继承的接口列表]
{
    接口体
}
```

也可以先在基类中实现多个接口，然后再通过类的继承来继承多个接口。在这种情况下，如果将该接口声明为扩充类的一部分，也可以在扩充类中通过 new 关键字隐藏基类中实现的接口；如果没有

< 105 >

将继承的接口声明为扩充类的一部分，接口的实现将全部由声明它的基类提供。

3．示例

这个例子，除了演示接口继承的基本用法，还同时演示了基类如何使用虚拟成员实现接口成员，然后让继承接口的扩充类通过重写虚拟成员来更改接口的行为。

【例4-12】演示如何利用接口实现多继承，结果如图4-12所示。

图4-12　例4-12的运行效果

该例子的源程序见 E0412.cs 及其代码隐藏类。

4.6.3　泛型集合

在 C#中，强烈建议开发人员用泛型集合类来实现对集合的操作。

表现对象的多种形态时，仅用常规的类来描述还不够，因为无法用它有效处理集合中这种"多个类的实现代码相似，仅是类型不同"的情况。为了提高程序运行效率，减少代码冗余量，我们还需要引入泛型集合的概念。

1．集合

集合是指一组组合在一起的性质类似的类型化对象。将紧密相关的数据组合到一个集合中，可以更有效地对其进行管理，如用 foreach 来处理一个集合的所有元素等。

对集合进行操作时，虽然也可以使用 System 命名空间下的 Array 类和 System.Collections 命名空间下的非泛型集合类来添加、移除和修改集合中的个别元素或某一范围内的元素，甚至可以将整个集合复制到另一个集合中，但是由于这种办法无法在编译代码前确定数据的类型，运行时需要频繁地靠装箱与拆箱进行数据类型转换，导致运行效率降低，而且出现运行错误时，系统提示的信息也含糊其辞，让人莫名其妙，所以实际项目中一般用泛型集合类来实现对集合的操作。或者说，使用泛型集合能够使开发的项目运行效率高、出错少。

2．常见的泛型集合类及其用法

泛型集合类是一种强类型的集合，它能提供比非泛型集合类好得多的类型安全性和性能。

.NET 内置了很多泛型集合类，这些泛型集合都定义在 System.Collections.Generic 命名空间下。其中常见的泛型集合类如表4-3所示。

表 4-3　常见的泛型集合类及其用法举例

泛型集合类	非泛型集合类	泛型集合用法举例
List\<T\>	ArrayList	List\<string\> dinosaurs = new List\<string\>( );
SortedList\<TKey,TValue\>	SortedList	SortedList\<string, string\> list = new; SortedList\<string, string\>( ) list.Add ("txt", "notepad.exe"); list.TryGetValue("tif", out value));
Dictionary\<TKey,Tvalue\>	Hashtable	Dictionary\<string, string\> d = new Dictionary\<string, string\>( ); d.Add ("txt", "notepad.exe");

< 106 >

泛型集合类	非泛型集合类	泛型集合用法举例
Queue\<T>	Queue	Queue\<string> q = new Queue\<string>( ); q.Enqueue("one");

Stack\<T>	Stack	Stack\<string> s = new Stack\<string>( );
		s.Push("one");
		s.Pop( );

在实际的项目开发中，绝大部分情况下都应该使用泛型集合类，而不是使用低效率的非泛型集合类。

3. 对象与集合初始化

C#提供了两种初始化单个对象或集合对象的方式，一是传统方式，二是简写形式。

如果创建的是一个泛型集合对象，还可以同时对集合中的每个元素初始化。例如：

```
string s="123";
List<int> list = new List<int>();
list.Add(1);
list.Add(int.Parse(s));
```

这段代码可以简化为下面的形式：

```
string s="123";
List list = new List { 1, int.Parse(s) };
```

指定一个或多个元素初始值设定项时，各个对象初始值设定项被分别括在大括号中，初始值之间用逗号分隔。编译器解析这行代码时，会自动调用 Add 方法为其添加初始值。

如果 Student 是一个来自数据库表的实体数据模型类，利用对象和集合初始化可一次性地添加多条记录。例如：

```
var students=new List<Student>()
{
    new Student {Name="张三", Age=20},
    new Student {Name="李四", Age=22},
    new Student {Name="王五", Age=21}
}
```

后面的章节中我们还会学习更多的用法，这里只需要知道用这种方式对创建对象并初始化非常有用即可。

4. 列表

System.Collections.Generic.List\<T>泛型类表示可通过索引访问的强类型对象列表，列表中可以有重复的元素。

下面的代码演示了如何创建泛型列表。

```
List<string> list1 = new List<string>();
List<int> list2 = new List<string>(10,20,30);
```

List\<T>泛型列表提供了很多方法，常用的方法如下。

- **Add** 方法：将元素添加到列表中。
- **Insert** 方法：在列表中插入一个新元素。
- **Contains** 方法：测试该列表中是否存在某个元素。

< 107 >

- Remove 方法：从列表中移除带有指定键的元素。
- Clear 方法：移除列表中的所有元素。

如果是数字列表，还可以对其进行求和、求平均值以及求最大数、最小数等。例如：

```
List<int> list = new List<int>( );
list.AddRange(new int[ ] { 12, 8, 5, 20 });
Console.WriteLine(list.Sum( ));          //结果为 45
Console.WriteLine(list.Average( ));      //结果为 11.25
Console.WriteLine(list.Max( ));          //结果为 20
Console.WriteLine(list.Min( ));          //结果为 5
```

5. 排序列表

排序列表（SortedList<Key，KeyValue>）的用法和列表（List<T>）的用法相似，区别仅是排序列表是按键（Key）进行升序排序的结果。另外，根据键（Key）还可获取该键对应的值（KeyValue）。

6. 示例

【例4-13】演示列表和排序列表的基本用法，结果如图4-13所示。

图 4-13　例 4-13 的运行效果

该例子的源程序见 E0413.cs 及其代码隐藏类。

习题

1. 有关构造函数的说法，描述错误的是（　　　）。
   A. 每个类都必须至少有一个构造函数
   B. 构造函数一般是用于完成对象的初始化工作
   C. 无论是否显式声明了无参数的构造函数，系统都会创建默认的构造函数
   D. 构造函数在实例化对象时会自动调用

2. 在 C#中，以下有关静态成员的说法描述正确的是（　　　）。
   A. 静态成员只能通过类的实例访问
   B. 静态成员在每个实例之间保持独立的副本
   C. 静态成员可以直接通过类名访问
   D. 静态成员只能在运行时动态添加

3. 以下泛型集合中，用于存储键值对并且根据键来进行快速查找的是（　　　）。
   A. List<T>集合　　　　　　　　　　　B. Dictionary<TKey, TValue>集合
   C. Queue <T>集合　　　　　　　　　　D. Stack<T>集合

4. 简要回答面向对象编程的三大基本原则。

< 108 >

第 **5** 章　文本文件读写与数据库操作

这一章我们主要学习文本文件读写以及利用 EF Core 创建和访问 SQL Server LocalDB 数据库的基本用法。

5.1 文本文件读写及其基本操作

读写文本文件的基本操作主要有创建文件、打开文件、保存文件、修改文件、追加文件内容等。

5.1.1 文本文件编码和解码

在文本文件读写处理中，打开文件时指定的编码类型一定要和保存文件时所用的编码类型一致，否则看到的可能就是一堆乱码。

1. 文件编码

文本文件是以某种形式保存在磁盘或光盘上的一系列数据，每个文本文件都有其逻辑上的保存格式，将文本文件的内容按某种格式保存称为对文件进行编码。

常见的文本文件编码方式有 ASCII 编码、Unicode 编码、UTF8 编码和 ANSI 编码。

（1）Unicode 编码

在 C#开发环境中，字符默认都是 Unicode 编码，即一个英文字符占两个字节，一个汉字也是两个字节。这种编码虽然能够表示大多数国家的文字，但由于它比 ASCII 占用大一倍的空间，而对能用 ASCII 字符集来表示的字符来说就显得有些浪费。为了解决这个问题，又出现了一些中间格式的字符集，即 UTF（Universal Transformation Format，通用转换格式）。目前流行的 UTF 字符编码格式有 UTF-8、UTF-16 以及 UTF-32。

UTF-8 是 Unicode 的一种变长字符编码，一般用 1~4 个字节编码一个 Unicode 字符，即将一个 Unicode 字符编为 1 到 4 个字节组成的 UTF-8 格式。UTF-8 是字节顺序无关的，它的字节顺序在所有系统中都是一样的，因此，这种编码可以使排序变得很容易。

UTF-16 将每个码位表示为一个由 1 至 2 个 16 位整数组成的序列。

UTF-32 将每个码位表示为一个 32 位整数。

（2）国标码

我国的国家标准编码常用有 GB2312 编码和 GB18030 编码。

在 GB2312 编码中，汉字采用双字节编码，因此 GB2312 最多只能提供 65535 个汉字。

GB18030 是对 GB2312 的扩展，每个汉字的编码长度由 2 个字节变为由 1~4 个字节组成。GB18030 提供了 27484 个汉字。

（3）ANSI

世界上不同的国家或地区可能有自己的字符编码标准，而且这些编码标准无法相互转换。为了让操作系统根据不同的国家或地区自动选择对应的编码标准，操作系统将每个国家编码都给予一个编号，这种编码方式称为 ANSI 编码。

2．利用 Encoding 类实现文件编码和解码

在 System.Text 命名空间下有一个 Encoding 类，该类用于表示字符编码的类型。对文件进行操作时，常用的编码类型如下。

- Encoding.Default：表示操作系统的当前 ANSI 编码。
- Encoding.Unicode：Unicode 编码。
- Encoding.UTF8：UTF8 编码。

5.1.2　文本文件读写基本操作

System.IO.File 类提供了一些静态的方法，利用这些方法可以非常方便地读写文本文件。

1．利用 System.IO.File 类读写文本文件

System.IO 命名空间下的 File 类提供了非常方便的读写文本文件的方法，很多情况下只需要一条语句即可完成本地文本文件的读写操作。

（1）新建文本文件

System.IO.File.WriteAllText 方法创建一个新文件，在其中写入指定的字符串，然后关闭文件。如果目标文件已存在，则覆盖该文件。

System.IO.File.WriteAllLines 方法创建一个新文件，在其中写入指定的字符串数组，然后关闭文件。如果目标文件已存在，则覆盖该文件。

例如：

```
string path = @"c:\temp\MyTest.txt";
if (File.Exists(path))
{
    File.Delete(path);
}
string[] appendText ={ "单位","姓名","成绩"};
File.WriteAllLines(path, appendText,Encoding.Default);
string[] readText = File.ReadAllLines(path,Encoding.Default);
Console.WriteLine(string.Join(Environment.NewLine, readText));
```

（2）打开文本文件

利用 File 类提供的静态 ReadAllText 方法可打开一个文件，读取文件的每一行，将每一行添加为字符串的一个元素，然后关闭文件。

该方法所产生的字符串不包含文件终止符。常用的方法原型为：

```
public static string ReadAllText(string path, Encoding encoding)
```

读取文件时，ReadAllText 方法能够根据现存的字节顺序标记来自动检测文件的编码。可检测到的编码格式有 UTF-8 和 UTF-32。但对于汉字编码（GB2312 或者 GB18030）来说，如果第 2 个参数不是

< 110 >

用 Encoding.Default，则可能无法自动检测出来是哪种编码，因此，对文本文件进行处理时，一般在代码中指定所用的编码。

　　File 类提供的静态 ReadAllLines 方法也是打开一个文本文件，但它将文件的所有行都读入到一个字符串数组中，然后关闭该文件。该方法与 ReadAllText 方法相似，也可以自动检测 UTF-8 和 UTF-32 编码的文件，如果是这两种格式的文件，则不需要指定编码。

（3）追加文件

　　利用 File 类提供的静态 AppendAllText 方法用于将指定的字符串追加到文件中，如果文件不存在则自动创建该文件。该方法有多个重载，其中最常用的方法原型为：

```
public static void AppendAllText(string path, string contents, Encoding encoding)
```

　　此方法打开指定的文件，使用指定的编码将字符串追加到文件末尾，然后关闭文件。

　　下面的代码演示了 ReadAllText 方法和 AppendAllText 方法的基本用法。

```
string path = @"c:\temp\MyTest.txt";
if (File.Exists(path))
{
    File.Delete(path);
}
string appendText = "你好。" + Environment.NewLine;
File.AppendAllText(path, appendText,Encoding.Default);
string readText = File.ReadAllText(path,Encoding.Default);
Console.WriteLine(readText);
```

2．OpenFileDialog 和 SaveFileDialog 对话框

　　在 System.Windows.Forms 命名空间下包含了两个针对文件操作的对话框，一个是打开文件对话框（OpenFileDialog），另一个是保存文件对话框（SaveFileDialog）。

（1）OpenFileDialog

OpenFileDialog 对话框用于让用户选择要打开的文件名。表 5-1 所示为 OpenFileDialog 的常用属性。

表 5-1　OpenFileDialog 的常用属性

属性名	说明
ShowReadOnly	确定是否在对话框中显示只读复选框
ReadOnlyChecked	指示是否选中只读复选框
FileName	获取一个在文件对话框中选定的文件名。如果选定了多个文件名，则 FileName 包含第一个选定的文件名。如果未选定任何文件名，则此属性包含 Empty 而不是 null
FileNames	获取一个数组，其中包含与选定文件对应的文件名
Filter	获取或设置文件名筛选字符串。字符串的每项都有"提示信息|实际类型"组成。如果有多项，各项之间用"|"分隔
InitialDirectory	获取或设置文件对话框显示的初始目录
Multiselect	获取或设置一个值，表示 OpenFileDialog 是否允许用户选择多个文件，默认为 false

　　调用 OpenFileDialog 的 ShowDialog 方法将打开此对话框，并提示用户选择要打开的文件。该方法返回 DialogResult 类型的枚举。

（2）SaveFileDialog

SaveFileDialog 对话框用于提示用户选择文件的保存位置。调用 SaveFileDialog 的 ShowDialog 方法，将打开【另存为】对话框，如果用户选择了文件名，在对话框中单击【保存】按钮，则尝试保存该文

< 111 >

件，保存成功返回 true。

3. 示例

【例 5-1】演示利用 File 类读写文本文件的基本用法，以及 OpenFileDialog 和 SaveFileDialog 对话框的基本用法，运行效果如图 5-1 所示。

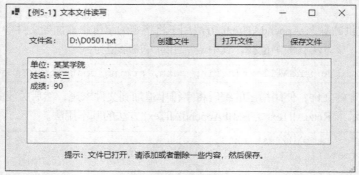

图 5-1　例 5-1 的运行效果

该例子的源程序见 E0501.cs 及其代码隐藏类。

5.2 数据库与 DataGridView 控件

学习 SQL Server 数据库操作相关的应用程序时，用 SQL Server LocalDB 数据库来实现即可，优点是这种数据库用法简单，而且将项目和数据库文件从一台机器复制到另一台机器上时，不需要手工对数据库连接做任何修改，特别适用于个人学习和小型项目开发。

5.2.1　SQL Server LocalDB 简介

Microsoft SQL Server（简称 SQL Server）是微软公司研制的数据库。

SQL Server LocalDB（简称 LocalDB）是一种轻量级的 SQL Server 数据库，该版本具备所有可编程性功能，具有快速的零配置安装和必备组件要求较少的特点。但是只能安装到本机并仅供本机登录的用户访问（Windows 身份验证）。

SQL Server LocalDB 支持两种实例：自动实例和命名实例。

1. 自动实例

LocalDB 的自动实例是公共的，安装在计算机上的每个 LocalDB 版本都存在一个对应的自动实例。自动实例提供无缝的实例管理，无需创建实例就可以自动执行工作，这使得应用程序可以轻松地安装和迁移到另一台计算机。

LocalDB 自动实例的名称是单个 v 字符后跟 xx.x 格式的 LocalDB 发行版本号，具体命名方式如下所示。

v11.x 表示　SQL Server 2012 LocalDB；

v12.x 表示　SQL Server 2014 LocalDB；

v13.x 表示　SQL Server 2016 LocalDB，例如 VS2017 默认安装的是 v13.1；

v14.x 表示　SQL Server 2017 LocalDB；

< 112 >

v15.x 表示 SQL Server 2019 LocalDB。

由于通过指定对应的版本号这种办法灵活性较差（与版本号耦合太紧密），所以本章例子未采用这种方式，而是通过将数据库文件附加到"命名实例"来实现的。

2．命名实例

LocalDB 的命名实例是专用的，这些命名实例仅由负责创建和管理该实例的单个应用程序所拥有。LocalDB 命名实例提供了与其他实例隔离的功能，并通过减少与其他数据库用户的资源争用来提高性能。

LocalDB 命名实例名称默认规定为 MSSQLLocalDB，数据库连接字符串的服务器部分是 "(localdb)\MSSQLLocalDB"。由于这种命名方式不包含具体的版本号，所以通用性强。

5.2.2　创建数据库和表结构

创建数据库和
表结构

安装 VS2022 时，系统自动安装的是 SQL Server 2019 LocalDB，当我们通过项目模板创建一个【基于服务的数据库】文件时，默认创建的是 SQL Server 2019 LocalDB 数据库文件。

下面通过具体步骤说明在 ClientWinFormsExamples 项目中创建数据库文件的办法。

1．创建 MyDb1 数据库

在【解决方案资源管理器】中，鼠标右击 ClientWinFormsExamples 项目下的 ch05\Data 文件夹，选择【添加】→【新建项】，在弹出的窗口中，选择【数据】→【基于服务的数据库】，将文件名修改为 MyDb1.mdf，单击【添加】按钮，如图 5-2 所示。

图 5-2　添加 MyDb1.mdf 数据库

此时，就在"ch05\Data"文件夹下生成了 MyDb1.mdf 文件和 MyDb1_log.ldf 文件。

2．查看数据库连接字符串

在【解决方案资源管理器】中，双击 MyDb1.mdf 文件，就会在【服务器资源管理器】中打开该文件。鼠标右击 MyDb1.mdf 文件，在弹出的快捷菜单中选择【修改连接】，即可看到该文件的相关连接信息，如图 5-3 所示。单击【高级】按钮，可在弹出的新窗口中看到完整的数据库连接字符串。

< 113 >

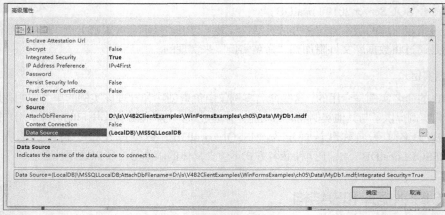

图5-3　观察数据库连接字符串

这里需要强调的是，虽然在【服务器资源管理器】中我们看到的数据库连接字符串使用的是绝对路径，但是由于该数据库文件的连接字符串是随项目动态生成的，当我们将解决方案源程序保存到另一个文件夹下时，再次打开解决方案，此时就会发现其数据库连接字符串中的绝对路径也自动进行了相应的修改，因此并不需要我们去手工处理它。

3．添加表结构

为了方便演示，本章示例使用的 MyDb1.mdf 数据库中的表结构与实际业务并不相符，实际项目中的表结构要比例子中使用的表结构复杂得多，这样简化的目的是为了方便初学者学习和理解。

（1）学生基本信息表（JBXX）

学生基本信息表用于保存每个学生的基本信息，表结构如表 5-2 所示。

表 5-2　学生基本信息表（JBXX）

字段名	字段类型	是否可为 NULL	是否为主键	字段说明	数据示例
XueHao	nchar(8)	否	是	学号	05001001
XingMing	nvarchar(30)	否	否	姓名	张三
XingBie	nchar(1)	否	否	性别	男
ChuShengRiQi	date	否	否	出生日期	2005-09-01
ZhaoPian	varbinary(MAX)	是	否	照片	

测试数据如表 5-3 所示。

表 5-3　学生基本信息表（JBXX）测试数据

学号	姓名	性别	出生日期	照片
20230001	张三一	男	2005-01-25	
20230002	张三二	男	2005-09-01	
20230003	李四	男	2005-02-25	
20230004	王五鱼	女	2005-10-25	

该表的创建步骤如下。

① 在【服务器资源管理器】中，鼠标右击 MyDb1.mdf 下的【表】，选择【添加新表】，将 SQL 脚本改为下面的内容。

< 114 >

```
CREATE TABLE [dbo].[JBXX] (
    [XueHao]        NCHAR (8)        NOT NULL,
    [XingMing]      NVARCHAR (50)    NOT NULL,
    [XingBie]       NCHAR (1)        NOT NULL,
    [ChuShengRiQi]  DATE             NOT NULL,
    [ZhaoPian]      VARBINARY (MAX)  NULL,
    PRIMARY KEY CLUSTERED ([XueHao] ASC)
)
```

② 输入完成后单击【更新】，在弹出的窗口中选择【更新数据库】，如图 5-4 所示。

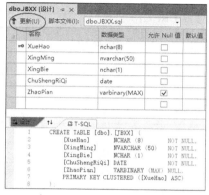

图 5-4　添加 JBXX 表

③ 鼠标右击【服务子资源管理器】中的【表】，选择【刷新】，即可看到 JBXX 表。鼠标双击该表，可继续修改表结构。

④ 鼠标右击 JBXX 表，选择【添加数据】，可添加该表的测试数据。但是，强烈建议不要用这种方式添加测试数据，而是应该通过 C#代码添加测试数据，这样做的好处是可重复执行数据初始化操作，也不会影响表结构的修改。

通过添加测试数据实现数据初始化的办法在本章后面的例子中还会介绍。

（2）课程编码对照表（KCBM）

课程编码对照表用于保存每个课程的课程名称及其对应的编码，表结构如表 5-4 所示。

表 5-4　课程编码对照表（KCBM）

字段名	字段类型	是否可为 NULL	是否为主键	字段说明	数据示例
KeChengID	nchar(3)	否	是	课程编号	101
KeChengName	nvarchar(30)	否	否	课程名称	C#程序设计
KeChengLeiBie	nvarchar(20)	否	否	课程类别	专业选修课

测试数据如表 5-5 所示。

表 5-5　课程编码对照表（KCBM）测试数据

课程编码	课程名称	课程类别
001	C++程序设计	专业基础课
002	C#程序设计	专业选修课
003	Java 程序设计	专业选修课
004	Python 程序设计	专业选修课

< 115 >

按照前面介绍的步骤，继续创建名为 KCBM 的表，对应的 SQL 脚本如下。

```
CREATE TABLE [dbo].[KCBM] (
    [KCBianMa]     NCHAR (3)      NOT NULL,
    [KCMingCheng]  NVARCHAR (50)  NOT NULL,
    [KCLeiBie]     NVARCHAR (20)  NOT NULL,
    PRIMARY KEY CLUSTERED ([KCBianMa] ASC)
)
```

（3）课程成绩汇总表（KCCJ）

学生课程成绩汇总表用于保存所有学生的成绩，表结构如表 5-6 所示。

表 5-6　课程成绩汇总表（KCCJ）

字段名	字段类型	是否可为 NULL	是否为主键	字段说明	数据示例
AutoID	int	否	是	数据库自动生成值（自动增量）	
XueHao	nchar(8)	否	否	学号	05001001
KCBianMa	nchar(3)	否	否	课程编号，外键，该值必须在 KC 中存在	101
XueNianXueQi	nchar(11)	否	否	学年学期	2023-2024-1
ChengJi	int	否	否	成绩	80

测试数据如表 5-7 所示。

表 5-7　课程成绩汇总表（KCCJ）测试数据

学号	课程编码	学年学期	成绩	备注
20230001	001	2023-2024-1	95	
20230001	002	2023-2024-1	80	
20230002	001	2023-2024-1	90	
20230002	002	2023-2024-1	85	
20230003	001	2023-2024-1	80	
20230003	002	2023-2024-1	90	

按照前面介绍的步骤，继续创建名为 KCCJ 的表，对应的 SQL 脚本如下。

```
CREATE TABLE [dbo].[KCCJ] (
    [AutoID]       INT           IDENTITY (1, 1) NOT NULL,
    [XueHao]       NCHAR (8)     NOT NULL,
    [KCBianMa]     NCHAR (3)     NOT NULL,
    [XueNianXueQi] NCHAR (11)    NOT NULL,
    [XiuDuLeiBie]  NVARCHAR (10) NOT NULL,
    [ChengJi]      INT           NOT NULL,
    PRIMARY KEY CLUSTERED ([AutoID] ASC)
)
```

通过【属性】窗口中的"标识规范"下拉选项可将 AutoID 设置为自动增量。

5.2.3　DataGridView 控件

WinForms 应用程序提供的 DataGridView 控件的功能非常强大，利用它除了可以显示、编辑数据，还可以进行灵活的样式控制和数据校验处理。

这一节我们先简单了解一下利用 DataGridView 控件能做什么事，以便对该控件有一个大概的印象。

< 116 >

在后面的例子中，我们还会逐步学习具体用法。

DataGridView 控件默认具有如下功能。

- 支持快速选择功能。单击 DataGridView 左上角的矩形块可以选择整个表，单击每行左边的矩形块可以选择整行。
- 将该控件绑定到数据源时，数据源列的名称自动作为该控件的列标题，而且上下移动滚动条时列标题位置固定不变。
- 支持列自动排序功能。用鼠标单击某个列标题，则对应的列就会自动按升序或降序排序（单击升序，再单击降序）。字母顺序区分大小写。
- 支持调整列宽功能。在标题区拖动列分隔符可调整显示的列宽。
- 支持自动调整大小功能。双击标题之间的列分隔符，该分隔符左边的列会自动按照单元格的内容展开或收缩。
- 在编辑模式中，用户可以更改单元格的值，并可按<Enter>键提交更改，或按<Esc>键将单元格恢复为其原始值。
- 如果用户滚动至网格的结尾，将会看到用于添加新记录的行。用户单击此行时，会添加使用默认值的新行，按<Esc>键时新行将消失。
- 支持编辑功能。双击单元格可直接编辑单元格内容。在编辑模式下，按<Enter>键提交更改，或者按<Esc>键将单元格恢复为更改前的值。

5.3 利用 LINQ 和 EF Core 操作数据库

本节主要介绍如何利用语言集成查询（LINQ）和 Microsoft Entity Framework Core（EF Core）来执行数据库操作，包括查询、添加、修改、删除数据等。

5.3.1 EF Core 简介

EF Core 是微软公司为.NET Core 提供的跨 Windows、Linux、MAC 等操作系统平台的开源架构。将语言集成查询（LINQ）和 EF Core 相结合，能让数据库操作相关的应用程序开发速度比早期版本的 Entity Framework（简称 EF）提速数倍。

在 ADO.NET 数据访问技术中，微软对早期版本的 EF（不是 EF Core）的封装模型称为"ADO.NET 实体数据模型"，但是这种模型到 EF 6.0 为止已停止开发。从.NET Core 7.0 开始，微软公司将其全部改为用 EF Core 7.0 或更高版本来代替，因此对于初学者来说，建议直接学习 EF Core 而不是 EF。

1．EF Core 基础知识

EF Core 的核心是实体模型（Entity Model）而不是 ADO.NET 实体数据模型，Entity Model 的设计思路仍然是让应用程序与实体模型交互，实体模型再与各种不同类型的数据库交互。比如 SQL Server 数据库、MySQL 数据库、Oracle 数据库等。

2．模型类和数据上下文类

我们可以将 EF Core 的 Entity Model 理解为由"模型类"和"数据上下文类"两大部分组成的基本架构。模型类和数据上下文类可以是用 C#代码编写的类，也可以是用其他程序设计语言编写的类。在 C#项目中，一般将这些类保存在 Models 文件夹下。

< 117 >

（1）模型类

模型类与数据库中的数据库表相对应，这些类用于描述数据库表的结构。模型类中的属性对应数据库表的字段，类名对应数据库表的名称，类的实例对应数据库表中的一条记录。

（2）数据上下文类

数据上下文类负责将模型类组织在一起，以及连接、创建和维护数据库中的数据，包括对数据库中数据的 CRUD（Create、Read、Update、Delete）操作和数据存在性检查等。

数据上下文类与数据库相对应，一个数据库对应一个数据上下文类，数据库名既可以和数据上下文类的类名相同，也可以不相同。

3．EF Core 提供的开发模式

EF Core 与早期版本的 EF 相似，仍然提供了数据库优先（Database First）、模型优先（Model First）和代码优先（Code First）三种开发模式，如图 5-5 所示。这三种开发模式各有特点，开发团队可根据实际项目需要来选择其中的一种模式。

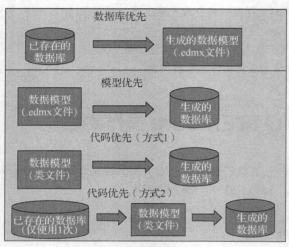

图 5-5　EF Core 提供的开发模式

（1）数据库优先

数据库优先（Database First，本章示例使用的技术）是指先创建数据库，然后再利用实体框架从数据库生成实体模型。其中，实体（.cs 文件）包括类和属性，类对应于数据库中的表，属性对应表中的列；数据模型包括数据库结构信息、实体和数据库之间的映射等，这些信息保存在扩展名为 ".cs" 的实体上下文文件中。

该模式的优点是直观、方便，适用于数据库结构变化较少的情况；缺点是每次修改数据库结构，都要重新手工生成实体数据模型。

当数据库结构变化较少时，或者已经存在数据库，在这种情况下，数据库优先是一种比较合适的选择，对初学者来说比较容易理解。

（2）模型优先

模型优先（Model First）是指先创建实体数据模型，然后再根据实体数据模型创建数据库。该模式特别适用于需求分析阶段的数据库结构设计。

（3）代码优先

代码优先（Code First）是指先编写一个或多个实体类（.cs 文件），或者根据已存在的数据库先生成一个或多个实体类（.cs 文件）。不论是哪种情况，一旦有了实体类和数据上下文类，当需要修改数

< 118 >

据库结构时，只需要修改实体类中的代码即可，每次修改后，EF Core 都会自动删除已经存在的数据库，然后再创建新的数据库。

在项目的开发阶段，由于模块需求的变更，频繁修改数据库表结构是很常见的情况，因此，在这3 种开发模式中，对数据库编程有丰富经验的高级开发人员来说，代码优先模式是最方便的一种模式，也是在实际项目开发中的首选开发模式。

5.3.2 安装 EF Core Power Tools 扩展

EF Core Power Tools 扩展用于在 VS2022 项目中利用基于数据库优先（Database First）的可视化向导生成模型类和数据上下文类，这是一个免费的开源工具类。

1. 在 VS2022 中安装扩展

（1）打开 VS2022，单击主菜单的【扩展】，选择【管理扩展】，在弹出的管理扩展窗口中，选择【联机】→【（Scaffolding）】，选中【EF Core Power Tools】，如图 5-6 所示，单击其右侧的【下载】。

图 5-6 添加 EF Core Power Tools 扩展工具

（2）关闭 VS2022，然后按照提示完成扩展工具的安装。

安装完毕后，再次打开解决方案，在项目中添加新项时，即可看到【EF Core Database First Wizard】模板。

2. 通过 NuGet 更新程序包

利用 EF Core 操作 SqlServer 数据库时，需要使用 Microsoft.EntityFrameworkCore.SqlServer 程序包。虽然利用 EF Core Power Tools 工具也能自动下载这个程序包，但是由于其自动下载的版本较低，所以这里采用单独下载的办法来更新它。

在解决方案资源管理器中，鼠标右击 ClientWinFormsExamples 项目的【依赖项】，选择【管理 NuGet 程序包】，然后下载如图 5-7 所示的包文件。

< 119 >

3．查看已更新的程序包

下载完成后，即可在解决方案资源管理器中看到已更新的程序包，如图5-8所示。

图5-7　下载程序包

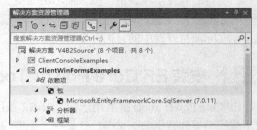

图5-8　查看已更新的程序包

至此，我们完成了数据库操作需要的前提条件。

5.3.3　从数据库创建模型类和数据上下文类

从数据库创建模型类和数据上下文类

这一节我们学习如何利用 EF Core Power Tools 提供的数据库优先模板创建数据库模型类和数据上下文类。

1．确保解决方案生成无错误

鼠标右击 V4B2Source 解决方案名，选择【重新生成解决方案】，确保在执行下面的步骤前成功生成解决方案，否则执行下面的步骤将失败，而且不会提示失败原因。

2．利用 EF Core Power Tools 扩展创建模型类和数据上下文类

（1）双击 MyDb1.mdf 打开数据库，以便 EF Core Power Tools 向导能识别出将要连接的数据库文件。

（2）确认已经成功打开 MyDb1.mdf 数据库文件后，再用鼠标右击 ch05\Data 文件夹，选择【添加】→【新建项】，在弹出的添加新项窗口中，选中【EF Core Database First Wizard】模板，如图5-9所示。

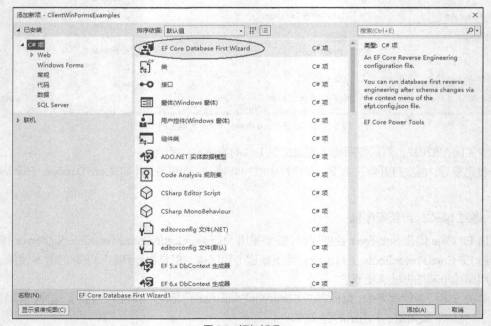

图5-9　添加新项

< 120 >

（3）单击【添加】按钮，弹出选择数据库连接窗口，如图 5-10 所示。

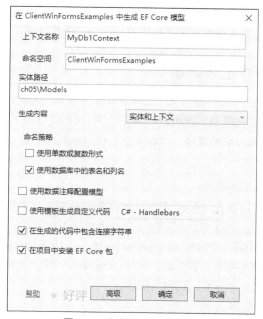

图 5-10　选择数据库连接

（4）单击【确定】按钮，在弹出的选择数据库对象窗口中，选中【表】，单击【确定】按钮。

（5）在接下来弹出的在 ClientWinFormsExamples 中生成 EF Core 模型窗口中，输入相关信息，选中相关选项，如图 5-11 所示。

图 5-11　生成 EF Core 模型

（6）单击【确定】按钮，完成模型类和数据上下文类的创建。

此时，在项目中的 Models 文件夹下就会看到自动生成的类文件：MyDb1Context.cs、JBXX.cs、KCBM.cs、KCCJ.cs。其中，MyDb1Context.cs 对应数据库，KCBM.cs、JBXX.cs、KCCJ.cs 分别对应数据库中的 3 个表。

至此，我们完成了从数据库生成模型类和数据上下文类的过程。以后就可以通过编程方式创建 MyDb1Context 对象，并引用它所包含的模型类了。

3. 利用 Scaffold-DbContext 命令直接创建模型类和数据上下文类

实际上，也可以不安装 EF Core Power Tools 扩展，而是采用在程序包管理器控制台窗口中直接键入 Scaffold-DbContext 命令的办法来创建模型类和数据上下文类。采用这种办法的创建步骤如下。

（1）在 VS2022 开发环境下，选择主菜单的【工具】→【NuGet 包管理器】→【程序包管理器控制台】，这样就打开了程序包管理器控制台窗口。

< 121 >

（2）在程序包管理器控制台窗口中，确认选择的默认项目为"ClientWinFormsExamples"，然后在提示符（FM>）右侧输入下面的 Scaffold-DbContext 命令：

```
Scaffold-DbContext                                                   'Data
Source=(localdb)\MSSQLLocalDB;AttachDbFileName=D:\ls\V4B2Source\ClientWinFormsExa
mples\ch05\Data\MyDb1.mdf'    Microsoft.EntityFrameworkCore.SqlServer    -Force
-UseDatabaseNames -NoPluralize -Context MyDb1Context -ContextDir ch05\Models
-OutputDir ch05\Models
```

Scaffold-DbContext 命令执行成功后，就会在项目的 ch05 文件夹下自动创建 Models 文件夹，并在该文件夹下自动生成与 MyDb1.mdf 对应的 4 个.cs 文件（已存在这 4 个文件时会自动覆盖）。

限于篇幅，这里不再介绍 Scaffold-DbContext 命令中各参数的含义，对此有兴趣的读者可参考 EF Core 7.0 及更高版本的相关资料。

4．解决数据库连接字符串不正确导致的问题

不论采用以上哪种办法，都要确保 MyDb1Context.cs 文件中的数据库连接字符串中的路径正确。比如，当将解决方案从"D:\ls"复制到另一个文件夹，并在另一个文件夹中打开解决方案时，就需要手工修改 MyDb1Context.cs 文件中的数据库连接字符串路径，这样才能正常读写数据库。

5.3.4 初始化数据库中的表数据

从 MyDb1Context.cs 文件中可以看出，MyDb1Context 类继承自 DbContext 类。

凡是从 DbContext 类继承的实例，都可以利用它提供的属性和方法操作数据。例如将从数据源返回的数据具体化为对象、跟踪对象的更改、处理并发、将对象更改传播到数据源以及将对象绑定到控件等。

1．通过实体上下文实例操作数据

MyDb1Context 类中的实体集（DbSet）是实体类型实例的容器。实体类型与实体集之间的关系类似于关系数据库中的行与表之间的关系。模型类（自动生成的 JBXX 类、KCBM 类以及 KCCJ 类）与行类似，用于定义一组相关数据；实体集（DbSet）与表类似，用于包含模型类的实例。

一般使用 using 语句实例化数据上下文类，并在 using 块内利用该实例提供的属性和方法操作数据库，此时退出 using 块后就会立即释放该实例。例如：

```
using(var c = new MyDb1Context())
{
    //语句块
}
```

这样可确保立即释放对象 c 所占用的内存，让应用程序始终都有快速的反应，而不是靠垃圾回收器去释放它（垃圾回收器不一定立即释放）。

在 VS2022 中，using 语句也可以用下面的简写形式：

```
using var c = new MyDb1Context();
//语句块
```

这是在 VS2022 中建议的书写形式。

2．示例

下面通过例子说明如何利用 LINQ 和 EF Core 初始化数据库中的表数据。

【例 5-2】演示初始化数据库中表数据的基本用法，运行效果如图 5-12 所示。

< 122 >

图 5-12　例 5-2 的运行效果

　　该例子的源程序见 E0502.cs，此处不再列出代码。至此，我们完成了 MyDb1.mdf 的数据初始化过程。

5.3.5　利用 LINQ 查询数据库数据

　　对数据库进行操作时，用 LINQ 表达式和 LINQ 标准查询运算符对实体框架对象进行查询，用法既简单又直观。

1. 基本概念

　　LINQ（语言集成查询）是一组技术的统称。该技术将各种查询功能直接集成到 C#语言中，即用 C#语法编写查询语句，而不是用针对特定数据库的 SQL 语法。

　　LINQ 的主要思想是将各种查询功能直接集成到 C#语言中，不论是对象、XML 还是数据库，都可以用 LINQ 编写查询语句。换言之，利用 LINQ 查询数据源就像用 C#使用类、方法、属性和事件一样，完全用 C#语法来构造，而且还具有完全的类型检查和智能提示（IntelliSense）。

　　与一般意义上的 foreach 循环相比，LINQ 查询具有以下优势。

- 更简明、更易读，尤其在筛选多个条件时。
- 无需修改或只需做很小的修改即可将它们移植到其他数据源。

　　总之，对数据执行的操作越复杂，就越能体会到 LINQ 的优势。

2. LINQ 查询的组成部分

　　所有 LINQ 查询操作都由以下 3 部分组成：获取数据源、创建查询、执行查询。

　　（1）获取数据源

　　数据源可以是数组、XML 文件、SQL 数据库、泛型集合等。

　　（2）创建查询

　　定义查询表达式，并将其保存到某个查询变量中。查询变量本身并不执行任何数据库查询操作并且不返回任何数据，它只是将查询表达式保存在一个变量中，为下一步的"执行查询"提供必需的信息。

　　（3）执行查询

　　创建查询类似于创建 SQL 语句，此时并没有去执行它。要执行查询，可采用下面的办法来处理。

　　执行 LINQ 查询时，一般利用 foreach 循环执行查询得到一个序列，这种方式称为"延迟执行"。例如：

```
int[] numbers = { 0, 1, 2, 3, 4, 5, 6 };
var q = from n in numbers
        where n % 2 == 0
        select n;
foreach (var v in q)
{
```

< 123 >

```
    Console.WriteLine("{0}", v);
}
```

对于聚合函数，如 Count、Max、Average、First，由于返回的只是一个值，所以这类查询在内部使用 foreach 循环实现，而开发人员只需要调用 LINQ 提供的应对方法即可，这种方式称为"立即执行"。例如：

```
int[] numbers = { 0, 1, 2, 3, 4, 5, 6 };
var q = from n in numbers
        where n % 2 == 0
        select n;
Console.WriteLine("{0}", q.Count());
```

还有一种特殊情况，就是直接调用 Distinct 方法得到不包含重复值的无序序列，这种方式也是立即执行的。例如：

```
int[] numbers = { 10, 11, 10, 11, 14, 14, 16 };
var q = (from n in numbers
        where n % 2 == 0
        select n).Distinct();
foreach (var v in q)
{
    Console.WriteLine(v);
}
```

也可以在创建查询时，调用 ToList<TSource>或 ToArray<TSource>方法强制系统立即执行查询。例如：

```
int[] numbers = { 0, 1, 2, 3, 4, 5, 6 };
var list = (from n in numbers
        where n % 2 == 0
        select n).ToList();
```

3. 利用 LINQ 查询数据库表数据

LINQ 查询表达式由一组类似于 SQL 的声明性语法编写的子句组成。每个子句包含一个或多个表达式，而且表达式又可以包含子表达式。

常用的 LINQ 子句主要有：from 子句、where 子句、orderby 子句、group 子句、select 子句以及 let 子句等。

（1）from 子句

LINQ 查询表达式必须以 from 子句开头，并且必须以 select 子句或者 group 子句结尾。

在第一个 from 子句和最后一个 select 或者 group 子句之间，查询表达式可以包含一个或多个 where、orderby、join、let 甚至附加的 from 子句。还可以使用 into 关键字将 join 或 group 子句的结果作为附加查询子句的源数据。

from 子句用于指定数据源和范围变量，由于后面的子句都是利用范围变量来操作的，所以查询表达式必须以 from 子句开头。

（2）select 子句

select 子句用于生成查询结果并指定每个返回的元素的"形状"或类型。除了基本的 select 子句的用法，还可以用 select 子句让范围变量只包含成员的子集，例如查询结果只包含数据表中的一部分字段等。

当 select 子句生成元素副本以外的内容时，该操作称为"投影"。使用投影转换数据是 LINQ 查询表达式的又一种强大功能。

< 124 >

如果查询表达式不包含 group 子句，则表达式的最后一个子句必须用 select 子句，而且该子句必须放在表达式的最后。

（3）where 子句

where 子句用于指定筛选条件，即只返回筛选表达式结果为 true 的元素。筛选表达式也是用 C#语法来构造。

（4）orderby 子句

orderby 子句用于对返回的结果进行排序，ascending 关键字表示升序，descending 关键字表示降序。

使用 where 子句时，有一点需要注意，如果表字段是 nchar 类型且长度为 1，则常量必须用单引号引起来；如果数据库中的 nchar 类型的长度大于 1，或者表字段是 nvarchar 类型，则常量用双引号引起来。

（5）group 子句

group 子句用于按指定的键分组，group 后面可以用 by 指定分组的键。用 foreach 循环访问生成组序列的查询时，必须使用嵌套的 foreach 循环。外部循环用于循环访问每个组，内部循环用于循环访问每个组的成员。

一般情况下，group 子句应该放在查询表达式的最后，当使用 into 关键字时，才可以将该子句放在查询表达式的中间。

（6）查询多个对象

利用 LINQ 的 from 子句也可以直接查询多个对象，唯一的要求是每个对象中的成员需要至少有一个与其他成员相关联的元素。

4．示例

【例 5-3】演示利用 LINQ 查询数据库数据的基本用法，运行效果如图 5-13 所示。

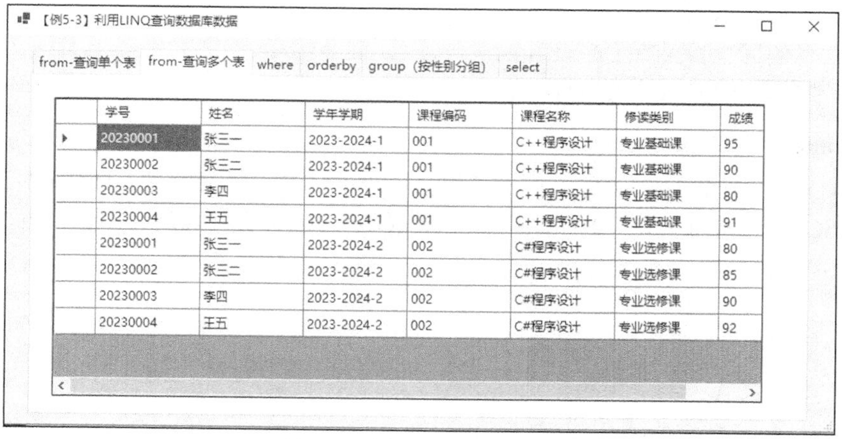

学号	姓名	学年学期	课程编码	课程名称	修读类别	成绩
20230001	张三一	2023-2024-1	001	C++程序设计	专业基础课	95
20230002	张三二	2023-2024-1	001	C++程序设计	专业基础课	90
20230003	李四	2023-2024-1	001	C++程序设计	专业基础课	80
20230004	王五	2023-2024-1	001	C++程序设计	专业基础课	91
20230001	张三一	2023-2024-2	002	C#程序设计	专业选修课	80
20230002	张三二	2023-2024-2	002	C#程序设计	专业选修课	85
20230003	李四	2023-2024-2	002	C#程序设计	专业选修课	90
20230004	王五	2023-2024-2	002	C#程序设计	专业选修课	92

图 5-13　例 5-3 的运行效果

该例子的源程序见 E0503.cs 及其代码隐藏类。

5.3.6 利用 LINQ 插入更新和删除数据

这一节我们通过例子演示如何利用 LINQ 插入、删除、更新数据。

【例 5-4】演示利用 LINQ 插入、更新、删除 MyDb1.mdf 数据库中数据的基本用法，运行效果如图 5-14 所示。

该例子的源程序见 E0504.cs 及其代码隐藏类。

图 5-14　例 5-4 的运行效果

5.3.7　使用 EF Core 执行原始 SQL 命令

如果在使用关系数据库时所需的查询无法用 LINQ 来表示，或者用 LINQ 查询没有直接用 SQL 查询效率高，此时可在 Entity Framework Core 中直接执行原始 SQL 命令来实现。

下面简单介绍一些常用的方法及其基本用法，这些方法都提供了防止 SQL 注入式攻击的功能，更多信息请参考 Entity Framework Core 7.0 及更高版本的相关资料。

1．DbContext.ExecuteDelete 方法

当希望删除数据库表中的所有记录，并希望返回受影响的行数时，首选方案是调用 DbContext. ExecuteDelete 方法。其中，DbContext 是模型上下文的实例。例如：

```
using var c = new Mydb1Context();
int n1 = c.JBXX.ExecuteDelete();
```

这将删除数据库表 JBXX 中的所有记录。

2．DbContext.FromSql 方法

当需要执行 SQL 查询（select 命令），并希望返回可供 LINQ 直接使用的查询结果时，可使用此方法。其中，DbContext 是模型上下文的实例，要求传递的参数必须是格式化字符串，例如：

```
using (Mydb1Context c = new())
{
    var v = c.JBXX
            .FromSql($"select * from JBXX where XingMing like N'张%'")
            .ToList();
    dataGridView1.DataSource = v;
    label1.Text = $"执行结果：满足条件的有{v.Count}条";
}
```

3．DbContext.FromSqlRaw 方法

当希望动态构造 SQL 查询的参数（select 命令），例如参数从界面控件获取或者通过其他方法获取，并希望返回可供 LINQ 直接使用的查询结果时，则必须使用 FromSqlRaw 方法。其中，DbContext 是模型上下文的实例，要求传递的参数不能使用格式化字符串，例如：

```
using (Mydb1Context c = new())
{
```

< 126 >

```
var v = c.JBXX
        .FromSqlRaw("select * from JBXX where XingMing = {0}", textBox1.Text)
        .ToList();
dataGridView1.DataSource = v;
label1.Text = $"执行结果: 满足条件的有{v.Count}条";
}
```

4．DbContext.Database.ExecuteSql 方法

当需要执行不包含动态参数的 SQL 查询（select 命令、insert 命令、delete 命令，update 命令等），并希望仅返回受影响的行数时，可使用此方法。该方法要求传递的参数必须是格式化字符串，例如：

```
using (Mydb1Context c = new())
{
    int n = c.Database.ExecuteSql($"select * from JBXX where XingMing like N'张%'");
    label1.Text = $"满足条件的有{n}条";
}
```

5．DbContext.Database.ExecuteSqlRaw 方法

当希望动态构造 SQL 查询的参数（select 命令、insert 命令、delete 命令，update 命令等），并希望仅返回受影响的行数时，可使用此方法。该方法不能使用格式化字符串，例如：

```
using (Mydb1Context c = new())
{
    int n1 = c.Database.ExecuteSqlRaw(
        "insert into KCCJ(XueHao,KCId,XueNianXueQi,ChengJi) values({0},{1},{2},{3})",
        "20230001", "003", "2018-2019-1", 65);
    dataGridView1.DataSource = c.KCCJ.ToList();
    label1.Text = $"插入了{n1}条";
    int n2 = c.Database.ExecuteSqlRaw("delete from KCCJ where KCId={0}", "003");
    dataGridView2.DataSource = c.KCCJ.ToList();
    label2.Text = $"删除了{n2}条";
}
```

6．示例

下面通过例子演示在 EF Core 中通过 LINQ 调用 SQL 命令的常用方法及其基本用法。

【例 5-5】演示利用 EF Core 和 SQL 命令插入、更新、删除 MyDb1.mdf 数据库中数据的基本用法，运行效果如图 5-15 所示。

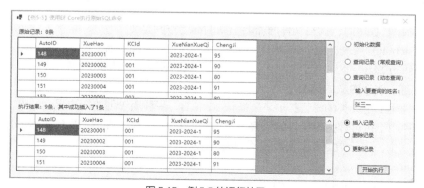

图 5-15　例 5-5 的运行效果

该例子的源程序见 E0505.cs 及其代码隐藏类。

< 127 >

5.3.8 数据库操作完整示例

这一节我们通过一个完整的例子，演示 LINQ 和 EF Core 的各种基本用法。包括对图片和日期时间格式的处理等。

1．自定义日期类型

对于日期类型的数据，可在自定义模板中让其按照"yyyy-MM-dd"的格式显示，编辑时可利用 DateTimePicker 控件显示日历。

2．导入照片到数据库

用 DataGridView 编辑数据时，若要实现图像导入的功能，可以先得到选定的行，将其转换为绑定的实体对象，然后再获取对象对应的属性，即可实现照片导入。

3．示例

【例 5-6】演示利用 EF Core 和 LINQ 插入、更新、删除 MyDb1.mdf 数据库中数据，以及设置日期格式、导入照片的基本用法，运行效果如图 5-16 所示。

例 5-6 讲解

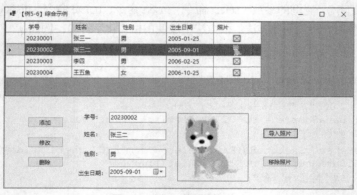

图 5-16　例 5-6 的运行效果

该例子的源程序见 E0506.cs 及其代码隐藏类。

习题

1. 使用 C#编写程序时，读写文件时需要引用的命名空间是（　　）。
   A．System.IO　　　　　　　　　　B．System.Data
   C．System.Text　　　　　　　　　D．System.Windows.Forms
2. 以下描述 LINQ 含义的选项是（　　）。
   A．一种用于定义类的语言扩展　　　B．一种用于创建用户界面的库
   C．一种用于执行数据库操作的语言　D．一种用于查询和操作数据的技术
3. 在 LINQ 中，用于指定要查询数据源的关键字是（　　）。
   A．from　　　　　　B．select　　　　　　C．where　　　　　　D．query
4. 简要回答 EF Core 提供的开发模式及其特点。
5. 简要回答使用 LINQ 查询有哪些优势。什么是 LINQ 的延迟执行和立即执行？

< 128 >

第6章 C/S 网络应用编程入门

这一章我们学习 C/S 网络应用编程必须掌握的基础知识和基本用法。

6.1 IP 地址转换和域名解析

一台计算机要和另一台计算机通信,必须知道对方的 IP 地址和端口号以及采用的网络通信协议。

1. IP 地址与端口

对于网络上的两台计算机来说,用户操作的计算机称为本地计算机,与该计算机通信的另一台计算机称为远程主机。需要识别的远程主机的信息主要由两部分组成,一部分是主机标识,用于识别与本地计算机通信的是哪台远程主机;另一部分是端口号,用于识别和远程主机的哪个进程通信。

(1) IP 地址

在 Internet 通信中,为了确定一台计算机的位置,每台联网的计算机都要确定一个在全世界范围内唯一的标识,该标识称为 IP 地址。

一个 IP 地址主要由两部分组成,一部分用于识别该地址所属的网络号,另一部分指明网络内的主机号。网络号由 Internet 权力机构分配,主机号由各个网络的管理员统一分配。

目前的 IP 编址方案有两种,一种是 IPv4 编址方案,另一种是 IPv6 编址方案。

- IPv4 编址方案。IPv4 编址方案使用由 4 个字节组成的二进制值进行识别,我们常见的形式是将 4 个字节分别用十进制表示,中间用圆点分开,这种方法叫作点分十进制表示法。

使用 IP 地址的点分十进制表示法,Internet 地址空间又划分为 5 类,具体如下。

A 类: 0.x.x.x~127.x.x.x   (32 位二进制最高位为 0)
B 类: 128.x.x.x~191.x.x.x   (32 位二进制最高 2 位为 10)
C 类: 192.x.x.x~223.x.x.x   (32 位二进制最高 3 位为 110)
D 类: 224.x.x.x~239.x.x.x   (32 位二进制最高 4 位为 1110)
E 类: 240.x.x.x~255.x.x.x   (32 位二进制最高 5 位为 11110)

在这 5 类 IP 地址中,A 类 IP 地址由 1 字节的网络地址和 3 字节的主机地址组成,主要用于网内主机数达 1600 万台的大型网络。

注意,A 类中有一个特殊的 IP 地址,即 127.0.0.1,该地址专门用于本机回路测试。

B 类 IP 地址由 2 字节的网络地址和 2 字节的主机地址组成,适用于中等规模的网络,每个网络所能容纳的计算机数大约为 6 万台。

C 类 IP 地址由 3 字节的网络地址和 1 字节的主机地址组成，适用于小规模的局域网，每个网络内最多只能包含 254 台计算机。

D 类地址属于一种特殊类型的 IP 地址，TCP/IP 规定，凡 IP 地址中的第一个字节以"1110"开始的地址都叫多点广播地址。因此，任何第一个字节大于 223 且小于 240 的 IP 地址都是多点广播地址。

E 类地址作为特殊用途备用。

在这些网络分类中，每类网络又可以与后面的一个或多个字节组合，进一步分成不同的网络，称为子网。每个子网必须用一个公共的网址把它与该类网络中的其他子网分开。

为了识别 IP 地址的网络部分，又为特定的子网定义了子网掩码。子网掩码用于屏蔽 IP 地址的一部分以区别网络标识和主机标识，它是判断任意两台计算机的 IP 地址是否属于同一子网的依据，并说明该 IP 地址是在局域网上，还是在远程网上。

把所有的网络位（二进制）用 1 来标识，主机位用 0 来标识，就得到了子网掩码。

IP 地址与子网掩码的关系可以简单地理解为：两台计算机各自的 IP 地址与子网掩码进行二进制"与"运算后，如果得出的结果是相同的，则说明这两台计算机处于同一个子网，否则就是处于不同的子网中。

假设子网掩码为 255.255.255.0，转化为二进制为 11111111.11111111.11111111.00000000，则 IP 地址和子网掩码进行二进制"与"运算后，前 3 字节构成网络标示（子网号），第 4 个字节为 0。例如，对于 IP 地址 192.168.1.X，可以将子网掩码设置为 255.255.255.0，则该子网内所有的 IPv4 地址如下所示。

192.168.1.0、192.168.1.1、192.168.1.2…192.168.1.254、192.168.1.255。

- IPv6 编址方案。第 2 种 IP 编址方案是 IPv6 编址方案。在这种编址方案中，每个 IP 地址有 16 个字节（128 位二进制数），其完整格式用 8 段十六进制表示，各段之间用冒号分隔。为了简化表示形式，每段中前面的 0 可以省略。另外，连续的 0 可省略为"::"，但只能出现一次。例如：

  1080:0:0:0:8:800:200C:417A 简写为 1080::8:800:200C:417A；

  FF01:0:0:0:0:0:0:101 简写为 FF01::101；

  0:0:0:0:0:0:0:1 简写为::1；

  0:0:0:0:0:0:0:0 简写为::；

  本机回环地址：IPv4 为 127.0.0.1，IPv6 为::1；

另外，IPv6 没有定义广播地址，其功能由多播地址替代。

（2）端口

从表面上看，好像知道了远程主机的 IP 地址，本机就能够和远程主机相互通信。其实真正相互完成通信功能的不是两台计算机，而是两台计算机上的进程。或者说，知道了 IP 地址仅仅能够识别到某台主机，而不能识别该主机上的进程。如果要进一步识别是哪个进程，还需要引入新的地址空间，这就是端口（Port）。

在网络通信技术中，端口有两种含义：一是指物理意义上的端口，比如，ADSL Modem、集线器、交换机、路由器上连接其他网络设备的接口，如 RJ-45 端口、SC 端口等；二是指逻辑意义上的端口，即进程标识，端口号的取值范围是 0 到 65535，比如用于 HTTP 的 80 端口，用于 FTP 的 21 端口等。

定义端口是为了解决一个主机与另一个主机的多个进程同时进行通信的问题。假设一台计算机正在同时运行多个应用程序，并通过网络接收到了一个数据包，这时就可以利用端口号（该端口号在建立连接时就已经确定）来区分是哪个目标进程。因此，主机 A 要与主机 B 通信，主机 A 不仅要知道主机 B 的 IP 地址，而且还要知道主机 B 上某个进程监听的端口号。

由于端口地址用两字节二进制数来表示，因此，可用端口地址的范围是十进制的 0～65535。另外，由于 1000 以内的端口号大多被标准协议所占用，所以程序中可以自由使用的端口号一般都大于 1000。

< 130 >

2．IP 地址转换相关类

在编写各种复杂的网络应用程序之前，需要首先掌握几个最基本的类：提供网际协议 IP 地址的 IPAddress 类，包含 IP 地址和端口号的 IPEndPoint 类和为 Internet 或 Intranet 主机提供信息容器的 IPHostEntry 类。

（1）IPAddress 类

System.Net 命名空间下的 IPAddress 类提供了对 IP 地址的转换和处理功能。一般用 IPAddress 类提供的静态 Parse 方法将 IP 地址字符串转换为 IPAddress 的实例。例如：

```
try
{
    IPAddress ip = IPAddress.Parse("143.24.20.36");
}
catch
{
    MessageBox.Show(请输入正确的 IP 地址!);
}
```

如果提供的 IP 地址字符串格式不正确，调用 Parse 方法时会出现异常。

另外，利用该实例的 AddressFamily 属性可判断该 IP 地址是 IPv6 还是 IPv4。例如：

```
IPAddress ip = IPAddress.Parse("::1");
if (ip.AddressFamily == AddressFamily.InterNetworkV6)
{
    MessageBox.Show("这是 IPv6 地址");
}
```

IPAddress 类还提供了 7 个只读字段，分别代表程序中使用的特殊 IP 地址。表 6-1 列出了 IPAddress 类的常见只读字段。

表 6-1　IPAddress 类常见只读字段

名称	说明
Any	提供一个 IPv4 地址，指示服务端侦听所有网络接口上的客户端活动，它等效于 0.0.0.0
Broadcast	提供 IPv4 网络广播地址，它等效于 255.255.255.255
IPv6Any	提供所有可用的 IPv6 地址
IPv6Loopback	表示系统的 IPv6 回环地址，等效于::1
IPv6None	提供不使用任何网络接口的 IP 地址
Loopback	表示系统的 IPv4 回环地址，等效于 127.0.0.1
None	表示 Socket 不侦听客户端活动（不使用任何网络接口）

（2）IPEndPoint 类

IPEndPoint 类是与 IPAddress 类概念相关的一个类，它包含应用程序连接到主机上的服务所需的主机和端口信息。它由两部分组成，一个是主机 IP 地址，另一个是端口号。IPEndPoint 类的构造函数之一为：

```
public IPEndPoint(IPAddress address, int port);
```

其中，第一个参数指定 IP 地址，第二个参数指定端口号。例如：

```
IPAddress localAddress = IPAddress.Parse("192.168.1.1");
IPEndPoint iep = new IPEndPoint(localAddress, 65000);
string s1 = "IP 地址为:" + iep.Address;
```

< 131 >

```
string s2 = "IP 端口为:" + iep.Port;
```

（3）IPHostEntry 类

IPHostEntry 类将一个域名系统（Domain Name System，DNS）的主机名与一组别名和一组匹配的 IP 地址相关联。该类一般和 Dns 类一起使用。

IPHostEntry 类的实例中包含了 Internet 主机的相关信息，常用属性有 AddressList 属性和 HostName 属性。

AddressList 属性的作用是获取或设置与主机相关联的 IP 地址列表（包括 IPv4 和 IPv6），这是一个 IPAddress 类型的数组，该数组包含了指定主机的所有 IP 地址。

HostName 属性包含了指定主机的主机名。

在 Dns 类中，有一个专门获取 IPHostEntry 对象的静态方法，获取 IPHostEntry 对象之后，再通过它的 AddressList 属性获取本地或远程主机的 IP 地址列表。例如：

```
// 获取搜狐服务器的所有 IP 地址
IPAddress[] ips = Dns.GetHostEntry("news.sohu.com").AddressList;
// 获取本机所有 IPv4 和 IPv6 地址
ips = Dns.GetHostEntry(Dns.GetHostName( )).AddressList;
```

3. 域名解析

IP 地址虽然能够唯一地标识网络上的计算机，但它是数字型的，很难记忆，因此一般用字符型的名字来标识它，这个字符型地址称为域名地址，简称域名（Domain Name）。将域名地址转换为对应 IP 地址的过程称为域名解析。

DNS 是 Internet 的一项核心服务，它可以将域名和 IP 地址相互转换。为了实现这种转换，在互联网中存在一些装有域名系统的域名服务器，上面分层次地存放了许多域名到 IP 地址转换的映射表。从而可使人们更方便地访问互联网，而不用去记住被访问机器的 IP 地址。

System.Net 命名空间下的 Dns 类提供了方便的域名解析功能，可利用它从 Internet 域名系统检索指定主机的信息。

Dns 类提供了一系列的静态方法，表 6-2 列出了 Dns 类的常用方法。

表 6-2　Dns 类的常用方法

方法名称	说明
GetHostAddresses	返回指定主机的 Internet 协议 IP 地址，与该方法对应的还有异步获取方法
GetHostEntry	将主机名或 IP 地址解析为 IPHostEntry 实例，与该方法对应的还有异步获取方法
GetHostName	获取本地计算机的主机名

从表 6-2 中可以看出，Dns 类的 GetHostEntry 方法和 GetHostAddresses 方法由于需要在 DNS 服务器中查询与某个主机名或 IP 地址相关联的 IP 地址集合，所以这两个方法的执行时间与网络延迟、网络拥塞等因素的影响有关，因此.NET 框架既提供了同步获取的方法，也提供了异步获取的方法。这里我们只介绍 Dns 类的同步方法，关于异步方法在后面的章节中再介绍。

（1）GetHostAddresses 方法。利用 GetHostAddresses 方法可以获取指定主机的 IP 地址，该方法返回一个 IPAddress 类型的数组。方法原型为：

```
public static IPAddress[] GetHostAddresses(string hostNameOrAddress);
```

参数中的 hostNameOrAddress 表示要解析的主机名或 IP 地址。例如：

```
IPAddress[] ips = Dns.GetHostAddresses("www.cctv.com");
```

< 132 >

如果 hostNameOrAddress 是 IP 地址，则不查询 DNS 服务器，直接返回此地址。如果 hostName OrAddress 是空字符串，则同时返回本地主机的所有 IPv4 和 IPv6 地址。例如：

```
IPAddress[] ips = Dns.GetHostAddresses(""); //获取本机的所有 IP 地址
```

（2）GetHostEntry 方法。GetHostEntry 方法可返回一个 IPHostEntry 实例，用于在 DNS 服务器中查询与某个主机名或 IP 地址关联的 IP 地址列表。方法原型为：

```
public static IPHostEntry GetHostEntry (string hostNameOrAddress)
```

参数中的 hostNameOrAddress 表示要解析的主机名或 IP 地址。当参数为空字符串时，可用此方法返回本地主机的 IPHostEntry 实例。例如：

```
IPHostEntry host = Dns.GetHostEntry("");
var ipAddresses = host.AddressList;  //获取本机所有 IP 地址
string name = host.HostName;         //获取本机主机名
```

（3）GetHostName 方法。该方法用于获取本机主机名。例如：

```
string hostname = Dns.GetHostName( );
```

6.2　进程和线程

这一节我们先学习进程和线程的基础知识以及传统的多线程编程技术。介绍进程和线程的用法之前，需要先介绍一些基本概念。

6.2.1　进程

进程是在操作系统级别中的一个基本概念，可以将其简单地理解为"正在运行的程序"。准确地说，操作系统执行加载到内存中的某个程序时，既包含该程序所需要的资源，同时还会对这些资源进行基本的内存边界管理。

进程之间是相互独立的，在操作系统级别中，一个进程所执行的程序无法直接访问另一个进程所执行的内存区域（即实现进程间通信比较困难），一个进程运行的失败也不会影响其他进程的运行。Windows 操作系统就是利用进程在内存中把工作划分为多个独立的运行区域的。

在操作系统级别的管理中，利用 Process 类可启动、停止本机或远程计算机进程。进程所执行的程序（.exe 文件、.dll 文件、桌面快捷方式）可以用各种程序设计语言（如 C#、Java、C++等）来编写。

1．进程管理（Process 类）

System.Diagnostics 命名空间下的 Process 类提供了在操作系统级别对进程进行管理的各种属性和方法。利用 Process 类，可以启动和停止本机进程、获取或设置进程优先级、确定进程是否响应、是否已经退出，以及获取系统正在运行的所有进程列表和各进程的资源占用情况等。同时也可以利用它查询远程计算机上进程的相关信息，包括进程内的线程集合、加载的模块（.dll 文件和.exe 文件）和性能信息（如进程当前使用的内存量等）。

（1）启动进程

如果希望启动某个进程，首先需要创建 Process 类的一个实例，并通过 StartInfo 属性指定要运行的应用程序名称以及传递的参数，然后调用该实例的 Start 方法启动该进程。另外，如果进程带有图

< 133 >

形用户界面，还可以用 ProcessWindowStyle 枚举方法指定启动进程时如何显示窗口。可选的枚举值有：Normal（正常窗口）、Hidden（隐藏窗口）、Minimized（最小化窗口）和 Maximized（最大化窗口）。例如：

```
Process myProcess = new Process();
myProcess.StartInfo.FileName = "Notepad.exe";  //准备执行记事本 Notepad.exe
myProcess.StartInfo.Arguments = "Test1.txt"; //创建或打开的文档为 Test1.txt
myProcess.StartInfo.WindowStyle = ProcessWindowStyle.Normal;
myProcess.Start();
```

（2）停止进程

有两种停止进程实例的方法：Kill 方法和 CloseMainWindow 方法。前者用于强行停止进程，后者只是"请求"停止进程。

Process 实例的 Kill 方法是停止没有图形化界面进程的唯一方法。由于该方法使进程非正常停止，因此有可能会丢失没有保存的数据，所以一般只在必要时才使用该方法。另外，由于 Kill 方法是异步执行的，因此在调用 Kill 方法后，还要调用 WaitForExit 方法等待进程退出，或者检查 HasExited 属性以确定进程是否已经退出。

Process 实例的 CloseMainWindow 方法通过向进程的主窗口发送关闭消息来关闭进程，其行为与用户在界面中单击【关闭】按钮命令的效果相同。这样可使目标程序有机会在清除操作中提示用户保存任何没有保存的数据。如果成功发送了关闭消息，则返回 true；如果关联进程没有主窗口或禁用了主窗口（例如，当前正在显示模式对话框），则返回 false。

对于有界面的应用程序，一般使用 CloseMainWindow 方法来关闭它，而不是用 Kill 方法来关闭，如果 CloseMainWindow 方法失败，可以再使用 Kill 方法停止进程。

注意只能对本机进程实例调用 Kill 方法或 CloseMainWindow 方法，无法用这些方法控制远程计算机上的进程。对于远程计算机上的进程，只能查看进程的信息。

（3）获取所有进程信息

Process 静态的 GetProcesses 方法用于创建新的 Process 数组，并将该数组与本地计算机上的所有进程资源相关联。例如：

```
//获取本机所有进程
Process[] myProcesses = Process.GetProcesses( );
//获取网络上远程计算机的所有进程。参数可以是远程计算机名，也可以是远程计算机的 IP 地址
Process[] myProcesses = Process.GetProcesses("192.168.0.1");
```

这里需要注意一点，使用 GetProcesses 方法时，如果所获取的进程不是用 Start 方法启动的，则该进程的 StartInfo 属性将不包含该进程启动时使用的参数，此时应该用数组中每个 Process 对象的 MainModule 属性获取相关信息。

（4）获取指定进程信息

Process 静态的 GetProcessById 方法会自动创建 Process 对象，并将其与本地计算机上的进程相关联，同时将进程 Id 传递给该 Process 对象。

Process 静态的 GetProcessesByName 方法返回一个包含所有关联进程的数组，得到该数组后，可以再依次查询这些进程中的每一个标识符，从而得到与该进程相关的更多信息。例如：

```
//获取本机指定名称的进程
Process[] myProcesses1 = Process.GetProcessesByName("MyExeFile"); //不要带扩展名
//获取远程计算机上指定名称的进程，参数 1 是进程名，参数 2 是远程计算机的名称或 IP 地址
Process[] myProcesses2 = Process.GetProcessesByName("Notpad", "Server1");
```

< 134 >

2．示例

下面通过例子说明 Process 类的基本用法。

【例 6-1】观察本机运行的所有进程，并显示进程相关的信息。运行效果如图 6-1 所示。

例 6-1 讲解

图 6-1 例 6-1 的运行效果

该例子的源程序见 E0601.cs 及其代码隐藏类。

6.2.2 线程

从程序实现的角度来说，将一个进程划分为若干个独立的执行流，每个独立的执行流都称为一个线程。

从硬件实现的角度来说，对于早期的单核处理器，可将线程看作是操作系统分配处理器时间片的基本执行单元；对于目前的多核处理器，可将线程看作是在每个内核上独立执行的代码段。

一个进程中既可以只包含一个线程，也可以同时包含多个线程。

1．线程管理（Thread 类）

System.Threading 命名空间下的 Thread 类用于管理单独的线程，包括创建线程、启动线程、终止线程、合并线程以及让线程休眠等。

利用 Thread 类或者 ThreadPool 类可在一个进程中实现多线程并行执行。但是，在新的开发中，不建议直接用 Thread 类或者 ThreadPool 类编写多线程应用程序，这是因为其实现细节复杂，本章介绍它只是为了让读者了解传统的编程技术是如何实现多线程编程的，并阐释了涉及的相关概念，为后续章节的学习打下基础。

（1）前台线程与后台线程

一个线程要么是前台线程要么是后台线程。两者的区别是：后台线程不会影响进程的终止，而前台线程则会影响进程的终止。

只有当属于某个进程的所有前台线程都终止后，公共语言运行库才会结束该进程，而且所有属于该进程的后台线程也都会立即停止，而不管其后台工作是否完成。

具体来说，用 Thread 类创建的线程默认都是前台线程，在托管线程池中执行的线程默认都是后台线程。另外，从非托管代码进入托管执行环境的所有线程也都被自动标记为后台线程。

- IsBackground 属性：获取或设置一个值，该值指示某个线程是否在后台执行，如果在后台执行则为 true；否则为 false。

< 135 >

- IsThreadPoolThread 属性：获取一个值，该值指示线程是否在托管线程池中执行，如果此线程在托管线程池中执行则为 true，否则为 false。

另外，为了使主线程能及时对用户操作的界面进行响应，也可以将辅助线程作为"后台"任务来执行，即将其设置为后台线程。比如用一个单独的线程监视某些活动，最好将其 IsBackground 属性设置为 true 使其成为后台线程，这样做的目的是不让该线程影响 UI 操作和进程的正常终止。

通过 Thread 类可创建一个单独的线程，常用形式为：

```
Thread t = new Thread(<方法名>);
```

该语句的意思是创建一个线程 t，并自动通过相应的委托执行用"<方法名>"指定的方法。

下面的代码创建了 2 个线程：

```
Thread t1 = new Thread(Method1);
Thread t2 = new Thread(Method2);
...
public void Method1(){...}
public void Method2(object obj){...}
```

线程是通过委托来实现的，至于使用哪种委托，要看定义的方法是否带参数。如果定义的方法不带参数，就自动用 ThreadStart 类型的委托调用该方法；如果带参数，则自动用 ParameterizedThreadStart 类型的委托调用该方法。

上面这段代码和下面的代码是等价的。

```
Thread t1 = new Thread(new ThreadStart(Method1));
Thread t2 = new Thread(new ParameterizedThreadStart(Method2));
...
public void Method1(){...}
public void Method2(object obj){...}
```

用 Thread 创建的线程默认为前台线程，如果希望将其作为后台线程，可将线程对象的 IsBackground 属性设置为 true。例如：

```
Thread myThread = new Thread(Method1);
myThread.IsBackground = true;
```

创建线程并设置让其在前台运行还是后台运行后，即可对线程进行操作，包括启动、终止、休眠、合并等。

（2）启动线程

用 Thread 创建线程的实例后，即可调用该实例的 Start 方法启动该线程。例如：

```
t1.Start();   //调用不带参数的方法
t2.Start("MyString");  //调用带参数的方法
```

在当前线程中调用 Start 方法启动另一个线程后，当前线程会继续执行其后面的代码。当将该方法作为一个单独的线程执行时，如果该方法带有参数，只能在启动线程时传递实参，而且定义该方法的参数只能是一个 Object 类型。如果希望传递多个参数，可以先将这些参数封装到一个类中，然后传递该类的实例，再在线程中通过该类的实例访问相应的数据。

（3）终止或取消线程的执行

线程启动后，当不需要某个线程继续执行的时候，有两种终止线程的方法。

第 1 种方法是先在线程之外设置一个修饰符为 volatile 的布尔型的字段表示是否需要正常结束该线程，称为终止线程。例如：

< 136 >

```
public volatile bool shouldStop;
```

在线程内部可循环判断该布尔值，以确定是否退出当前的线程。在其他线程中，可通过修改该布尔值表示是否希望终止该线程。这是正常结束线程比较好的方法，实际应用中一般使用这种方法。

第 2 种方法是在其他线程中调用 Thread 实例的 Abort 方法终止当前线程，该方法的最终效果是强行终止该线程的执行，属于非正常终止的情况，称为取消线程的执行（不是指销毁线程）。但这种方式可能会导致某个工作执行到一半就结束了。

（4）休眠线程

在多线程应用程序中，有时候并不希望当前线程继续执行，而是希望其暂停一段时间。为了实现这个功能，可以调用 Thread 类提供的静态 Sleep 方法。该方法将当前线程暂停（实际是阻塞）指定的毫秒数。例如：

```
Thread.Sleep(1000); //当前线程暂停 1 秒
```

注意该语句暂停的是当前线程，无法从一个线程中暂停其他的线程。

（5）线程池（ThreadPool 类）

线程池是在后台执行任务的线程集合，它与 Thread 类的主要区别是线程池中的线程是相关联的（如当某个线程无法进入线程池执行时先将其放入等待队列，自动决定用哪个处理器执行线程池中的某个线程，自动调节这些线程执行时的负载平衡问题等）。另外，线程池总是在后台异步处理请求的任务，而不会占用主线程，也不会延迟主线程中后续请求的处理。

System.Threading 命名空间下的 ThreadPool 类提供了对线程池的操作，如向线程池中发送工作项、处理异步 I/O、利用委托自动调度等待的线程、处理专用的计时行为等。

托管线程池有以下基本特征。

- 托管线程池中的线程都是后台线程。
- 添加到线程池中的任务不一定会立即执行。如果所有线程都繁忙，则新添加到线程池的任务将放入等待队列中，直到有线程可用时才能够得到处理。
- 线程池可自动重用已创建过的线程。一旦池中的某个线程完成任务，它将返回到等待线程队列中，等待被再次使用，而不是直接销毁它。这种重用技术使应用程序可避免为每个任务创建新线程而引起的资源和时间消耗。
- 开发人员可设置线程池的最大线程数。从.NET 框架 4.0 开始，线程池的默认大小由虚拟地址空间的大小等多个因素决定。而早期版本的.NET 框架则是直接规定一个默认的最大线程数，无法充分利用线程池的执行效率。
- 从.NET 框架 4.0 开始，线程池中的线程都是利用多核处理技术来实现的。

在传统的编程模型中，开发人员一般是直接用 ThreadPool.QueueUserWorkItem 方法向线程池中添加工作项。例如：

```
ThreadPool.QueueUserWorkItem(new WaitCallback(Method1));
ThreadPool.QueueUserWorkItem(new WaitCallback(Method2));
```

ThreadPool 类只提供了一些静态方法，不能通过创建该类的实例来使用线程池。

2．多线程编程中的资源同步

编写多线程并发程序时，需要解决多线程执行过程中的同步问题。

（1）同步执行和异步执行

CPU 在执行程序时有两种形式，一种是执行某语句时，在该语句完成之前不会执行其后面的代码，这种执行方式称为同步执行。另一种是执行某语句时，不管该语句是否完成，都会继续执行其后面的

< 137 >

语句，这种执行方式称为异步执行。

（2）多线程执行过程中的资源同步问题

当在某个线程中启动另一个或多个线程后，这些线程会同时执行，称为并行。

当并行执行的多个线程同时访问某些资源时，必须考虑如何让多个线程保持同步。或者说，同步的目的是为了防止线程同时访问某些资源时出现死锁和争用情况。

（3）死锁和争用情况

死锁的典型例子是两个线程都停止响应，并且都在等待对方完成，从而导致任何一个线程都不能继续执行。

争用情况是当程序的结果取决于两个或多个线程中的哪一个先到达某一特定代码块时出现的一种错误（Bug）。当线程出现争用情况时，多次运行同一个程序可能会产生不同的结果，而且每次运行的结果都不可预知。例如第一个线程正在读取字段，同时其他线程正在修改该字段，则第一个线程读取的值有可能不是该字段最新的值。

为了解决这些问题，C#和.NET 都提供了多种协调线程同步的方案。

3．实现资源同步的常用方式

多线程中实现资源同步主要通过加锁或者原子操作来实现。

（1）用 volatile 修饰符锁定公共或私有字段

为了适应单处理器或者多处理器对共享字段的高效访问，C#提供了一个 volatile 修饰符，利用该修饰符可直接访问内存中的字段值，而不是将字段值缓存在某个处理器的寄存器中。这样做的好处是所有处理器都可以访问该字段最新的值。例如：

```
public volatile bool IsStop;
```

（2）用 Interlocked 类提供的静态方法锁定局部变量

System.Threading.Interlocked 类通过加锁和解锁提供了原子级别的静态操作方法，对并行执行过程中的某个局部变量进行操作时，可采用这种办法实现同步。例如：

```
int num = 0;
Interlocked.Increment(ref num);  //将 num 的值加 1
Interlocked.Decrement(ref num);  //将 num 的值减 1
```

锁定局部变量的另一种实现方式是直接用 C#提供的 lock 语句将包含局部变量的代码块锁定，退出被锁定的代码块后会自动解锁。

（3）用 lock 语句锁定代码块

为了在多线程应用程序中实现不同线程同时执行某个代码块的功能，C#提供了一个 lock 语句，该语句能确保当一个线程完成执行代码块之前，不会被其他线程中断。被锁定的代码块称为临界区。

lock 语句的实现原理是进入临界区之前先锁定某个私有对象（声明为 private 的对象），然后再执行临界区中的代码，当代码块中的语句执行完毕后，再自动解除该锁。例如：

```
private List<int> list = new List<int>( );
...
lock(list)
{
    ... //对 list 进行操作
}
```

如果锁定的代码段中包含多个需要同步的字段或者多个局部变量，可先定义一个私有字段 lockedObj，通过一次性锁定该私有字段实现多个变量的同步操作。例如：

< 138 >

```
private Object lockedObj = new Object ( );
...
lock(lockedObj)
{
    ...
}
```

提供给 lock 语句的对象可以是任意类型的实例，但不允许锁定类型本身，也不允许锁定声明为 public 的对象，否则将会使 lock 语句无法控制，从而引发一系列问题。例如线程 a 将锁定的对象 Obj1 声明为 public，线程 b 将锁定的对象 Obj2 声明为 public，这样 a 就可以访问 Obj2，b 也可以访问 Obj1，当线程 a 和 b 同时分别锁定 Obj1 和 Obj2 时，由于每个线程都希望在锁定期间访问对方锁定的那个对象，则两个线程在得到对方对象的访问权之前都不会释放自己锁定的对象，从而产生死锁。

另外还要注意，使用 lock 语句时，临界区中的代码一般不宜太多，这是因为锁定一个私有对象之后，在解锁该对象之前，其他任何线程都不能执行 lock 语句所包含的代码块中的内容，如果在锁定和解锁期间处理的代码过多，则在某个线程执行临界区中的代码时，其他等待运行临界区中代码的线程都会处于阻塞状态，这样不但无法体现多线程的优点，反而会降低应用程序的性能。

4. WinForms 应用程序中的多线程编程模型

默认情况下，.NET 不允许在一个线程中直接访问另一个线程中的控件，这是因为如果有两个或多个线程同时访问某一控件，可能会使该控件进入一种不确定的状态，甚至可能出现死锁。

为了解决死锁以及异步执行过程中的同步问题，WinForms 应用程序中的每个控件都提供了 Invoke 方法和 InvokeAsync 方法。要在线程中与用户界面交互，可以通过调用控件的 Invoke 方法或者 InvokeAsync 方法。这两个方法均通过委托来实现。例如：

```
textBox1.Invoke(...);
textBox1.InvokeAsync(...);
```

Invoke 方法是同步调用，即直到在线程池中实际执行完该委托后它才返回。InvokeAsync 方法是异步调用，调用该方法后将立即返回到调用的语句，然后继续执行该语句后面的代码。

Invoke 方法的重载形式非常多，常用的重载形式有：

```
Invoke(Action)
Invoke(Action, DispatcherPriority)
Invoke(Action, DispatcherPriority, CancellationToken)
Invoke(Action, DispatcherPriority, CancellationToken, TimeSpan)
Invoke<TResult>(Func<TResult>)
Invoke<TResult>(Func<TResult>, DispatcherPriority)
Invoke<TResult>(Func<TResult>, DispatcherPriority, CancellationToken)
Invoke<TResult>(Func<TResult>, DispatcherPriority, CancellationToken, TimeSpan)
```

重载形式中的 TResult 表示任何类型（如 void、string、Task 等）。另外，Action、Func 以及 CancellationToken 的含义和用法请参看其他相关资料，限于篇幅，本书不准备对其进行过多介绍，这里我们只需要通过例子掌握其基本用法即可。

5. 示例

（1）Thread、ThreadPool 以及 volatile 和 Invoke 的基本用法

下面通过例子说明如何启动和终止线程，如何在线程池中执行工作项，以及如何在不同的线程中向同一个控件中输出内容。

【例 6-2】演示 Thread 和 ThreadPool 的基本用法。要求线程中每隔 0.2 秒输出一个指定的字符。程序运行效果如图 6-2 所示。

例6-2讲解

< 139 >

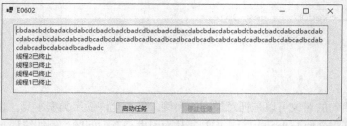

图6-2 例6-2的运行效果

在这个例子中，同时创建了 4 个线程，两个用 Thread 单独运行，另外两个在 ThreadPool 中运行。该例子也同时演示了如何向线程中传递参数。

该例子的源程序见 E0602.cs，代码如下。

```
namespace ClientWinFormsExamples.ch06
{
    public partial class E0602 : Form
    {
        private readonly MyClass c;
        public E0602()
        {
            InitializeComponent();
            textBox1.Text = "";
            c = new(textBox1);
            buttonStart.Click += ButtonStart_Click;
            buttonStop.Click += ButtonStop_Click;
            buttonStart.Enabled = true;
            buttonStop.Enabled = false;
        }
        private void ButtonStart_Click(object? sender, EventArgs e)
        {
            buttonStart.Enabled = false;
            buttonStop.Enabled = true;
            textBox1.Text = "";
            c.IsStop = false;
            MyData state = new() { Message = "a", Info = "\r\n 线程 1 已终止" };
            Thread thread1 = new(c.MyMethod)
            {
                IsBackground = true
            };
            thread1.Start(state);
            state = new MyData { Message = "b", Info = "\r\n 线程 2 已终止" };
            Thread thread2 = new(c.MyMethod)
            {
                IsBackground = true
            };
            thread2.Start(state);
            state = new MyData { Message = "c", Info = "\r\n 线程 3 已终止" };
            ThreadPool.QueueUserWorkItem(new WaitCallback(c.MyMethod), state);
            state = new MyData { Message = "d", Info = "\r\n 线程 4 已终止" };
            ThreadPool.QueueUserWorkItem(new WaitCallback(c.MyMethod), state);
        }
        private void ButtonStop_Click(object? sender, EventArgs e)
        {
```

< 140 >

```
            c.IsStop = true;
            buttonStart.Enabled = true;
            buttonStop.Enabled = false;
        }
    }
    public class MyClass
    {
        public volatile bool IsStop;
        private readonly TextBox textBox1;
        public MyClass(TextBox textBox1)
        {
            this.textBox1 = textBox1;
        }
        public void MyMethod(Object? obj)
        {
            if (obj is not MyData state) return;
            while (IsStop == false)
            {
                AddMessage(state.Message);
                Thread.Sleep(200);     //当前线程休眠 200ms
            }
            AddMessage(state.Info);
        }
        private void AddMessage(string s)
        {
            textBox1.Invoke(() =>
            {
                textBox1.Text += s;
            });
        }
    }
    public class MyData
    {
        public string Info { get; set; } = "";
        public string Message { get; set; } = "";
    }
}
```

（2）lock 语句基本用法

下面通过例子说明如何在多线程应用程序中使用 lock 语句实现同步，从而避免逻辑混乱引起结果错误。

【**例 6-3**】设计一个模仿多人在多台提款机上同时取款的情况，演示多线程中的同步。运行效果如图 6-3 所示。

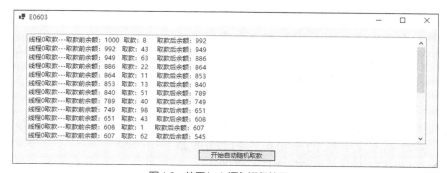

图 6-3　使用 lock 语句运行效果

< 141 >

该例子的源程序见 E0603.cs 及其代码隐藏类。

运行程序，观察单击【开始自动随机取款】按钮后，多个线程同时执行后在窗口中显示的内容。

将 lock（lockedObj）这条语句注释掉，再次运行程序，然后观察线程执行后在窗口中显示的内容，图 6-4 所示为可能的运行情况之一（由于模拟不同用户的取款时间是随机的，所以每次运行的结果都不一定相同）。

图 6-4　将 lock 语句注释掉运行的情况之一

从图 6-4 中可以看出，如果不使用 lock 语句，取款后的余额显然不正确。

6.3　数据编码和解码

在网络通信中，很多情况下通信双方传达的都是字符信息。但是，字符信息并不能直接从网络的一端传递到另一端，这些字符信息首先需要通过某种编码格式转换成一个字节序列，然后才能在网络中传输。

将字符序列通过某种编码格式转换为字节序列的过程称为编码。当这些字节传送到网络的接收方时，接收方再将字节序列使用与发送方相同的编码格式转换为字符序列，这种过程称为解码。

例如，对于 Unicode 字符来说，编码是指将一组 Unicode 字符转换为一个字节序列的过程，解码则是将一个字节序列转换为一组 Unicode 字符的过程。

6.3.1　常见的字符集编码方式

每个国家都有自己的字符编码方式，由于同一个数字可以被解释成不同的符号，因此，要想正确打开一个文件，必须知道它采用的是哪种编码方式，否则就可能会出现乱码。

这里我们仅介绍常见的字符集及其编码方式。

1. ASCII

ASCII 字符集由 128 个字符组成，包括大小写字母、数字 0～9、标点符号、非打印字符（换行符、制表符等）以及控制字符（退格、响铃等）。

2. Unicode

Unicode 是国际通用的编码方式，可以表示地球上绝大部分地区的文字。这种编码方式每个字符都占 2 个字节，例如一个英文字符占 2 个字节，一个汉字也是 2 个字节。

C#中的字符和字符串默认采用的都是 Unicode 编码。

< 142 >

3．UTF-8

UTF-8 是在因特网上使用最广泛的一种编码格式。它是 Unicode 的一种变长字符编码，用 1～4 字节表示一个 Unicode 字符。例如，每个英文字母都占 1 字节，每个汉字都占 4 字节。

6.3.2　利用 Encoding 类实现编码和解码

Encoding 类位于 System.Text 命名空间下，该类主要用于对字符集进行编码和解码以及将一种编码格式转换为另一种编码格式。表 6-3 列出了 Encoding 类提供的常用属性和方法。

表 6-3　Encoding 类提供的常用属性和方法

名称	说明
Default 属性	获取系统的当前 ANSI 代码页的编码
BodyName 属性	获取可与邮件正文标记一起使用的编码名称。如果当前 Encoding 无法使用，则为空字符串
HeaderName 属性	获取可与邮件标题标记一起使用的编码名称。如果当前 Encoding 无法使用，则为空字符串
Unicode 属性	获取 Unicode 格式的编码（UTF-16）
UTF8 属性	获取 Unicode 格式的编码（UTF-8）
ASCII 属性	获取 ASCII 字符集的编码
Convert 方法	将字节数组从一种编码转换为另一种编码
GetBytes 方法	将一组字符编码为一个字节序列
GetString 方法	将一个字节序列解码为一个字符串
GetEncoding 方法	返回指定格式的编码

下面简单介绍 Encoding 类的基本用法。

1．获取所有编码名称及其描述信息

使用 Encoding 类静态的 GetEncodings 方法可得到一个包含所有编码的 EncodingInfo 类型的数组。EncodingInfo 类位于 System.Text 命名空间下，提供有关编码的基本信息。例如：

```
foreach (EncodingInfo ei in Encoding.GetEncodings( ))
{
    Encoding en = ei.GetEncoding( );
    Console.WriteLine("编码名称：{0,-18}，编码描述：{1}", ei.Name, en.EncodingName);
}
```

从这段代码的运行结果中可以看到，"gb2312"的编码描述为"简体中文（GB2312）"，"GB18030"的编码描述为"简体中文（GB18030）"。

2．获取指定编码名称及其描述信息

Encoding 类提供了 UTF8、ASCII、Unicode 等属性，通过这些属性可以获取某个字符集编码。也可以利用 Encoding 类静态的 GetEndcoing 方法来获取，例如：

```
Encoding ascii = Encoding.ASCII;
```

得到 Encoding 对象后，即可利用 HeaderName 属性获取编码名称，利用 EncodingName 属性获取编码描述，例如：

```
string s = "ASCII 的编码名称为:" + ascii.HeaderName;
```

< 143 >

3．不同编码之间的转换

利用 Encoding 类的 Convert 方法可将字节数组从一种编码方式转换为另一种编码方式，转换结果为一个 byte 类型的数组。语法为：

```
public static byte[] Convert(
    Encoding srcEncoding, //源编码
    Encoding dstEncoding, //目标编码
    byte[] bytes //待转换的字节数组
)
```

下面的代码演示了如何将 Unicode 字符串转换为 UTF-8 字符串。

```
string s = "abcd";
Encoding unicode = Encoding.Unicode;
Encoding utf8 = Encoding.UTF8;
byte[] b = Encoding.Convert(unicode, utf8, unicode.GetBytes(s));
string s1 = utf8.GetString(b);
```

4．示例

下面通过例子说明 Encoding 类的基本用法。

【例 6-4】演示 Encoding 类的基本用法，运行效果如图 6-5 所示。

例 6-4 讲解

图 6-5　例 6-4 的运行效果

从解码结果中可以看出，如果通过网络传递的字符串包含中文字符，可以使用 UTF-8 或者 Unicode 编码格式，但不能使用 ASCII 编码，否则接收方收到的结果就是乱码。

该例子的源程序见 E0604.cs，代码如下。

```
using System.Text;
namespace ClientWinFormsExamples.ch06
{
    public partial class E0604 : Form
    {
        public E0604()
        {
            InitializeComponent();
            button1.Click += Button1_Click;
            button2.Click += Button2_Click;
        }
        private void Button1_Click(object? sender, EventArgs e)
        {
            listBox1.Items.Clear();
```

< 144 >

```
    foreach (EncodingInfo ei in Encoding.GetEncodings())
    {
        Encoding en = ei.GetEncoding();
        listBox1.Items.Add($"编码名称: {ei.Name}, 说明: {en.EncodingName}");
    }
}
private void Button2_Click(object? sender, EventArgs e)
{
    listBox1.Items.Clear();
    string s = "ab,12,软件";
    listBox1.Items.Add($"被编码的字符串: {s}");
    EncodeAndDecode(s, Encoding.ASCII);
    EncodeAndDecode(s, Encoding.UTF8);
    EncodeAndDecode(s, Encoding.Unicode);
}
private void EncodeAndDecode(string s, Encoding encoding)
{
    //发送方将字符串编码为字节数组, 然后通过网络发送给接收方
    byte[] bytes = encoding.GetBytes(s);
    //接收方收到发送方发来的信息后, 再将接收的字节数组解码为字符串
    string str = encoding.GetString(bytes);
    //显示结果
    string encodeResult = BitConverter.ToString(bytes);
    listBox1.Items.Add("");
    listBox1.Items.Add($"编码为: {encoding}({encoding.EncodingName}), 编码结果:
{encodeResult}");
    listBox1.Items.Add($"解码结果: {str}");
    }
  }
}
```

6.4 数据流

数据流（Stream）是对串行传输数据方式的一种抽象表示，当希望通过网络逐字节串行传输数据，或者对文件逐字节进行操作时，首先需要将数据转化为数据流。

System.IO 命名空间下的 Stream 类是所有数据流的基类。

数据流一般和某个外部数据源相关，数据源可以是硬盘上的文件、外部设备（如 I/O 卡的端口）、内存、网络套接字等。根据不同的数据源，可分别使用从 Stream 类派生的类对数据流进行操作，包括 FileStream 类、MemoryStream 类、NetworkStream 类、CryptoStream 类，以及用于文本读/写的 StreamReader 和 StreamWriter 类，用于二进制读/写的 BinaryReader 和 BinaryWriter 类等。

对数据流的操作有 3 种：逐字节顺序写入（将数据从内存缓冲区传输到外部源）、逐字节顺序读取（将数据从外部源传输到内存缓冲区）和随机读/写（从某个位置开始逐字节按顺序读/写）。

6.4.1 文件流

System.IO 命名空间下的 FileStream 类继承于 Stream 类，利用 FileStream 类可以对各种类型的文件

< 145 >

进行读/写，例如文本文件、可执行文件、图像文件、视频文件等。

1. 创建 FileStream 对象

常用的创建 FileStream 对象的办法有两种。

（1）利用构造函数创建 FileStream 对象

第 1 种办法是利用 FileStream 类的构造函数创建 FileStream 对象，语法为：

```
FileStream(string path,FileMode mode,FileAccess access)
```

参数中的 path 指定文件路径；mode 指定文件操作方式；access 控制文件访问权限。

表 6-4 列出了 FileMode 枚举的可选值。

表 6-4　FileMode 枚举的可选值

枚举成员	说明
CreateNew	指定操作系统应创建新文件，如果文件已存在，则将引发 IOException
Create	指定操作系统应创建新文件。如果文件已存在，它将被覆盖
Open	指定操作系统应打开现有文件。如果该文件不存在，则引发 FileNotFoundException
OpenOrCreate	指定操作系统应打开文件（如果文件存在）；否则，应创建新文件
Truncate	指定操作系统应打开现有文件。文件一旦打开，就将被截断为零字节大小
Append	打开现有文件并查找到文件尾，或创建新文件。FileMode.Append 只能同 FileAccess.Write 一起使用

FileAccess 枚举的可选值有：Read（打开文件用于只读）、Write（打开文件用于只写）、ReadWrite（打开文件用于读和写）。

（2）利用 File 类创建 FileStream 对象

第 2 种办法是利用 System.IO 命名空间下的 File 类创建 FileStream 对象。如利用 OpenRead 方法创建仅读取的文件流，利用 OpenWrite 方法创建仅写入的文件流。下面的代码演示了如何以仅读取的方式打开 File1.txt 文件。

```
FileStream fs= File.OpenRead(@"D:\ls\File1.txt");
```

2. 读/写文件

得到 FileStream 对象后，即可以利用该对象的 Read 方法读取文件数据到字节数组中，利用 Write 方法将字节数组中的数据写入文件。

（1）Read 方法

FileStream 对象的 Read 方法用于将文件中的数据读到字节数组中，语法如下。

```
public override int Read(
    byte[] array,        //保存从文件流中实际读取的数据
    int offset,          // 向array数组中写入数据的起始位置，一般为 0
    int count            //希望从文件流中读取的字节数
)
```

该方法返回从 FileStream 中实际读取的字节数。

（2）Write 方法

FileStream 对象的 Write 方法用于将字节数组写入到文件中，语法如下。

```
public override void Write(
    byte[] buffer,       //要写入到文件流中的数据
```

< 146 >

```
int offset,          //从 buffer 中读取的起始位置
int size             //写入到流中的字节数
)
```

下面的代码演示了 FileStream 类的基本用法。

```
public void ReadFromFile(string path)
{
    using (FileStream fs = File.OpenRead(path))
    {
        byte[] bytes = new byte[1024];   //每次读取的缓存大小
        int num = fs.Read(bytes, 0, bytes.Length);
        while (num > 0)
        {
            num = fs.Read(bytes, 0, bytes.Length);
        }
    }
}
public void AppendToFile(string path, string str)
{
    using (FileStream fs = File.OpenWrite(path))
    {
        Byte[] bytes = Encoding.UTF8.GetBytes(str);
        fs.Position = fs.Length;          //设置写入位置
        fs.Write(bytes, 0, bytes.Length); //写入
    }
}
```

6.4.2 内存流

利用 System.IO 命名空间下的 MemoryStream 类，可以按内存流的方式对保存在内存中的字节数组进行操作。即利用 MemoryStream 类的 Write 方法将字节数组写入到内存流中，利用 Read 方法将内存流中的数据读取到字节数组中。

MemoryStream 的用法与文件流的用法相似，支持对数据流的查找和随机访问，该对象的 CanSeek 属性值默认为 true，在程序中可通过 Position 属性获取内存流的当前位置。

由于内存流的容量可自动增长，因此在数据加密以及对长度不定的数据进行缓存等场景中，使用内存流比较方便。

下面的代码演示了 MemoryStream 的基本用法。

```
private void btn1_Click(object? sender, EventArgs e)
{
    string str = "abcd、中国";
    Byte[] data = Encoding.UTF8.GetBytes(str);  //写入的数据
    using (MemoryStream ms = new())
    {
        //将字节数组写入内存流
        ms.Write(data, 0, data.Length);
        //将当前内存流中的数据读取到字节数组中
        byte[] bytes = new byte[data.Length];
        ms.Position = 0;  //设置开始读取的位置
```

< 147 >

```
        int n = ms.Read(bytes, 0, bytes.Length);//读到bytes中
        string s = Encoding.UTF8.GetString(bytes, 0, n); //读出的数据
    }
}
```

6.4.3 网络流

System.Net.Sockets 命名空间下的 NetworkStream 类也是从 Stream 类继承而来的，利用它可以通过网络发送或接收数据。

可以将 NetworkStream 看作在数据源和接收端之间的一个数据通道，这样一来，读取和写入数据就可以针对这个通道来进行。注意 NetworkStream 类仅支持面向连接的套接字。

对于 NetworkStream 流，写入操作是指从来源端内存缓冲区到网络上的数据传输；读取操作是从网络上到接收端内存缓冲区（如字节数组）的数据传输。如图 6-6 所示。

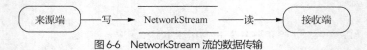

图 6-6　NetworkStream 流的数据传输

一旦构造了 NetworkStream 对象，就可以使用它通过网络发送和接收数据。

图 6-7 所示为利用网络流发送及接收 TCP 数据的流程。其中，Write 方法负责将字节数组从进程缓冲区发送到本机的 TCP 发送缓冲区，然后 TCP/IP 协议栈再通过网络适配器把数据真正发送到网络上，最终到达接收方的 TCP 接收缓冲区。

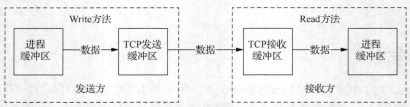

图 6-7　NetworkStream 流发送和接收数据的流程

使用 NetworkStream 对象时，需要注意以下两点。

- 通过 DataAvailable 属性，可查看缓冲区中是否有数据等待读出。
- 网络流没有当前位置的概念，不支持对数据流的查找和随机访问，NetworkStream 对象的 CanSeek 属性始终返回 false，读取 Position 属性和调用 Seek 方法时，都会引发 NotSupportedException 异常。

下面简单介绍其基本的实现思路，在本书的"TCP 应用编程"一章中，我们还会学习具体的代码实现办法。

1. 获取 NetworkStream 对象

有两种获取 NetworkStream 对象的办法。

（1）利用 TcpClient 对象的 GetStream 方法得到网络流对象。例如：

```
TcpClient tcpClient=new TcpClient( );
tcpClient.Connect("www.abcd.com", 51888);
NetworkStream networkStream = client.GetStream( );
```

（2）利用 Socket 得到网络流对象。例如：

```
NetworkStream myNetworkStream = new NetworkStream(mySocket);
```

< 148 >

2. 发送数据

NetworkStream 类的 Write、Read 方法的语法格式和文件流相同，这里不再详述。

由于 Write 方法为同步方法，所以再将数据写入到网络流之前，Write 方法将一直处于阻塞状态，直到发送成功或者返回异常为止。

下面的代码用于检查 NetworkStream 是否可写。如果可写，则使用 Write 写入一条消息。

```
if (myNetworkStream.CanWrite)
{
    byte[] writeBuffer = Encoding.UTF8.GetBytes("Hello");
    myNetworkStream.Write(writeBuffer, 0, writeBuffer.Length);
}
else
{
    ...
}
```

3. 接收数据

接收方通过调用 Read 方法将数据从接收缓冲区读取到进程缓冲区，完成读取操作。

下面的代码使用 DataAvailable 来确定是否有数据可供读取。当有可用数据时，该示例将从 NetworkStream 读取数据。

```
if(myNetworkStream.CanRead)
{
    byte[] readBuffer = new byte[1024]; //设置缓冲区大小
    int numberOfBytesRead = 0;
    // 准备接收的信息有可能会大于1024，所以要用循环
    do{
        numberOfBytesRead = myNetworkStream.Read(readBuffer, 0, readBuffer.Length);
        ... //处理接收的数据
    }while(myNetworkStream.DataAvailable);
}
else
{
    ...
}
```

6.4.4　StreamReader 类和 StreamWriter 类

NetworkStream、MemoryStream 和 FileStream 类都提供了以字节为基本单位的读/写方法，其实现思路都是先将待写入的数据转化为字节序列，然后再进行读/写，这对文本数据来说很不方便。因此，操作文本数据时，一般用 StreamReader 和 StreamWriter 类来实现。

1. 创建 StreamReader 和 StreamWriter 的实例

如果数据来源是文件流、内存流或者网络流，可以利用 StreamReader 和 StreamWriter 类对象的构造函数得到读/写流。例如：

```
NetworkStream networkStream = client.GetStream( );
StremReader sr = new StremReader (networkStream);
...
```

< 149 >

```
StreamWriter sw = new StreamWriter (networkStream);
...
```

如果需要处理的是文件流，还可以直接利用文件路径创建 StreamWriter 对象。例如：

```
StreamWriter sw= new StreamWriter ("C:\\file1.txt");
```

与该方法等价的有 File 及 FileInfo 类提供的 CreateText 方法。例如：

```
StreamWriter sw = File.CreateText ("C:\\file1.txt");
```

2．读/写文本数据

利用 StreamWriter 类，可以用类似 Console.Write 和 Console.WriteLine 的办法写入文本数据，用类似 Console.Read 和 Console.ReadLine 的办法读取文本数据。

读/写完成后，不要忘记用 Close 方法关闭流，或者用 using 语句让系统自动关闭它。

6.4.5 序列化和反序列化

从前面的学习中，我们熟悉了通过网络传递字符串的办法，即先将字符串进行编码，然后将其转换为字节数组，再通过数据流发送给接收方；接收方收到发送方发送来的字节数组后，再将其按照与编码相同的格式进行解码，即得到传递的字符串。

但是，当我们希望通过网络传递对象（类的实例）而不是字符串时，这个时候就需要用序列化和反序列化来实现。基本实现思路是，先将对象序列化为字节，然后再通过网络传输到另一台计算机上；当接收方需要还原该对象时，再对其进行反序列化即可。

1．序列化

序列化是将对象状态转换为可存储或传输的格式的过程。在此过程中，对象的公开的字段和属性以及类的名称（包括包含该类的命名空间）都被转换为字节流，然后写入数据流。以后对其进行反序列化时，其结果和直接创建该对象的效果相同。

可通过数据协定来指定被序列化的成员。

数据协定是利用 DataContract 特性、KnownType 特性和 DataMember 特性来声明的。一旦在一个类的上面声明 DataContract 和 KnownType 特性，那么该类就可以被序列化。如果一个类中有多个成员，可利用 DataMember 特性声明该类中的哪些成员可被序列化。

这里需要说明的是，修饰符为 private、protected、public、internal 的属性或字段都可以用 DataMember 特性来声明，而不是仅仅限于声明修饰符为 public 的属性或字段。如果没有对属性或字段声明 DataMember 特性，即使该字段或者属性的修饰符是 public，它也不会被序列化。例如：

```
[DataContract]
[KnownType(typeof(MyData))]
public class MyData
{
    public string MyName1 {get; set;} = "me1";  //未声明 Datamember, 无法序列化
    [DataMember] private string MyName2 = "me2";  //可序列化
}
```

虽然从语法上讲修饰符为 private 的私有字段也可以用 DataMember 特性来声明，但是序列化私有字段没有意义，而且还增加了冗余，这是因为反序列化之后，无法通过对象读取其私有字段的值。换言之，即使发送方通过网络将私有字段传递给接收方，接收方也无法通过对象来使用它。

< 150 >

2．反序列化

与序列化相对的是反序列化，它将序列化后的内容再转换为对象。这两个过程结合就可以存储和传输数据了。需要注意的是，反序列化一个对象时，并不调用其构造函数。

3．示例

下面通过例子演示序列化和反序列化的具体实现办法。

【例 6-5】演示序列化和反序列化的基本用法，运行结果如图 6-8 所示。

例 6-5 讲解

图 6-8　例 6-5 的运行效果

从源程序和运行结果中可以看出，如果发送方通过网络传递序列化结果给接收方，由于 UserInfo 类中的 Name 属性没有声明 DataMember 特性，所以接收方反序列化后得到的 Name 结果为 null。当不希望接收方使用 Name 数据的时候，可以采用这种方式。

该例子的源程序见 E0605.cs 及其代码隐藏类。

在后面章节介绍的多机协同绘图程序中，会大量使用序列化和反序列化将绘图对象传递给所有协同绘图的用户，因此本部分内容也是必须掌握的基本知识。

习题

1．简要回答下列问题。

（1）进程和线程有什么区别？为什么要用多线程？多线程适用于哪种场合？

（2）前台线程和后台线程有什么区别和联系？如何判断一个线程属于前台线程还是后台线程？如何将一个线程设置为后台线程？

2．什么是同步？为什么需要同步？C#提供了什么语句可以简单地实现代码同步？

3．什么是线程池？使用线程池有什么好处？

4．什么是编码？什么是解码？从文件读写和网络传输两个方面分别解释为什么要对字符进行编码和解码。

< 151 >

第 7 章 TCP 应用编程

传输控制协议（Transmission Control Protocol，TCP）在网络中提供全双工和可靠的消息通信服务。

7.1 TCP 应用编程预备知识

利用 TCP 编写网络应用程序时，通信双方必须先建立 TCP 连接。一旦 TCP 连接建立成功，连接中的任何一方都能向对方发送数据和接收对方发送来的数据。TCP 在发送端负责把数据（字节流）按一定的格式和长度组成多个数据报进行发送，接收端的 TCP 负责接收数据报并按分解顺序重新组装和恢复用户数据。

7.1.1 TCP 简介

TCP 是面向连接的传输层协议，它负责把用户数据按一定的格式和长度组成多个数据报，通过网络传输到目标后，再按分解顺序重新组装和恢复为用户数据。

1. TCP 的特点

TCP 的主要特点如下。

（1）一对一通信

利用 TCP 编写应用程序时，必须先建立 TCP 连接。一旦通信双方建立了 TCP 连接，连接中的任何一方都能向对方发送数据和接收对方发送来的数据。每个 TCP 连接只能有两个端点，而且只能一对一通信，不能一对多直接通信。

（2）安全顺序传输

通过 TCP 连接传送的数据，能保证数据无差错、不丢失、不重复地准确到达接收方，并且保证各数据到达的顺序与数据发出的顺序相同。

（3）通过字节流收发数据

利用 TCP 传输数据时，数据以字节流的形式进行传输。

客户端与服务端建立连接后，发送方需要先将要发送的数据转换为字节流发送到内存的发送缓冲区中，TCP 会自动从发送缓冲区中取出一定数量的数据，将其组成 TCP 报文段逐个发送到 IP 层，再通过网卡将其发送出去。

接收端从 IP 层接收到 TCP 报文段后，将其暂时保存在接收缓冲区中，这时程序员就可以通过程序依次读取接收缓冲区中的数据，从而达到相互通信的目的。

（4）传输的数据无消息边界

由于 TCP 是将数据组装为多个数据报以字节流的形式进行传输，因此可能会出现发送方单次发送的消息与接收方单次接收的消息不一致的现象，或者说，不能保证单个 Send 方法发送的数据与单个 Receive 方法读取的数据一致，这种现象称为无消息边界。

2．TCP 的同步工作方式和异步工作方式

利用 TCP 开发应用程序时，.NET 提供了两种工作方式，一种是同步工作方式，另一种是异步工作方式。

同步工作方式是指利用 TCP 编写的程序执行到发送、接收或监听语句时，在未完成工作前不再继续往下执行，即处于阻塞状态，直到该语句完成相应的工作后才继续执行下一条语句；异步工作方式是指程序执行到发送、接收或监听语句时，不论工作是否完成，都会继续往下执行。例如，对于接收数据来说，在同步工作方式下，接收方执行到接收语句后将处于阻塞方式，只有接收到对方发来的数据后才继续执行下一条语句；而如果采用异步工作方式，则接收方在执行到接收语句后，无论是否接收到对方发来的数据，程序都会继续往下执行。

与同步工作方式和异步工作方式相对应，利用 Socket 类进行编程时，系统也提供有相应的方法，分别称为同步套接字编程和异步套接字编程。但是使用套接字编程时要考虑很多底层的细节。为了简化编程复杂度，.NET 框架又专门提供了两个类：TcpClient 类与 TcpListener 类，这两个类与套接字一样也分别有同步和异步工作方式及其对应的方法。为简化起见，我们不管使用套接字编程还是使用对套接字封装后的类进行编程，一律从工作方式上将其称为同步 TCP 和异步 TCP，所以其编程方式也有两种，一种是同步 TCP 编程，另一种是异步 TCP 编程。

这里所说的同步 TCP 和异步 TCP 仅仅指工作方式，它和线程间的同步不是一个概念。线程间的同步指不同线程或其共享资源具有先后关联的关系，而同步 TCP 和异步 TCP 则仅仅指 TCP 编程中采用哪种工作方式，是从执行到发送、接收或监听语句时，程序是否继续往下执行这个角度来说的。

从逻辑关系上看，无论是同步 TCP 应用编程，还是异步 TCP 应用编程，在实际应用中既可能要求不同线程间同步，也可能不要求同步。

在网络编程时，经常会涉及到服务器端、客户端这两个概念。实际上服务器端、客户端是相对的，任何一台机器既可以单独运行服务器端程序，也可以单独运行客户端程序，甚至还可以将服务器代码和客户端代码写到同一个程序中。

7.1.2　TCP 应用编程的技术选择

.NET 提供了以下几种编写 TCP 应用程序的技术。

1．用 Socket 类实现

如果程序员希望 TCP 通信过程中的所有细节全部通过自己编写的程序来控制，可以直接用 System.Net.Sockets 命名空间下的 Socket 类来实现。这种方式最灵活，无论是标准 TCP 协议，还是自定义的新协议，都可以用它去实现。但是，用 Socket 类实现时，需要程序员编写的代码也很多。除非我们准备定义一些新的协议或者对底层的细节进行更灵活的控制，否则的话，一般不需要用 Socket 类去实现，而是使用对 Socket 类进一步封装后的 TcpListener 类、TcpClient 类以及 UdpClient 类来实现。

2．用 TcpClient 类和 TcpListener 类以及多线程实现

System.Net.Sockets 命名空间下的 TcpClient 类和 TcpListener 类是.NET 框架对 Socket 进一步封装后的类，这是一种粗粒度的封装，在一定程度上简化了用 Socket 类编写 TCP 程序的难度，但灵活性也受到一定的限制（只能用这两个类编写标准 TCP 应用程序，不能用它编写其他协议和自定义的新协议程

< 153 >

序）。另外，TCP 数据传输过程中的监听和通信细节（比如消息边界问题）仍然需要程序员自己通过代码去解决。这就像设计大楼时，盖楼用的砖块、玻璃、钢铁都可以直接用，不需要再考虑这些材料的制造细节，但砖块、玻璃、钢铁都是只有标准大小，而不是各种大小各种形状的都可以提供。

3．用基于任务的编程模型实现

用 TcpClient 和 TcpListener 以及基于任务的编程模型编写 TCP 应用程序时，不需要开发人员考虑多线程创建、管理以及负载平衡等实现细节，只需要将多线程看作是多个任务来实现即可。

在.NET4.0 及更高版本中，这是建议的做法。

7.1.3 TcpClient 类和 TcpListener 类

为了简化网络编程的复杂度，.NET 对套接字进行了适当的封装，封装后的类就是 System.Net.Sockets 命名空间下的 TcpListener 类和 TcpClient 类。但是，TcpListener 类和 TcpClient 类只支持标准协议编程。如果开发自定义协议的程序，只能用套接字来实现。

TcpListener 类用于监听客户端连接请求，TcpClient 类用于提供本地主机和远程主机的连接信息。

1．TcpClient 类

TcpClient 类位于 System.Net.Socket 命名空间下。该类提供的构造函数主要用于客户端编程，而服务器端程序是通过 TcpListener 对象的 AcceptTcpClient 方法得到 TcpClient 对象的，所以不需要使用 TcpClient 类的构造函数来创建 TcpClient 对象。

TcpClient 的构造函数有以下重载形式。

```
TcpClient( )
TcpClient(string hostname, int port)
TcpClient(AddressFamily family)
TcpClient(IPEndPoint iep)
```

在这些构造函数中，最常用的是前两种。

（1）不带参数的构造函数

用不带参数的构造函数创建 TcpClient 对象时，系统会自动分配 IP 地址和端口号，例如：

```
TcpClient tcpClient=new TcpClient( );
tcpClient.Connect("www.abcd.com", 51888);
```

（2）带 hostname 和 port 参数的构造函数

这是使用最方便的一种构造函数，该构造函数会自动为客户端分配 IP 地址和端口号，并自动与远程主机建立连接。其中，参数中的 hostname 表示要连接到的远程主机的 DNS 名或 IP 地址，port 表示要连接到的远程主机的端口号。例如：

```
TcpClient tcpClient = new TcpClient("www.abcd.com", 51888);
```

它相当于：

```
TcpClient client = new TcpClient( );
Client.Connect("www.abcd.com",51888);
```

一旦创建了 TcpClient 对象，就可以利用该对象的 GetStream 方法得到 NetworkStream 对象，然后再利用 NetworkStream 对象和该客户端通信。

（3）带 family 参数的构造函数

这种构造函数创建的 TcpClient 对象也能自动分配本地 IP 地址和端口号，但是该构造函数可以使

< 154 >

用 AddressFamily 枚举指定使用哪种网络协议（IPv4 或者 IPv6）。例如：

```
TcpClient tcpClient = new TcpClient(AddressFamily.InterNetwork);
tcpClient.Connect("www.abcd.com", 51888);
```

（4）带终结点参数的构造函数

该构造函数的参数 iep 用于指定本机（客户端）IP 地址与端口号。当客户端有一个以上的 IP 地址时，如果程序员希望指定 IP 地址和端口号，可以使用这种方式。例如：

```
IPAddress[] address = Dns.GetHostAddresses(Dns.GetHostName( ));
IPEndPoint iep = new IPEndPoint(address[0], 51888);
TcpClient tcpClient = new TcpClient(iep);
tcpClient.Connect("www.abcd.com", 51888);
```

不论采用哪种构造函数，都需要用 NetworkStream 对象收发数据。

由于 NetworkStream 处理消息边界比较繁琐，所以一般用从该对象继承的其他对象与对方通信，比如 StreamReader 对象、StreamWriter 对象等。

2. TcpListener 类

TcpListener 类用于在服务端监听和接收客户端传入的连接请求。该类的构造函数常用的有以下两种重载形式。

```
TcpListener(IPEndPoint iep)
TcpListener(IPAddress localAddr, int port)
```

第 1 种构造函数通过 IPEndPoint 类型的对象在指定的 IP 地址与端口监听客户端连接请求，iep 包含了本机的 IP 地址与端口号。

第 2 种构造函数直接指定本机 IP 地址和端口，并通过指定的本机 IP 地址和端口监听客户端传入的连接请求。使用这种构造函数时，也可以将本机 IP 地址指定为 IPAddress.Any，将本地端口号指定为 0，此时表示监听所有 TCP 连接请求。

创建了 TcpListener 对象后，就可以监听客户端的连接请求了。

（1）Start 方法

TcpListener 对象的 Start 方法用于启动监听，语法如下。

```
public void Start( )
public void Start(int backlog)
```

参数中的 backlog 表示请求队列的最大长度，即最多允许的客户端连接个数。

调用 Start 方法后，系统会自动将 LocalEndPoint 和底层套接字绑定在一起，并自动监听来自客户端的请求。当接收到一个客户端请求后，它就将该请求插入到请求队列中，然后继续监听下一个请求，直到调用 Stop 方法为止。当 TcpListener 接收的请求超过请求队列的最大长度时，会向客户端抛出 SocketException 类型的异常。

（2）Stop 方法

TcpListener 对象的 Stop 方法用于关闭 TcpListener 并停止监听请求，语法如下。

```
public void Stop( )
```

程序执行 Stop 方法后，会立即停止监听客户端连接请求，此时等待队列中所有未接收的所有连接请求都会丢失，从而导致等待连接的客户端引发 SocketException 类型的异常，并使服务器端的 AcceptTcpClient 方法也产生异常。但是要注意，该方法不会关闭已经接收的连接请求。

（3）AcceptTcpClient 方法

AcceptTcpClient 方法用于在同步阻塞方式下获取并返回一个封装了 Socket 的 TcpClient 对象，同时

< 155 >

从传入的连接队列中移除该客户端的连接请求。得到该对象后，就可以通过该对象的 GetStream 方法生成 NetworkStream 对象，再利用 NetworkStream 对象与客户端通信。

3．解决 TCP 无消息边界问题的办法

接收方解析发送方发送过来的命令时，为了避免出现解析错误，编程时必须考虑 TCP 的消息边界问题，否则就可能会出现丢失命令等错误结果。

例如，对于两次发送的消息单次全部接收的情况，虽然接收的内容并没有少，可如果在程序中认为每次接收的都只有一条命令，此时就会丢失另一条命令，从而引起逻辑上的错误。比如通过网络下棋时，丢失了一步，整个逻辑关系就全乱套了。

再比如，发送方第一次发送的字符串数据为"12345"，第二次发送的字符串数据为"abcde"，按照常规的理解，接收方接收的字符串应该是第一次接收："12345"，第二次接收："abcde"。但是，由于 TCP 传输的数据没有消息边界，当收发速度非常快时，接收方也可能一次接收到的内容就是"12345abcde"，即两次或者多次发送的内容一起接收。

还有一种最极端的情况，就是由于网络传输因素的影响，接收方可能会经过多次才能接收到发送方发送的消息。例如，第一次接收到"1234"，第二次为"5ab"，第三次为"cde"。

所有这些特殊情况都是因为 TCP 是一种以字节流形式传输的、无消息边界的协议，由于受网络传输中不确定因素的影响，因此，不能保证单个 Send 方法发送的数据被单个 Receive 方法读取。

有以下几种解决 TCP 消息边界问题的办法。

（1）发送固定长度的消息

这种办法适用于消息长度固定的场合。

（2）将消息长度与消息一起发送

这种办法一般在每次发送的消息前面用 4 个字节表明本次消息的长度，然后将其和消息一起发送到对方；对方接收到消息后，首先从前 4 个字节获取实际的消息长度，再根据消息长度值依次接收发送方发送的数据。这种办法适用于任何场合。

（3）使用特殊标记分隔消息

这种办法主要用于消息本身不包含特殊标记的场合，或者虽然消息本身也包含特殊标记，但能通过命令区分特殊标记的场合。

用这种办法最方便的途径就是 StreamWriter 对象和 StreamReader 对象。发送方每次用 StreamWriter 对象的 WriteLine 方法将发送的一行字符串写入网络流，接收方每次用 StreamReader 对象的 ReadLine 方法将以回车换行符作为分隔符的字符串从网络流中读出。

总之，解决 TCP 消息边界问题的办法各有优缺点，也不能认为哪种方式优秀，哪种方式不好。编程时应该根据实际情况选择一种合适的解决方式。

7.2 同步 TCP 应用编程

虽然异步设计模式适用于大多数业务场景，但在某些情况下，使用异步编程并不合适，所以我们还需要学习同步设计模式。

7.2.1 同步 TCP 应用编程的一般步骤

不论是多么复杂的 TCP 应用程序，网络通信的最基本前提就是客户端需要和服务器建立 TCP 连接，

< 156 >

然后才可以在此基础上互相传输数据。由于服务器需要同时为多个客户端服务，因此程序相对复杂一些。

在服务器端，程序员需要编写程序不断地监听客户端是否有连接请求，一旦接受了客户端连接请求，就能识别是哪个客户；而客户端与服务器端连接则相对比较简单，只需要指定连接哪个服务器即可。一旦双方建立了连接并创建了对应的套接字，就可以互相传输数据了。

1．编写服务器端程序的一般步骤

使用对套接字封装后的类，编写基于 TCP 的服务器端程序的一般步骤如下。

（1）创建一个 TcpListener 对象，然后调用该对象的 Start 方法在指定的端口进行监听。

（2）在单独的线程中，循环调用 AcceptTcpClient 方法接受客户端的连接请求，并根据该方法返回的结果得到与该客户端对应的 TcpClient 对象。

（3）每得到一个新的 TcpClient 对象，就创建一个与该客户端对应的线程，然后通过该线程与对应的客户端通信。

（4）根据传送信息的情况确定是否关闭与客户端的连接。

2．编写客户端程序的一般步骤

使用对套接字封装后的 TcpClient 类编写 TCP 客户端程序的一般步骤如下。

（1）利用 TcpClient 的构造函数创建一个 TcpClient 对象。

（2）使用 TcpClient 对象的 Connect 方法与服务器建立连接。

（3）利用 TcpClient 对象的 GetStream 方法得到网络流，然后利用该网络流与服务器进行数据传输。

（4）创建一个线程监听指定的端口，循环接收并处理服务器发送过来的信息。

（5）完成通信工作后，向服务器发送关闭信息，并关闭与服务器的连接。

7.2.2　利用同步 TCP 编写棋子消消乐游戏

本节通过一个"棋子消消乐"小游戏，介绍了利用 TCP 编写 C/S 网络应用程序的方法和技巧。这个游戏需要的存储空间虽然小，但却是"麻雀虽小、五脏俱全"。如果读者真正掌握了例子中的编程技术，就可以轻松编写其他各种基于 TCP 的 C/S 应用程序。

【例 7-1】编写一个可以通过网络对弈的"棋子消消乐"小游戏。

1．游戏规则

本例子的游戏规则如下。

例 7-1 讲解

（1）玩家通过网络和坐在同一桌的另一个玩家对弈，一个玩家选择黑方，另一个玩家选择白方。

（2）游戏开始后，计算机自动在 15×15 的棋盘方格内，以固定的时间间隔，不停地在未放置棋子的位置，随机产生黑色棋子或白色棋子。

（3）玩家的任务是快速单击自动出现在棋盘上的自己所选颜色的棋子，让棋子从棋盘上消失，以免自己的棋子出现在相邻的位置。

（4）如果棋盘上出现两个或者两个以上相邻的同色棋子，游戏就结束了，该颜色对应的玩家就是失败者。

2．游戏功能要求

本例子的游戏功能要求如下。

（1）服务器可以同时服务多桌，每桌允许两个玩家通过网络对弈。

（2）允许玩家自由选择坐在哪一桌的哪一方。如果两个玩家坐在同一桌，双方应都能看到对方的状态。两个玩家均单击"开始"按钮后，游戏才开始。

< 157 >

（3）某桌游戏开始后，服务器以固定的时间间隔同时向该桌随机地发送黑白两种颜色棋子的位置，客户端程序接收到服务器发送的棋子位置和颜色后，在15×15的棋盘的相应位置显示棋子。

（4）玩家坐到游戏桌座位上后，不论游戏是否开始，该玩家都可以通过改变游戏的难度级别来随时调整服务器发送棋子位置的时间间隔。

（5）游戏开始后，客户端程序响应鼠标单击事件，消去对应位置的棋子。

（6）如果两个相同颜色的棋子在水平方向或垂直方向是相邻的，那么就认为这两个棋子的位置是相邻的，这里不考虑对角线相邻的情况。

（7）如果相同颜色的棋子出现在相邻的位置，本局游戏结束。

（8）同一桌的两个玩家可以聊天。

3．客户端发送给服务器的消息约定

在与每个玩家对应的线程中，服务器收到玩家发送的字符串信息后，需要解析字符串的含义，并决定服务器需要执行的操作。字符串分为命令部分和参数部分，命令部分和参数部分之间以及参数部分的各个参数之间均以逗号分隔。

客户端发送给服务器的消息约定如表7-1所示。

表7-1　客户端发送给服务器的消息约定

命令	命令格式	命令说明
Login	Login,用户名	玩家请求进入游戏室。服务器接受连接后，检查游戏室总人数，如果人数已满，回送"Sorry"命令；否则回送"Tables"命令，并在参数中指明游戏桌的情况，每桌有两个座位，第一个座位表示黑方，第二个座位表示白方，每个座位用0表示无人，1表示有人
Logout	Logout	玩家退出游戏室。服务器收到此命令后，清除该玩家对应的信息，结束与该玩家对应的线程
SitDown	SitDown，桌号，座位号	玩家坐到某个游戏桌的座位上。服务器接收到此命令后，将该玩家的用户名、TcpClient对象、桌号、座位号等保存到对应的对象中，并将该玩家入座的信息同时告诉该游戏桌的两个玩家。另外，由于可用的座位数已经发生变化，所以还需要将各桌是否有人的情况同时发送给连接的所有玩家
GetUp	GetUp，桌号，座位号	玩家离开游戏桌座位，回到游戏室。服务器收到此信息后，需要停止向该桌发送棋子位置及颜色信息，并作离座处理。同时，由于坐到座位上的人数已经发生变化，还要将各桌是否有人的情况发送给游戏室内的所有玩家
Level	Level，桌号，难度级别	设置难度级别。本游戏共有五级难度，级别越高，发送棋子的速度就越快。服务器收到此信息后，直接设置发送棋子的时间间隔即可
Start	Start，桌号，座位号	表示该玩家已经单击了【开始】按钮，此时服务器需要检测双方是否都单击了【开始】按钮，如果双方都开始了，就连续向双方发送随机产生的棋子位置及颜色信息
UnsetDot	UnsetDot，桌号，座位号，行，列	玩家单击了棋盘上的棋子。服务器收到此信息后，将棋盘上对应的位置设置为无棋子标记，并将结果发送给两个玩家
Talk	Talk，桌号，发言内容	表示玩家发出的谈话内容。服务器收到此信息后，直接将接收的信息同时发送给两个玩家

4．服务器发送给客户端的消息约定

客户端收到服务器发送的字符串信息后，也需要解析字符串的含义，并决定需要进行的操作。接收的字符串同样分为命令部分和参数部分，命令部分和参数部分之间以及参数部分的各个参数之间均以逗号分隔。

服务器发送给客户端的消息约定如表7-2所示。

< 158 >

表 7-2　服务器发送给客户端的消息约定

命令	命令格式	命令说明
Sorry	Sorry	服务器游戏室人员已满。客户端接收到此命令后，由于无法进入游戏室，继续运行程序已经没有意义，为简单起见，例子直接结束接收线程，并退出客户端程序
Tables	Tables,各桌信息	各小房间的游戏桌情况。客户端接收到此信息后，需要计算对应的桌数，并以 CheckBox 的形式显示出各桌是否有人的情况，供玩家选择座位
SitDown	SitDown,桌号,座位号,用户名	玩家坐到某个小房间的游戏桌上。客户端接收到此信息后，需要判断是自己还是对家，并在窗体中显示相应信息
GetUp	GetUp,桌号,座位号,用户名	玩家离开小房间的游戏桌，回到游戏室。客户端收到此信息后，需要判断是对家离座了还是自己离座了，如果对家离座，显示一个对话框；如果是自己离座，除了设置对应的标志，不做其他任何处理
Lost	Lost，座位号，用户名	对家与服务器失去联系。由于游戏无法继续进行，本例子只作了简单处理，即直接从游戏桌返回到游戏室
Message	Message，信息	服务器向游戏桌玩家发送的信息，比如入座信息等
Level	Level，桌号，难度级别	难度级别。客户端收到此命令后，需要显示出相应的级别
Start	Start，桌号，座位号	该桌对应座位号的用户单击了开始按钮
SetDot	SetDot,行号,列号,颜色	在棋盘上自动产生棋子的信息，信息中包含了棋子位置以及颜色。客户端收到此命令后，需要在棋盘相应位置将对应颜色的棋子显示出来
UnsetDot	UnsetDot,行号,列号	消去棋子的信息。客户端收到此命令后，需要将棋盘上对应位置的棋子消去
Win	Win,相邻点的颜色	有一家已经出现相邻棋子，未出现相邻棋子的为胜方
Talk	Talk，桌号，发言内容	谈话内容。由于谈话中可能包括逗号，因此需要单独处理

5．服务器端编程

根据游戏的要求，服务器需要提供一个"围棋消消乐"游戏室，游戏室内可以根据需要开辟多个小房间，每个小房间内提供一个游戏桌，游戏桌两边各有一个座位，分别用编号 0 和 1 表示，0 代表黑方，1 代表白方。每个小房间内最多只允许两个玩家，不提供旁观功能。

玩家进入游戏室后，可以看到游戏桌两边是否有人，而且可以决定是否坐到某个座位上。坐到座位上后，才能看到游戏桌上的棋盘。玩家也可以随时离开座位，回到游戏室。

服务器启动服务后，需要创建一个线程专门监听玩家的连接请求。

在监听线程中，服务器一旦接受一个客户端连接，就创建一个与该客户端玩家对应的线程，接收该玩家发送的信息，并根据该玩家发送的信息提供相应的服务。有多少个玩家连接，就创建多少个对应的线程。玩家退出游戏室时，其对应的线程自动终止。

该例子的源程序见 V4B2ServerExamples 解决方案，下面介绍具体实现步骤。

（1）打开解决方案

打开 V4B2Source 解决方案，在 ServerConsoleExamples 项目中添加名为"ch07"的文件夹，然后在"ch07"文件夹中分别创建名为"Common"的子文件夹和名为"E01"的子文件夹。"Common"子文件夹下保存的是本章所有服务器端例子都要使用的类。

（2）添加 User 类

在 ServerConsoleExamples 项目的"ch07/Common"文件夹中添加一个类文件"User.cs"，用于保存与该玩家进行通信所需要的信息。

（3）添加 Player 类

在 ServerConsoleExamples 项目的"ch07/Common"文件夹中添加一个类文件"Player.cs"，用于保存已经坐到游戏桌座位上玩家的情况。

< 159 >

（4）添加 Service 类

在 ServerConsoleExamples 项目的 "ch07/Common" 文件夹中添加一个类文件 "Service.cs"。

（5）添加 GameTable 类

在 ServerConsoleExamples 项目的 "ch07/Common" 文件夹中添加一个类文件 "GameTable.cs"。

（6）添加 E0701PlayingTable 类

在 ServerConsoleExamples 项目的 "ch07/E01" 文件夹中添加一个类文件 E0701PlayingTable.cs。

（7）添加 E0701Main 类

在 ServerConsoleExamples 项目的 "ch07/E01" 文件夹中添加一个类文件 "E0701Main.cs"。

（8）修改 Program 类

打开 "Program.cs" 文件，根据需要添加或调整需要调用的服务器端程序。

6．客户端编程

由于客户端只需要与服务器打交道，因此相对来说比较简单。客户端与服务器连接成功后，也需要创建一个接收线程，用于接收来自服务器的信息。在接收线程中，客户端收到服务器发送的字符串信息后，同样需要解析字符串的含义，并决定需要进行的操作。

除了负责接收的线程，客户端还需要根据服务器发送的命令，及时更新客户端程序的运行界面。

该例子客户端源程序位于 V4B2Source 解决方案中 ClientWinFormsExamples 项目的 "ch07/E01" 文件夹内。

主要设计步骤如下。

（1）添加 E0701PlayingTable 窗体

在 "ch07/E01" 文件夹中添加一个名为 E0701PlayingTable.cs 的 Windows 窗体，界面设计见源程序。

（2）添加 E0701MainForm 窗体

在 "ch07/E01" 文件夹中添加一个名为 E0701MainForm 的 Windows 窗体。

7．调试运行

鼠标右击 ClientWinFormsExamples 项目名，在弹出的快捷菜单中选择【配置启动项目】，在弹出的解决方案属性页窗口中，选择【多个项目启动】，然后将 ClientWinFormsExamples 和 ServerConsoleExamples 两个项目选择为 "启动"，并将 ServerConsoleExamples 项目移到上方（表示先启动该项目），其他项目都选择为 "无"，如图 7-1 所示。

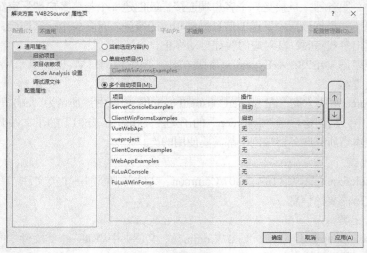

图 7-1　配置启动项目

< 160 >

按<F5>键调试运行，就会分别启动服务器端程序和客户端程序。

客户端界面运行效果如图 7-2 所示。

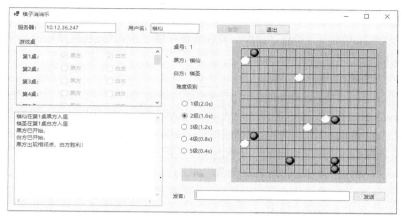

（a）黑方玩家看到的界面示例

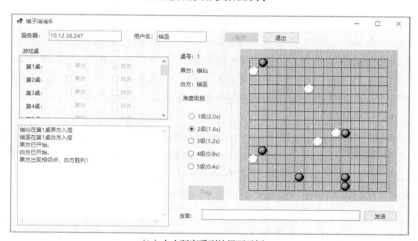

（b）白方玩家看到的界面示例

图 7-2　玩家坐到座位上后双方对弈的界面效果

7.3　异步 TCP 应用编程

利用 TcpListener 类和 TcpClient 类在同步方式下接收、发送数据以及监听客户端连接时，在操作没有完成之前对应的线程会一直处于阻塞状态，这种同步 TCP 编程模式在线程不太多的情况下是比较合适的。但是，如果开启的线程较多，系统的性能就会受到影响。这种情况下，最好的办法是使用异步操作。

实际上，在大型的应用系统中，多数采用异步操作方式，因此希望读者尽可能掌握本节的主要设计思想，为编写复杂的网络应用程序打好基础。

7.3.1　异步编程模式概述

异步编程模式是利用异步操作来实现的，利用异步操作编写程序就是异步编程。

< 161 >

异步操作是指某个工作开始以后，在这个工作尚未完成的时候继续处理其他工作。异步操作一般在单独的线程中执行，调用异步方法异步执行某个操作时，可同时继续执行该异步方法后面的代码。

1．异步编程的实现方式

初学者，在掌握如何编写异步程序之前，首先应该了解异步编程模型有哪些实现模式，这样可避免将过时的技术作为新技术来学习。

（1）传统的异步编程模型

传统的异步编程模型（Asynchronous Programming Model，APM）是.NET 1.0 开始提供的模型，该模型也称为 IAsyncResult 模式。在这种设计模式中，异步操作要求通过以 Begin 为前缀的方法和以 End 为前缀的方法来"配对"实现异步操作（例如 FileStream 实例中的 BeginWrite 方法和 EndWrite 方法）。调用 Begin 为前缀的方法后，应用程序可以继续执行其后面的代码，同时异步操作在另一个线程上执行。当异步操作完成后，它会自动调用 End 为前缀的方法处理异步操作的结果。

该模式是早期实现的技术，对于现在的开发工作不建议采用此模式。

（2）基于事件的异步编程设计模式

基于事件的异步编程设计模式（Event-based Asynchronous Pattern，EAP）是从.NET 2.0 开始引入的异步编程模式。在 EAP 模式中，异步操作至少需要一个以 Async 为后缀的方法和一个以 Completed 为后缀的事件来"配对"共同表示（例如 WebClient 类提供的 DownloadStringAsync 方法和 DownloadStringCompleted 事件）。当以 Async 为后缀的异步方法完成工作后，它会自动引发以 Completed 为后缀的事件，开发人员可在异步方法中定义异步操作，在该事件中处理异步操作的结果。

该模式也是早期实现的技术，对于新的开发工作不建议采用此模式。

（3）基于任务的异步模式

基于任务的异步模式（Task-based Asynchronous Pattern，TAP）是从.NET 4.0 开始引入的设计模式，这种模式是基于任务驱动（Task 和 Task<TResult>类）来实现的，该模式仅用一个方法就可以表示异步操作的启动和完成，而且用户可用它表示任意的异步操作任务。

在刚推出.NET 4.0 时，异步编程建议的首选方式是 TAP。

（4）改进的基于任务的异步模式

自从 C#语言提供了 async、await 关键字以及 Task.Run 方法以后，无论是在性能提升还是在编程的易用性方面，C#语言提供的 async、await 关键字都比.NET 4.0 提供的 TAP 更优秀，而且这种内置的实现方式适用于用 C#编写的各种异步应用程序。

将 async 和 await 关键字以及 Task.Run 方法与 TAP 结合使用，是建议的基于任务的异步编程模型。

2．异步操作关键字

async 和 await 关键字进一步简化了 TAP 的使用，用 C#语言开发异步程序时，建议尽量用 async 关键字和 await 关键字来实现，而不是用 TAP 来实现。

（1）异步方法和异步事件处理程序

为方便介绍和区分，本书将带有 async 关键字作为装饰符的普通方法称为异步方法，将带有 async 关键字作为修饰符的事件处理程序称为异步事件处理程序。实际上，两者除了签名的形式不同，其他用法都相同。另外，由于事件本身就是一种特殊的方法（特殊之处在于它是通过委托来调用的），因此有时候（在不需要区分两者不同之处的时候）也将普通方法和事件处理程序统称为方法。

（2）async 关键字

async 关键字只能作为修饰符用在方法或者事件处理程序的签名中。

普通的方法有两种情况。

- 如果方法没有返回值，则用 async 和 Task 共同签名，或者用 async 和 void 共同签名。

< 162 >

- 如果方法有返回值，则用 async 和 Task<TResult> 共同签名。

例如：

```
private void Method1(){...}   //普通方法
private async Task Method1Async(){...}   //异步方法
private int Method2(){...}   //普通方法
private async Task<int> Method2Async (){...}   //异步方法
```

事件处理程序则用 async 和 void 共同签名。例如：

```
private void BtnOK_Click(…){ ... }   //普通的事件处理程序
private async void BtnOK_Click(…){ ... }   //异步事件处理程序
```

（3）await 关键字

await 关键字是一个特殊的异步操作运算符关键字（简称 await 运算符），可将其用在表达式中，该运算符表示等待异步执行的结果。换言之，await 运算符实际上是对方法的返回值（Task 实例的 Result 属性）进行操作，而不是对方法本身进行操作。另外，包含 await 运算符的代码必须放在异步方法的内部。例如：

```
private async void ButtonOK_Click(…)
{
    Task a = Method1Async();   //创建任务 a
    …//此处可继续执行其他的代码
    await a;   //等待任务 a 完成，任务完成前不会执行该语句后面的代码，但也不会影响界面操作
    Task b = Method2Async();   //创建任务 b
    …//此处可继续执行其他的代码
    int x = await b;   //等待任务 b 完成，任务完成前不会执行该语句后面的代码，也不会影响界面操作
}
private Task Method1Async(){...}
private Task<int> Method2Async{...}
```

await 运算符和同步编程的最大区别是：异步等待任务完成时，既不会继续执行其后面的代码，也不会影响用户对用户界面的操作，这一点非常重要，也是开发人员采用早期的异步编程模型时一直都无法用最简单的方式顺利解决而倍感头痛的问题。

如果在创建任务 b 和等待任务 b 完成之前没有其他可执行的代码，也可以直接用简写的形式来表示。例如：

```
private async void ButtonOK_Click(…)
{
    await Method1Async();
    int x1 = await Method2Async();
}
private Task Method1Async(){...}
private Task<int> Method2Async{...}
```

（4）异步方法的命名约定

异步方法名全部约定用 Async 做为后缀（异步事件处理程序除外），这样做是为了让开发人员能明确看出该方法是一个同步方法还是异步方法。例如 System.IO.Stream 类提供的 CopyTo 方法、Read 方法和 Write 方法都是同步方法，而 CopyToAsync 方法、ReadAsync 方法和 WriteAsync 方法都是异步方法。

< 163 >

自定义异步方法时，建议也按照这种约定来定义方法名。

3．基于任务的异步编程模型

在基于任务的编程模型中，并行和异步编程都是通过任务来实现的。要执行的任务用 System. Threading.Tasks 命名空间下的 Task 类或者 Task<TResult>类来描述。

（1）Task 类和 Task<TResult>类

Task 类表示没有返回值的任务。Task 类的构造函数主要的重载形式有两个。

一个是不传递数据对象的任务：

```
public Task(
    Action action,      //要执行的不带返回值的任务
    CancellationToken cancellationToken,  //新任务将观察的取消操作
    TaskCreationOptions creationOptions  //自定义任务行为的可选项
)
```

另一个是传递数据对象的任务：

```
public Task(
    Action<Object> action,  //要执行的不带返回值的任务，任务包含一个输入参数
    Object state,   //该操作使用的数据的对象，类似于为线程池传递的 state 对象
    CancellationToken cancellationToken,  //新任务将观察的取消操作
    TaskCreationOptions creationOptions  //自定义任务行为的可选项
)
```

其他重载都是这两个重载的简化形式，包括：

```
Task(Action)
Task(Action, CancellationToken)
Task(Action, TaskCreationOptions)
Task(Action<Object>, Object)
Task(Action<Object>, Object, CancellationToken)
Task(Action<Object>, Object, TaskCreationOptions)
```

在这些重载的构造函数中，如果不指定 CancellationToken，表示创建的是不可取消的任务；如果不指定 TaskCreationOptions，表示使用默认行为。

Task<TResult>类表示有返回值的任务。Task<TResult>类也有 8 个重载的构造函数，其形式与 Task 类的构造函数相似，重载形式有：

```
Task<TResult>(Func<TResult>)
Task<TResult>(Func<TResult>, CancellationToken)
Task<TResult>(Func<TResult>, TaskCreationOptions)
Task<TResult>(Func<TResult>, CancellationToken, TaskCreationOptions)
Task<TResult>(Func<Object, TResult>, Object)
Task<TResult>(Func<Object, TResult>, Object, CancellationToken)
Task<TResult>(Func<Object, TResult>, Object, TaskCreationOptions)
Task<TResult>(Func<Object, TResult>, Object, CancellationToken, TaskCreationOptions)
```

（2）Task.Delay 方法

Task.Delay 方法用于延时执行任务。该方法的重载形式有：

```
Delay(Int32)   //延时指定的毫秒数
Delay(TimeSpan)  //延时指定的时间（年、月、日、时、分、秒、毫秒等）
```

< 164 >

```
Delay(Int32, CancellationToken)    //延时指定的毫秒数后取消任务操作
Delay(TimeSpan, CancellationToken)    //延时指定的时间后取消任务操作
```

当某个任务启动后，利用该方法也可以延迟一段时间后再执行。例如：

```
Task.Delay(TimeSpan.FromMilliseconds(1500));
Task.Delay(1500);
```

这两条语句的功能完全相同，但前者更容易阅读和理解。

Task.Delay 方法和 Thread.Sleep 方法的主要区别是：Task.Delay 方法只能用于异步等待任务，等待过程中不会影响 UI 操作，仍能保持界面操作流畅；而 Thread.Sleep 方法如果不通过异步方式来执行，会影响 UI 操作，休眠期间界面有停顿现象。

当需要用单独的线程执行任务时，可通过显式调用 Task 或者 Task<TResult>的构造函数创建任务对象，再通过 Start 方法启动该对象。这种方式和直接用 Thread 创建线程的用法相似。例如：

```
var taskA = new Task(() => Console.WriteLine("Hello from taskA."));
taskA.Start();
Console.WriteLine("Hello from the calling thread.");
```

这段代码将输出以下结果：

```
Hello from the calling thread.
Hello from taskA.
```

（3）用方法来定义将要执行的任务

用户编写任务要选择用某个方法执行时，既可以用普通方法实现，也可以用异步方法实现。或者说，不论是普通方法还是异步方法，都可以将其作为任务来执行。

- 用普通方法定义任务

下面的代码演示了如何在异步按钮事件中将普通方法作为任务来执行：

```
private async void btnStart_Click(...)
{
    await Task.Run(() => Method1());
    int result = await Task.Run(() => Method2());
}
public void Method1(){...}
public int Method2(){...}
```

代码中的 Task.Run 方法表示使用默认的任务调度程序在线程池中执行指定的任务。

- 用异步方法定义任务

如果用异步方法来实现，必须用 async 和 Task 共同表示没有返回值的任务，用 async 和 Task<TResult>共同表示返回值为 TResult 类型的任务，其中 TResult 可以是任何类型。

下面的代码演示了如何在异步按钮事件中将异步方法作为任务来执行：

```
private async void btnStart_Click(...)
{
    await Method1Async();
    int result = await Method2Async();
}
public async Task Method1Async(){...}
public async Task<int> Method2Async{...}
```

- 用匿名方法定义任务

不论是普通方法还是异步方法，当方法内的语句较少时，都可以改为用匿名方法通过 Lambda 表

< 165 >

达式来执行任务。例如：

```
private async void btnStart_Click(...)
{
    await Task.Run(() =>{...});
    await Task.Run(async ()=>{...});
}
```

（4）利用 async 和 await 关键字隐式创建异步任务

隐式调用 Task 或 Task<TResult>构造函数的方式有多种，其中最常用的方式是用 async 和 await 关键字来实现。另外，不管用哪种方式创建任务，当需要任务与界面交互时，都可以利用 async 和 await 关键字、通过异步执行任务的办法来避免界面出现停顿的情况。

默认情况下，仅包含 async 和 await 关键字的异步方法不会创建新线程，它只是表示在当前线程中异步执行指定的任务。如果希望在线程池中用单独的线程同时执行多个任务，可以用 Task.Run 方法来实现。

```
private async void btnStart_Click(object sender, RoutedEventArgs e)
{
    MyTasks t = new MyTasks();
    await t.Method1Async();
    var sum = await t.Method2Async();
}
public class MyTasks
{
    /// <summary>用延迟 500 毫秒模拟异步处理过程</summary>
    public async Task Method1Async()
    {
        await Task.Delay(500);
    }
    /// <summary>异步计算 1 到 1000 的和</summary>
    public async Task<int> Method2Async()
    {
        var range = Enumerable.Range(1, 1000);
        int n = range.Sum();
        await Task.Delay(0);
        return n;
    }
}
```

7.3.2 异步 TCP 应用编程的一般方法

使用异步 TCP 编程时，TcpListener 类和 TcpClient 类均提供了两种异步操作办法。第一种是返回结果为 IAsyncResult 类型的传统异步操作方法（APM），第二种是基于任务的异步操作方法（TAP）。由于第二种办法在性能及编程易用性上都具备优势，因此是更推荐使用的异步编程模式。

表 7-3 列出了 TcpListener 类、TcpClient 类以及 Socket 类提供的部分基于任务的异步操作方法。

表 7-3　TcpListener 类、TcpClient 类及 Socket 类提供的部分基于任务的异步操作方法

类	提供的方法	说明
TcpListener	AcceptTcpClientAsync	异步接受传入的连接尝试，并创建新的 TcpClient 类处理远程主机通信
TcpClient	ConnectAsync	开始一个对远程主机连接的异步请求

< 166 >

续表

类	提供的方法	说明
Socket	AcceptAsync	开始一个异步操作来接受一个传入的连接尝试
	SendAsync	将数据异步发送到连接的 Socket 对象
	ReceiveAsync	开始一个异步请求以便从连接 Socket 对象中接收数据

1. AcceptTcpClientAsync 方法

AcceptTcpClientAsync 方法包含在 System.Net.Sockets 命名空间下的 TcpListener 类中。在异步 TCP 应用编程中，服务器程序可以使用 TcpListener 类提供的 AcceptTcpClientAsync 方法开始接收新的客户端连接请求。方法原型为：

```
System.Threading.Tasks.Task<System.Net.Sockets.TcpClient> AcceptTcpClientAsync();
```

程序执行 AcceptTcpClientAsync 方法后，会立即自动创建一个任务来监听客户端连接请求。一旦接受了客户端连接请求，便可返回类型为 Task< TcpClient >的对象。在程序中，可以使用 await 运算符返回 AcceptTcpClientAsync 方法异步执行的结果，接下来就可以利用这个对象与客户端进行通信了。示例代码如下。

```
TcpListener myListener = new TcpListener(address, port);
TcpClient newClient = await myListener.AcceptTcpClientAsync();
```

2. ConnectAsync 方法

ConnectAsync 方法包含在命名空间 System.Net.Sockets 下的 TcpClient 类和 Socket 类中，这里我们只讨论 TcpClient 类中的方法。

在异步 TCP 应用编程中，ConnectAsync 方法通过异步方式向远程主机发出连接请求。该方法有 3 种重载的形式，方法原型为：

```
public System.Threading.Tasks.Task ConnectAsync (string host, int port);
public System.Threading.Tasks.Task ConnectAsync (IPAddress[] addresses, int port);
public System.Threading.Tasks.Task ConnectAsync (IPAddress address, int port);
```

参数中的 address 为远程主机的 IPAddress 对象，port 为远程主机的端口号。调用 ConnectAsync 方法后，系统会自动用独立的线程来执行该方法，直到与远程主机连接成功或抛出异常。ConnectAsync 方法的示例代码如下。

```
TcpClient client=new TcpClient()
client.ConnectAsync(address, Port);
```

3. 使用异步方式调用同步方法

对于任何一个方法，如果希望异步执行，最简单的方式就是使用 Task 类提供的方法将对象在线程池的线程上异步执行，而不是在主应用程序的线程上同步执行。Task 类中提供的 await 运算符会等待异步方法运行完成再执行后边的代码，并且不会影响用户对用户界面的操作。因此这种方式非常适合执行文件或网络操作。

总之，将 async 关键字和 await 关键字以及 Task.Run 方法与 TAP 结合使用，既实现了任何方法的异步调用，又可以轻而易举地解决异步操作中的同步问题，对于相对比较复杂的异步处理过程，这是首选的方法，也是最简单、最方便的方法。

< 167 >

7.3.3　利用异步 TCP 编写群聊游戏

本小节通过设计有一个网络聊天功能的程序来说明如何编写异步 TCP 应用程序。

从 TCP 的特点中，我们知道客户端只能和服务器端通信，无法和另一个客户端直接通信。那么如何实现一个客户和另一个客户聊天呢？解决方法其实也很简单，所有客户一律先把聊天信息发送给服务器，并告诉服务器该信息是发送给某个单独的客户还是发送给在同一个"群"中的所有客户，服务器收到信息后，再将该信息"转发"给另一个客户或者分别转发给"群"中的所有客户即可。

下面介绍如何分别编写服务器端程序和客户端程序实现网络聊天功能的例子。

【例 7-2】利用基于任务的异步编程模型，编写一个群聊程序。

例 7-2 讲解

1．功能要求

本例子的功能要求如下。

（1）任何一个客户，均可以与服务器进行通信。

（2）当客户端与服务器端连接成功后，服务器端要将当前在线的所有客户告知客户端。

（3）客户和服务器建立连接后，能将发言信息发送到群。

2．服务器端编程

该例子服务器端的源程序见 ConsoleServerExamples 项目下的 "ch07/E02/E0702Main.cs" 文件。

在服务器端程序中，监听、发送数据和接收数据均使用异步方式调用同步方法。通过 Task.Run 方法执行异步调用方法。异步调用完成后得到与之成功建立连接的 TcpClient 类型的客户端对象 newClient。发送数据和接收数据的处理方式与其相同。

3．客户端编程

与同步 TCP 应用编程相似，异步 TCP 客户端同样需要首先和服务器建立连接，然后才能接收和发送数据。

（1）添加 ChatForm 窗体

ChatForm.cs 界面设计及其代码隐藏类见源程序。

（2）添加 E0702MainForm 窗体

E0702MainForm.cs 界面设计及其代码隐藏类见源程序。

4．调试运行

鼠标右击 ClientWinFormsExamples 项目名，在弹出的快捷菜单中选择【配置启动项目】，在弹出的窗口中，选择【多个项目启动】，将 ClientWinFormsExamples 和 ServerConsoleExamples 两个项目选择为"启动"，其他项目都选择为"无"，然后按<F5>键调试运行。

客户端运行效果如图 7-3 所示。

图 7-3　异步 TCP 聊天客户端部分运行界面

7.3.4　利用异步 TCP 编写五子棋游戏

本小节通过设计一个五子棋游戏程序进一步说明如何编写异步 TCP 应用程序。

【例 7-3】利用基于任务的异步编程模型，编写一个五子棋游戏。

鼠标右击 ClientWinFormsExamples 项目名，在弹出的快捷菜单中选择【配置启动项目】，在弹出的窗口中，选择【多个项目启动】，将 ClientWinFormsExamples 和

例 7-3 讲解

< 168 >

ServerConsoleExamples 两个项目选择为 "启动"，其他项目都选择为 "无"，然后按<F5>键调试运行。

客户端运行效果如图 7-4 所示。

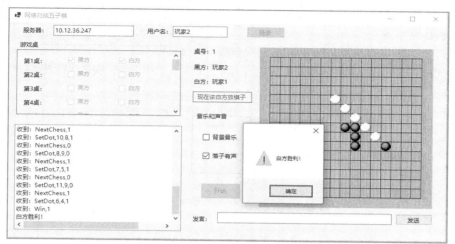

图 7-4　例 7-3 的客户端运行效果

7.4 TCP 应用编程开发实例

作为 C/S 网络应用开发的知识扩展，本节通过一个完整实例——多机协同绘图系统，说明如何利用 TCP 和 GDI+实现多台计算机协同绘制同一张图。读者可以在掌握本节内容的基础上，实现与此功能类似的各种 C/S 网络应用系统。

1. 单机图形图像绘制方法

为了更好地描述多个椭圆的共有属性和特征，可以将要绘制的椭圆抽象成一个单独的类，然后将每个绘制的椭圆都作为一个对象来处理。

例 7-4 讲解

【例 7-4】使用鼠标拖曳的办法，在 Panel 控件内绘制任意大小的矩形和椭圆。程序运行效果如图 7-5 所示。

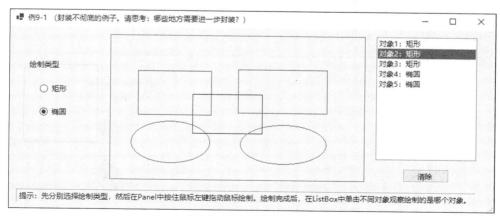

图 7-5　例 7-4 的运行效果

< 169 >

2．图形图像对象的基本绘制技术

本小节介绍如何用鼠标选中已绘制的图形和图像，然后拖曳它实现放大、缩小和平移，以及句柄（Handle）的设计和实现。

例7-5讲解（1）
绘制类设计及实现

例7-5讲解（2）
鼠标事件处理

例7-5讲解（3）
公共类及界面

【例7-5】使用鼠标拖曳绘制任意形状的曲线和箭头曲线，并通过句柄处理完成曲线和箭头曲线的选择、平移及大小调整。程序运行效果如图7-6所示。

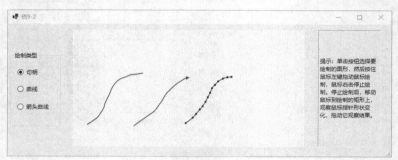

图7-6　例7-5的运行效果

3．多机协同绘图系统

介绍多台计算机在本地的局域网或者固定IP的Internet上制作同一张图，制作时将计算机分为客户端和服务端。客户端连接到服务端后，任何一台客户端添加或修改一个图形时，其结果都会立即反映到其他客户端上。

【例7-6】多机协同绘图系统的设计与实现。

鼠标右击ClientWinFormsExamples项目名，在弹出的快捷菜单中选择【配置启动项目】，在弹出的窗口中，选择【多个项目启动】，将ClientWinFormsExamples和ServerConsoleExamples两个项目选择为"启动"，其他项目都选择为"无"，然后按<F5>键调试运行，分别观察客户端和服务器端运行效果。

例7-6讲解（1）
类设计

例7-6讲解（2）
多机协同控制设计

例7-6讲解（3）序
列化及反序列化设计

例7-6讲解（4）
客户端实现

例7-6讲解（5）
服务端实现

客户端运行效果如图7-7所示。

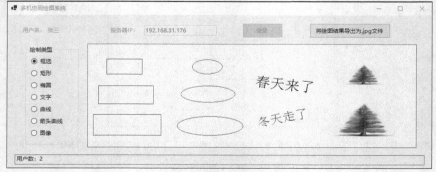

图7-7　多机协同绘图系统客户端运行效果

< 170 >

4．课程设计建议

建议选题为 C/S 应用编程的小组，分工自学本节相关知识，并通过团队合作共同完成课程设计的内容。

习题

1. 简要回答 TCP 有哪些主要特点。
2. 简要回答编写基于 TCP 的服务器端和客户端程序的一般步骤。
3. 简要回答解决 TCP 的无消息边界问题有哪些常用的方法。
4. 简述异步编程包含哪些模式。
5. 简要回答仅包含 async 和 await 关键字的异步方法与用 Task.Run 调用的异步方法有哪些不同。
6. 利用 TCP 进行通信时，发送方先发送字符串"1234"，然后发送字符串"abcd"，接收方不可能出现的情况是（　　　）。

  A．第一次接收 1234，第二次接收 abcd

  B．第一次接收 123，第二次接收 4abcd

  C．第一次接收 1234ab，第二次接收 cd

  D．第一次接收 123a，第二次接收 4bcd

7. TcpListener 类提供的（　　　）方法用于异步接收客户端连接请求。

  A．AcceptTcpClient()　　　　　　　　B．AcceptAsync()

  C．ConnectAsync()　　　　　　　　　　D．AcceptTcpClientAsync()

< 171 >

第 *8* 章　UDP 应用编程

用户数据报协议（User Datagram Protocol，UDP）是简单的、面向数据报的无连接协议，提供了快速但不一定可靠的传输服务。

8.1　UDP 应用编程基础知识

UDP 是构建于 IP 之上的传输层协议。编写 UDP 应用程序时，不必与对方先建立连接，这与发送手机短信非常相似，只要输入对方的手机号码就可以了，不用考虑对方手机处于什么状态。

8.1.1　UDP 与 TCP 的区别

UDP 的主要作用是将网络数据流量压缩成数据报的形式，每一个数据报用 8 个字节描述报头信息，剩余字节包含具体的传输数据。由于 UDP 传输速度快，而且可以一对多传输，因此特别适用于向多个用户同时发送消息的场景。比如即时新闻发布、股票即时行情发布、网络会议、电视转播、影音传输等。

从应用的角度考虑，UDP 与 TCP 相比主要有以下区别。

（1）UDP 速度比 TCP 快

由于 UDP 不需要先与对方建立连接，也不需要传输确认，因此其数据传输速度比 TCP 快得多。对于强调传输性能而不是传输完整性的应用（例如网络音频播放、视频点播、网络会议等），使用 UDP 比较合适，因为它的传输速度快，使得通过网络播放的音质好、视频画面清晰。

（2）UDP 有消息边界

使用 UDP 不需要考虑消息边界问题，因此在使用过程中比 TCP 简单。

（3）UDP 可以一对多传输

利用 UDP 可以使用广播或组播的方式同时向子网上的所有客户发送信息。

（4）UDP 可靠性不如 TCP

UDP 和 TCP 的主要区别是两者在实现信息的可靠传递方面有所不同。TCP 包含了专门的传递保证机制，当数据接收方收到发送方传来的信息时，会自动向发送方发出确认消息；发送方只有在接收到该确认消息之后才继续传送其他信息，否则将一直等待直到收到确认信息为止。与 TCP 不同，UDP 并不提供数据传送的保证机制。如果在从发送方到接收方的传递过程中出现数据报的丢失，协议本身并不能做出任何检测或提示。因此，通常人们把 UDP 称为不可靠的传输协议。

（5）UDP 不能保证有序传输

UDP 不能确保数据的发送和接收顺序。对于突发性的数据报，有可能会乱序。但是，

UDP 的这种乱序性基本上很少出现，通常只会在网络非常拥挤的情况下才有可能发生。

8.1.2　UdpClient 类

System.Net.Sockets 名称空间下的 UdpClient 类对基础套接字进行了封装，同时还可以用它直接调用基础套接字的功能。与 TCP 包含有 TcpListener 类和 TcpClient 类不同，UDP 只有 UdpClient 类，这是因为 UDP 是无连接的协议，所以只需要一种 Socket。

UdpClient 类提供了发送和接收 UDP 数据报的方便的方法。建立默认远程主机的方式有两种：一种是使用远程主机名和端口号作为参数创建 UdpClient 类的实例；另一种是先创建不带参数的 UdpClient 类的实例，然后调用 Connect 方法指定默认远程主机。

1．UdpClient 类的常用构造函数

UdpClient 类提供了多种重载的构造函数，分别用于 IPv4 和 IPv6。在这些构造函数中，常用的重载形式有以下 3 种。

（1）public UdpClient( )。此构造函数创建一个新的 UdpClient 对象，并自动分配合适的本地 IPv4 地址和端口号，但是该构造函数不执行套接字绑定。如果使用这种构造函数，在发送数据报之前，必须先调用 Connect 方法，而且只能将数据报发送到 Connect 方法建立的远程主机。例如：

```
UdpClient udpClient = new();
udpClient.Connect("www.contoso.com", 51666);
```

（2）public UdpClient(IPEndPoint localEp)。此构造函数可创建一个新的 UdpClient 实例。该实例与包含本地 IP 地址和端口号的 IPEndPoint 实例绑定。绑定的目的是监听来自其他远程主机的数据报。例如：

```
IPAddress address = Dns.GetHostAddresses(Dns.GetHostName())[0];
IPEndPoint iep = new(address, 51666);
UdpClient udpClient =new(iep);
```

用这种构造函数创建 UdpClient 对象后，利用它调用 Send 方法发送数据时，只需在参数中指定远程主机的终节点即可。

（3）public UdpClient(string hostname, int port)。此构造函数可创建一个新的 UdpClient 实例，自动分配合适的本地 IP 地址和端口号，用于收发数据，并使用 hostname 和 port 参数建立默认远程主机。例如：

```
UdpClient udpClient = new("www.contoso.com", 11000);
```

这种构造函数适用于向默认远程主机发送数据，或者只接收默认远程主机发送来的数据，而其他主机发送来的数据报自动丢弃的场合。如果使用这种构造函数，调用 UdpClient 对象的 Send 方法发送数据报时，不能在 Send 参数中再指定远程主机，否则会引发异常。当需要改变发送目标时，可以调用 Connect 方法重新建立新的默认远程主机。

2．UdpClient 的常用方法和属性

表 8-1 列出了 UdpClient 的常用方法和属性。

表 8-1　UdpClient 类的常用方法和属性

名称	说明
Connect 方法	建立默认远程主机。因为 UDP 是无连接的，所以不会阻止调用该方法的线程。另外，如果打算接收多路广播数据报，不要调用 Connect 方法，否则从指定的默认地址以外的地址到达的任何数据报都将被丢弃。但是，如果在调用 Send 方法时指定了 IPAddress.Broadcast，则可以将数据广播到默认的广播地址 255.255.255.255

< 173 >

续表

名称	说明
Send 方法	同步发送数据报
SendAsync 方法	异步发送数据报
Receive 方法	同步接收数据报
ReceiveAsync 方法	异步接收数据报
JoinMulticastGroup 方法	添加多地址发送，用于连接一个多组播
DropMulticastGroup 方法	移除多地址发送，用于断开 UdpClient 与一个多组播的连接
Close 方法	关闭 UDP 连接，禁用基础 Socket，并释放与 UdpClient 关联的所有资源
Client 属性	获取或设置基础套接字
EnableBroadcast 属性	是否接收或发送广播包

从表中可以看到，UdpClient 类不仅提供了同步发送及接收数据的方法，也提供了异步发送及接收数据的方法。

8.1.3 同步发送和接收数据

在同步阻塞方式下，可以使用 UdpClient 对象的 Send 方法向远程主机发送数据，用 Receive 方法接收来自远程主机的数据。

1. 发送数据

调用 UdpClient 对象的 Send 方法可以直接将数据发送到远程主机，该方法可以返回已发送的字节数。

Send 方法有 3 种不同的重载形式，如果在调用 Send 方法前没有指定任何远程主机的信息，则必须在 Send 方法的参数中指定该信息。

（1）public int Send(byte[] data, int length, IPEndPoint iep)。该方法将 UDP 数据报发送到位于指定远程端点的主机。它有 3 个参数：发送的数据、希望发送的字节数、远程 IPEndPoint 对象，返回值为成功发送的字节数。例如：

```
UdpClient udpClient =new UdpClient( );
IPAddress remoteIPAdress = ...; //获得远程主机的 IP 地址，此处代码省略
IPEndPoint remoteIPEndPoint = new IPEndPoint(remoteIPAdress, 51666);
byte[] sendBytes= Encoding.Unicode.GetBytes("你好! ");
udpClient.Send(sendBytes, sendBytes.Length, remoteIPEndPoint);
```

（2）public int Send(byte[] data, int length, string hostname, int port)。该方法将 UDP 数据报发送到指定的远程主机上的指定端口。它有 4 个参数：发送的数据、希望发送的字节数、远程主机名称、远程主机端口号，返回值为成功发送的字节数。例如：

```
UdpClient  udpClient =new UdpClient();
byte[] sendBytes= Encoding.Unicode.GetBytes("你好!");
udpClient.Send(sendBytes , sendBytes.Length, "www.abcd.com", 51666);
```

使用这种方法时，不能用 Connect 建立默认远程主机，否则将引发异常。

（3）public int Send(byte[] data, int length)。该方法假定已经通过 Connect 方法指定了默认远程主机，因此，只需要用 Send 方法指定发送的数据和希望发送的字节数即可，返回值为成功发送的字节数。例如：

< 174 >

```
UdpClient  udpClient = new("www.abcd.com", 51666);
byte[] sendByte= Encoding.Unicode.GetBytes("早上好!") ;
udpClient.Send(sendBytes ,sendBytes.Length);
```

2．接收数据

UdpClient 对象的 Receive 方法用于获取从远程主机发送的 UDP 数据报。语法形式如下。

```
public byte[] Receive(ref IPEndPoint remoteEP)
```

该方法只有一个 IPEndPoint 参数，表示发送方的 IP 地址和端口号。返回值为接收到的字节数组。利用此方法既可以接收指定远程主机的数据报，也可以接收所有远程主机的数据报。

如果希望接收所有远程主机发来的数据报，可以用下面的代码创建 IPEndPoint 对象。

```
IPEndPoint RemoteIpEndPoint = new IPEndPoint(IPAddress.Any, 0);
```

该语句中的 IPAddress.Any 表示对方的 IP 地址可以是任何 IP 地址，0 表示对方的端口号可以是任何端口号。例如：

```
UdpClient udpClient = new(Dns.GetHostAddresses(Dns.GetHostName( ))[0], 18001);
IPEndPoint remoteIpEndPoint = new(IPAddress.Any, 0);
try
{
    Byte[] receiveBytes = udpClient.Receive(ref remoteIpEndPoint);
    string receiveData = Encoding.Unicode.GetString(receiveBytes);
    Console.WriteLine("接收到信息: "+receiveData);
}
catch(Exception e )
{
    MessageBox.Show (e.ToString( ));
}
```

程序执行到 Receive 方法时，调用该方法的线程将阻止执行，即不会继续执行其下面的语句，直到数据报从远程主机到达为止。当 Receive 方法接收到数据时，如果数据可用，则该方法将读取入队的第一个数据报，并将数据部分作为字节数组返回。

如果在 Connect 方法中指定了默认远程主机，则 Receive 方法将只接收来自该主机的数据报，其他所有数据报都会被丢弃。如果希望接收多路广播数据报，注意此时不要在调用 Receive 方法之前调用 Connect 方法。

例 8-1 讲解

【例 8-1】利用 UdpClient，编写一个网络聊天程序，程序运行效果如图 8-1 所示。

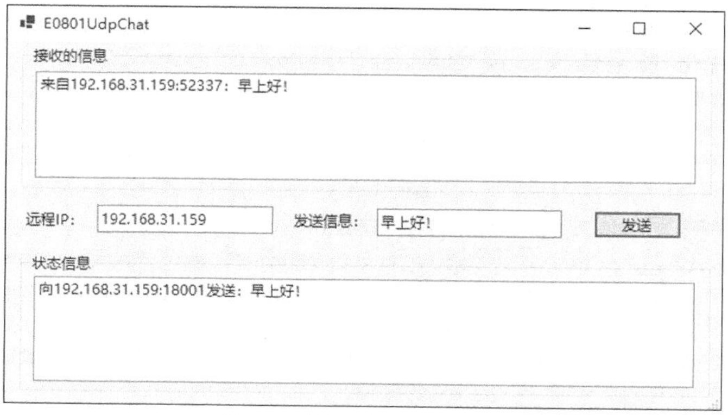

图 8-1　例 8-1 的运行效果

< 175 >

该例子的源程序见 E0801UdpChat.cs，代码如下。

```csharp
using System.Net.Sockets;
using System.Net;
using System.Text;
namespace ClientWinFormsExamples.ch08.E01
{
    public partial class E0801UdpChat : Form
    {
        private UdpClient? receiveUdpClient;  //接收
        private UdpClient? sendUdpClient;      //发送
        private const int port = 18001;  //和本机绑定的端口号
        private readonly IPAddress ip;    //本机 IP
        private readonly IPAddress remoteIp;  //远程主机 IP
        public E0801UdpChat()
        {
            InitializeComponent();
            this.Load += E0801UdpChat_Load;
            this.buttonSend.Click += ButtonSend_Click;
            IPAddress[] ips = Dns.GetHostAddresses(Dns.GetHostName()); //获取本机可用 IP
地址
            ip = ips[^1];       //获取 ips 的最后一个元素
            remoteIp = ip;     //为了在同一台机器调试，此 IP 也作为默认远程 IP
            textBoxRemoteIP.Text = remoteIp.ToString();
            textBoxSend.Text = "早上好! ";
        }
        private void E0801UdpChat_Load(object? sender, EventArgs e)
        {
            //创建一个线程接收远程主机发来的信息
            Thread myThread = new(ReceiveData)
            {
                IsBackground = true
            };
            myThread.Start();
            textBoxSend.Focus();
        }
        private void ReceiveData()
        {
            IPEndPoint local = new(ip, port);
            receiveUdpClient = new UdpClient(local);
            IPEndPoint remote = new(IPAddress.Any, 0);
            while (true)
            {
                try
                {
                    //关闭 udpClient 时此句会产生异常
                    byte[] receiveBytes = receiveUdpClient.Receive(ref remote);
                    string receiveMessage = Encoding.Unicode.GetString(
                        receiveBytes, 0, receiveBytes.Length);
                    AddItem(listBoxReceive, $"来自{remote}: {receiveMessage}");
                }
                catch { break; }
```

< 176 >

```
        }
    }
    private void ButtonSend_Click(object? sender, EventArgs e)
    {
        Thread t = new(SendMessage)
        {
            IsBackground = true
        };
        t.Start(textBoxSend.Text);
    }
    /// <summary>发送数据到远程主机</summary>
    private void SendMessage(object? obj)
    {
        string? message = (string?)obj;
        sendUdpClient = new UdpClient(0);
        message ??= "";      //如果message为null,则将其赋值为""
        byte[] bytes = System.Text.Encoding.Unicode.GetBytes(message);
        IPEndPoint iep = new(remoteIp, port);
        try
        {
            sendUdpClient.Send(bytes, bytes.Length, iep);
            AddItem(listBoxStatus, $"向{iep}发送: {message}");
        }
        catch (Exception ex)
        {
            AddItem(listBoxStatus, $"发送出错: {ex.Message}");
        }
    }
    private void AddItem(ListBox listbox, string text)
    {
        if (listbox.InvokeRequired)
        {
            listbox.Invoke(AddItem, listbox, text);
        }
        else
        {
            listbox.Items.Add(text);
            listbox.SelectedIndex = listbox.Items.Count - 1;
            listbox.ClearSelected();
        }
    }
    }
}
```

分别在几台计算机上运行该程序，输入接收方的 IP 地址，然后发送一些信息，观察目标计算机是否能收到消息。

8.1.4 异步发送和接收数据

对于执行时间可能较长的任务，最好采用异步编程。UdpClient 类同样提供了对应的异步编程操作方法。

1. 发送数据

UdpClient 类的 Send 方法用于同步发送数据报，SendAsync 方法用于异步发送数据报。异步

< 177 >

发送数据报时，该方法会在线程池中用一个单独的线程发送数据。

2. 接收数据及示例

UdpClient 类的 Receive 方法用于同步接收数据报，ReceiveAsync 方法用于异步接收数据报。异步接收数据报时，该方法会在线程池中用一个单独的线程接收数据。

下面利用 UdpClient 类的异步发送数据和接收数据的方法，实现 UDP 网络聊天的功能。

例 8-2 讲解

【例 8-2】利用 UdpClient 的异步方法，编写一个网络聊天程序，程序运行效果如图 8-2 所示。

图 8-2　例 8-2 的运行效果

该例子的源程序见 E0802AsyncUdpChat.cs，代码如下。

```
using System.Net.Sockets;
using System.Net;
using System.Text;
namespace ClientWinFormsExamples.ch08.E02
{
    public partial class E0802AsyncUdpChat : Form
    {
        private readonly int port = 8001;//和本机绑定的接收端口号
        private UdpClient? receiveClient;//接收信息用的 UdpClient 实例
        private IPEndPoint? iep;   //远程端点
        private string sendMessage = "";
        public E0802AsyncUdpChat()
        {
            InitializeComponent();
            this.Load += E0802AsyncUdpChat_Load;
            this.FormClosing += E0802AsyncUdpChat_FormClosing;
            this.textBoxSend.KeyPress += TextBoxSend_KeyPress;
            this.buttonSend.Click += ButtonSend_Click;
        }
        private void E0802AsyncUdpChat_Load(object? sender, EventArgs e)
        {
            //获取本机可用 IP 地址（为了在同一台机器调试，此 IP 也作为默认远程 IP）
            IPAddress[] ips = Dns.GetHostAddresses(Dns.GetHostName());
            textBoxRemoteIP.Text = ips[^1].ToString();  //获取 ips 的最后一个元素
            receiveClient = new UdpClient(port);
            Task.Run(() => ReceiveDataAsync());
```

< 178 >

```
        }
        private async Task ReceiveDataAsync()
        {
            var result = await Task.Run<UdpReceiveResult>(() =>
            {
                return receiveClient?.ReceiveAsync();
            });
            Byte[] receiveBytes = result.Buffer;
            string str = Encoding.UTF8.GetString(receiveBytes, 0, receiveBytes.Length);
            AddItem(listBoxReceive, $"来自{result.RemoteEndPoint}: {str}");
        }
        /// <summary> 发送数据到远程主机 </summary>
        private async void SendData()
        {
            UdpClient sendUdpClient = new();
            //IPAddress remoteIP;
            if (IPAddress.TryParse(textBoxRemoteIP.Text, out IPAddress? remoteIP) ==
false)
            {
                MessageBox.Show("远程 IP 格式不正确");
                return;
            }
            iep = new IPEndPoint(remoteIP, port);
            sendMessage = textBoxSend.Text;
            byte[] bytes = System.Text.Encoding.UTF8.GetBytes(sendMessage);
            await Task.Run(() =>
            {
                try
                {
                    sendUdpClient.SendAsync(bytes, bytes.Length, iep);
                    ClearTextBoxSend();
                    AddItem(listBoxStatus, $"向{iep}发送: {sendMessage}");
                }
                catch (Exception err)
                {
                    MessageBox.Show(err.Message, "发送失败");
                }
            });
            sendUdpClient.Close();
        }
        private void ButtonSend_Click(object? sender, EventArgs e)
        {
            SendData();
        }
        private void TextBoxSend_KeyPress(object? sender, KeyPressEventArgs e)
        {
            if (e.KeyChar == (char)Keys.Enter)
                SendData();
        }
        private void E0802AsyncUdpChat_FormClosing(object? sender, FormClosingEventArgs e)
        {
            receiveClient?.Close();
        }
        private void AddItem(ListBox listbox, string text)
```

< 179 >

```
    {
        if (listbox.InvokeRequired)
        {
            listbox.Invoke(AddItem, listbox, text);
        }
        else
        {
            listbox.Items.Add(text);
            listbox.SelectedIndex = listbox.Items.Count - 1;
            listbox.ClearSelected();
        }
    }
    private void ClearTextBoxSend()
    {
        if (textBoxSend.InvokeRequired)
        {
            textBoxSend.Invoke(ClearTextBoxSend, null);
        }
        else
        {
            textBoxSend.Clear();
        }
    }
    }
}
```

8.2 利用 UDP 进行广播和组播

在同步和异步聊天程序中，发送数据使用的都是一对一（单播）的通信模式，即只将数据发送到某一台远程主机。UDP 的另外一个重要用途是可以通过广播和组播实现一对多的通信模式，即可以把数据发送到一组远程主机中。

8.2.1 广播和组播的基本概念

1. 广播

广播是指同时向子网中的多台计算机发送消息，并且所有子网中的计算机都可以接收到发送方发来的消息。广播分为本地广播和全球广播两种类型。本地广播是指向子网中的所有计算机发送广播消息，其他网络不会受到本地广播的影响。全球广播是指使用所有位全为 1 的 IP 地址（对于 IPv4 来说指 255.255.255.255），但是，由于路由器默认会自动过滤掉全球广播，所以使用这个地址没有实际意义。

在前面的学习中，我们已经知道了 IP 地址分为两部分，网络标识部分和主机标识部分，这两部分是靠子网掩码来区分的，我们把主机标识部分二进制表示全部为 1 的地址称为本地广播地址。例如，对于 B 类网络 192.168.0.0，使用子网掩码 255.255.0.0，则本地广播地址是 192.168.255.255，用二进制表示为 11000000.10101000.11111111.11111111。其中前两个字节（网络标识部分）表示子网编号，后两个字节（主机标识部分）全为 1 表示向该子网内的所有用户发送消息。仍以 192.168.0.0 为例，如果子网掩码为 255.255.255.0，则本地广播地址是 192.168.0.255。192.168.0 为网络标识部分，255 表示 192.168.0 子网中的所有主机。

< 180 >

当所有接收者都位于单个子网中时，广播的通信模式能够满足一对多的通信需要。但是，由于广播是指向子网中的所有计算机发送消息，如果没有目的性，不但增加了网络传输负担，而且资源消耗较高。当接收者分布于多个不同的子网内时，广播将不再适用。此时可以用组播来实现。

2．组播（多路广播）

组播也叫多路广播，是将消息从一台计算机发送到本网或全网内选择的计算机子集上，即发送到那些加入指定组播组的计算机上。组播组是开放的，每台计算机都可以通过程序随时加入到组播组中，也可以随时离开。

对于 IPv4 来说，组播是指在 224.0.0.0 到 239.255.255.255 的 D 类 IP 地址范围内进行广播（第 1 个字节在 224～239 之间）。或者说，发送方程序通过这些范围内的某个地址发送数据，接收方程序也监听并接收来自这些地址范围的数据。

用 C#语言判断某个 IP 地址是否在组播（多播）范围内的代码如下。

```
private bool IsMulticastAddress(IPAddress address)
{
    if (address.AddressFamily == AddressFamily.InterNetwork) //该地址为 IPv4
    {
        byte[] addressBytes = address.GetAddressBytes();
        //将第 1 个字节和 11100000 进行与运算，如果结果仍为 11100000，说明该地址在多播范围内
        return ((addressBytes[0] & 0xE0) == 0xE0);
    }
    else
    {
        return address.IsIPv6Multicast;//true 表示该地址在 IPv6 多播范围内
    }
}
```

这段代码检查发送方地址的第一个字节，查看它是否包含 0xE0，如果包含 0xE0，说明该地址是一个组播地址。

8.2.2　加入和退出组播组

组播组是分享一个组播地址的一组设备，又称多路广播组。任何发送到组播地址的消息都会被发送到组内的所有成员设备上。组可以是永久的，也可以是临时的。大多数组播组是临时的，仅在有成员的时候才存在。用户创建一个新的组播组时，只需从地址范围内选出一个地址，然后为这个地址构造一个对象，就可以开始发送消息了。

使用组播时，应注意的是 TTL（Time To Live，生存周期）值的设置。TTL 值是允许路由器转发的最大次数，当达到这个最大值时，数据包就会被丢弃。TTL 的默认值为 1，如果使用默认值，则只能在子网中发送。UdpClient 对象提供了一个 Ttl 属性，利用它可以修改 TTL 的值，例如：

```
UdpClient udpClient = new UdpClient();
udpClient.Ttl = 50;
```

该语句设置 TTL 值为 50，即最多允许 50 次路由器转发。

1．加入多路组播组

UdpClient 类提供了 JoinMulticastGroup 方法，用于将 UdpClient 加入到使用指定 IPAddress 的多路广播组中。调用 JoinMulticastGroup 方法后，基础 Socket 会自动向路由器发送数据包，请求成为多路广播组成员。一旦成为组播组成员，就可以接收该组播组的数据报。

< 181 >

JoinMulticastGroup 有两种常用的重载形式。

（1）JoinMulticastGroup(IPAddress multicastAddr)。例如：

```
UdpClient udpClient=new UdpClient(8001);
udpClient.JoinMulticastGroup(IPAddress.Parse("224.100.0.1"));
```

多路广播地址的范围是从 224.0.0.1 到 239.255.255.254。如果指定的地址在此范围之外，或者所请求的路由器不支持多路广播，则 UdpClient 将引发 SocketException 异常。

（2）JoinMulticastGroup(IPAddress multicastAddr,int timeToLive)。该方法将 TTL 与 UdpClient 一起添加到多路广播组。例如：

```
UdpClient udpClient=new UdpClient(8001);
udpClient.JoinMulticastGroup(IPAddress.Parse("224.100.0.1"), 50);
```

其中，数字 50 表示 TTL 值。

2．退出多路组播组

利用 UdpClient 的 DropMulticastGroup 方法，可以退出组播组。参数中指出要退出的多路广播组的 IPAddress 实例。调用 DropMulticastGroup 方法后，基础 Socket 会自动向路由器发送数据包，请求从指定组播组退出。UdpClient 从组中收回之后，将不能再接收发送到该组的数据报。例如：

```
udpClient.DropMulticastGroup(IPAddress.Parse("224.100.0.1"));
```

8.2.3　利用广播和组播实现群发功能

通过网络实现群发功能的形式有两种，一种是利用广播向子网中的所有客户发送消息，比如各类通知、单位公告、集体活动日程安排等；另一种是利用组播向互联网上不同的子网发送消息，比如集团向其所属的公司或用户子网发布信息公告等。不论采用哪种形式，发送和接收数据的程序编写思路都是一样的，仅仅是一些实现细节存在不同。

1．利用广播实现群发功能

下面的例子分别说明了发送和接收广播数据报的方法。

【例 8-3】编写一个 Windows 应用程序，向子网发送广播信息，同时接收子网中的任意主机发送的广播信息，程序运行效果如图 8-3 所示。

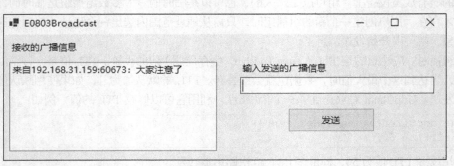

图 8-3　例 8-3 的运行效果

该例子的源程序见 E0803Broadcast.cs，代码如下。

```
using System.Net;
using System.Net.Sockets;
using System.Text;
```

< 182 >

```csharp
namespace ClientWinFormsExamples.ch08.E03
{
    public partial class E0803Broadcast : Form
    {
        private readonly int port = 8001;//使用的接收端口号
        private UdpClient? udpClient;
        public E0803Broadcast()
        {
            InitializeComponent();
            this.Load += E0803Broadcast_Load;
            buttonSend.Click += ButtonSend_Click;
            this.FormClosing += E0803Broadcast_FormClosing;
        }
        private void E0803Broadcast_Load(object? sender, EventArgs e)
        {
            Thread myThread = new(ReceiveData)
            {
                IsBackground = true
            };
            myThread.Start();
        }
        /// <summary> 在后台运行的接收线程 </summary>
        private void ReceiveData()
        {
            udpClient = new UdpClient(port);
            IPEndPoint? remote = null;
            while (true)
            {
                try
                {
                    //关闭 udpClient 时此句会产生异常
                    byte[] bytes = udpClient.Receive(ref remote);
                    string str = Encoding.UTF8.GetString(bytes, 0, bytes.Length);
                    AddMessage(string.Format("来自{0}: {1}", remote, str));
                }
                catch
                { break; }
            }
        }
        private void ButtonSend_Click(object? sender, EventArgs e)
        {
            UdpClient myUdpClient = new();
            try
            {
                //让其自动提供子网中的 IP 广播地址
                IPEndPoint iep = new(IPAddress.Broadcast, 8001);
                byte[] bytes = Encoding.UTF8.GetBytes(textBox1.Text);
                myUdpClient.Send(bytes, bytes.Length, iep);
                textBox1.Clear();
                textBox1.Focus();
            }
            catch (Exception err)
            {
```

< 183 >

```
                    MessageBox.Show(err.Message, "发送失败");
                }
                finally
                {
                    myUdpClient.Close();
                }
            }
            private void AddMessage(string text)
            {
                if (listBox1.InvokeRequired == true)
                {
                    listBox1.Invoke(AddMessage, text);
                }
                else
                {
                    listBox1.Items.Add(text);
                }
            }
            private void E0803Broadcast_FormClosing(object? sender, FormClosingEventArgs e)
            {
                udpClient?.Close();
            }
        }
    }
```

在同一个局域网中，分别在几台计算机上运行该程序，然后从任一台机器发送广播消息，观察其他所有机器是否都能收到该消息。

从这个例子可以看出，使用 UdpClient 类实现广播群发和实现单播通信的程序编写方法十分相似，不同点在于，发送广播消息时，指定的远程主机地址为广播地址，而发送单播消息时，远程主机地址为接收数据报的某个特定主机的 IP 地址。

2．利用组播实现群发功能

如果将上例 ReceiveData 中的这部分代码：

```
udpClient = new UdpClient(port);
IPEndPoint remote = new IPEndPoint(IPAddress.Any, 0);
```

替换为：

```
udpClient = new UdpClient(port);
udpClient.JoinMulticastGroup(IPAddress.Parse("224.0.0.1"));
udpClient.Ttl = 50;
IPEndPoint remote = new IPEndPoint(IPAddress.Any, 0);
```

并将 buttonSend_Click 中的代码：

```
IPEndPoint iep = new IPEndPoint(IPAddress.Broadcast, port);
udpClient.Send(bytes, bytes.Length, iep);
```

替换为：

```
IPEndPoint iep = new IPEndPoint(IPAddress.Parse("224.0.0.1"), port);
udpClient.Send(bytes, bytes.Length, iep);
```

则其实现的功能就是向 IP 地址为 "224.0.0.1" 的组播组发送组播信息，同时接收来自组播的信息。

可见，广播和组播的编程思路十分接近，区别是组播组由某个 D 类 IP 地址描述。程序通过向特殊

< 184 >

的组播地址发送消息，即可实现组播功能。但是要注意，必须调用 UdpClient 实例的 JoinMulticastGroup 方法加入组播组，才能接收来自组播组的信息。

8.3　利用 UDP 编写网络会议程序

网络会议是基于互联网（Internet）或者企业内部网（Intranet）的实时交互应用系统，由于它具有低成本、可扩展的优点，已经被广泛应用于各个领域中。编写这类程序时，一般用多播方式来实现。

下面我们通过例子说明如何利用多播实现网络会议讨论。在这个例子中，加入到网络会议讨论组中的任何人都可以参与讨论，由于所有发言者发送的信息都会通过多播发送到指定的会议讨论组，所以讨论组的每个人都能看到这些信息。

【例 8-4】编写一个 Windows 窗体应用程序，利用组播技术进行网络会议讨论。程序运行效果如图 8-4 所示。

例 8-4 讲解

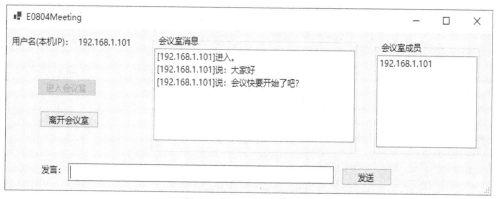

图 8-4　例 8-4 的运行效果

当用户单击【进入会议室】按钮后，即启动一个后台线程，在该线程中首先将本机加入指定的组播组，并循环等待接收来自组播的消息。然后向组播组发送消息，告知所有与会人员本机加入会议讨论。

当用户单击【离开会议室】按钮时，程序向组播组发送消息，告知所有与会人员本机离开会议，并退出组播组，即不再接收来自组播组的消息。

当用户在文本框中输入发言信息，按下并释放回车键或者单击【发送】按钮后，文本内容即发送到组播组，讨论组的每个人就能看到来自本机的信息。

1. 定义消息格式

在这个例子中，消息由命令和参数组成，命令与参数之间用逗号分隔，如表 8-2 所示。

表 8-2　客户端发送给服务器的消息约定

命令	命令格式	含义
Login	Login	用户请求进入会议室。用户单击【进入会议室】按钮时，向组播组发送 Login 消息。所有接收方收到 Login 消息之后，一方面在"相关信息"中提示有新用户进入会议室，另一方面将向发送方发送 List 消息告知本机了解到的人员列表信息

< 185 >

续表

命令	命令格式	含义
Logout	Logout	用户请求退出网络会议室。接收方收到 Logout 消息之后，提示用户离开会议室，并将该用户从人员列表中删除
List	List，用户列表信息	接收方收到 List 消息之后，将收到的非重复用户信息添加到"会议室现有成员"中
Message	Message，发言信息	表示与会人员发出的谈话内容。当用户在文本框中输入发言信息并单击回车键后，向组播组所有成员发送 Message 消息。接收方接收到发言信息后，直接将收到的信息显示出来

2．代码实现

该例子的源程序见 E0804NetMeeting.cs，代码如下。

```csharp
using System.Net.Sockets;
using System.Net;
using System.Text;
namespace ClientWinFormsExamples.ch08.E04
{
    public partial class E0804Meeting : Form
    {
        //使用的IP地址
        private readonly IPAddress broderCastIp = IPAddress.Parse("224.100.0.1");
        //使用的接收端口号
        private readonly int port = 8001;
        private UdpClient? udpClient;
        public E0804Meeting()
        {
            InitializeComponent();
            this.Load += E0804Meeting_Load;
            this.FormClosing += E0804Meeting_FormClosing;
            foreach (IPAddress ip in Dns.GetHostAddresses(Dns.GetHostName()))
            {
                if (ip.AddressFamily == AddressFamily.InterNetwork)
                {
                    labelUserName.Text = ip.ToString();
                    break;
                }
            }
        }
        private void E0804Meeting_Load(object? sender, EventArgs e)
        {
            buttonLogin.Click += ButtonLogin_Click;
            buttonLogout.Click += ButtonLogout_Click;
            buttonSend.Click += ButtonSend_Click;
            textBoxMessage.KeyPress += TextBoxMessage_KeyPress;
            buttonLogin.Enabled = true;
            buttonLogout.Enabled = false;
            buttonSend.Enabled = false;
        }
        private void ButtonLogin_Click(object? sender, EventArgs e)
        {
            //进入会议室
```

< 186 >

```
        Cursor.Current = Cursors.WaitCursor;
        Thread myThread = new(ReceiveMessage);
        myThread.Start();
        Thread.Sleep(1000);//等待接收线程准备完毕
        SendMessage(broderCastIp, "Login");
        buttonLogin.Enabled = false;
        buttonLogout.Enabled = true;
        buttonSend.Enabled = true;
        Cursor.Current = Cursors.Default;
}
/// <summary> 接收消息 </summary>
private void ReceiveMessage()
{
        udpClient = new UdpClient(port);
        udpClient.JoinMulticastGroup(broderCastIp); //必须使用组播地址范围内的地址
        udpClient.Ttl = 50;
        IPEndPoint? remote = null;
        while (true)
        {
            try
            {
                //关闭 udpClient 时此句会产生异常
                byte[] bytes = udpClient.Receive(ref remote);
                string str = Encoding.UTF8.GetString(bytes, 0, bytes.Length);
                string[] splitString = str.Split(',');
                int s = splitString[0].Length;
                switch (splitString[0])
                {
                    case "Login":  //进入会议室
                        SetListBoxItem(listBoxMessage, $"[{remote.Address}]进入。",
                            ListBoxOperation.AddItem);
                        SetListBoxItem(listBoxAddress, remote.Address.ToString(),
                            ListBoxOperation.AddItem);
                        string userListString = $"List,{remote.Address}";
                        for (int i = 0; i < listBoxAddress.Items.Count; i++)
                        {
                            userListString += "," + listBoxAddress.Items[i].ToString();
                        }
                        SendMessage(remote.Address, userListString);
                        break;
                    case "List":  //用户列表信息
                        for (int i = 1; i < splitString.Length; i++)
                        {
                            SetListBoxItem(listBoxAddress,
                                splitString[i], ListBoxOperation.AddItem);
                        }
                        break;
                    case "Message":  //发言信息
                        SetListBoxItem(listBoxMessage,
                            string.Format("[{0}]说: {1}", remote.Address.ToString(),
                            str.Substring(8)),ListBoxOperation.AddItem);
                        break;
                    case "Logout": //退出会议室
```

< 187 >

```
                    SetListBoxItem(listBoxMessage,
                        string.Format("[{0}]退出。", remote.Address.ToString()),
                        ListBoxOperation.AddItem);
                    SetListBoxItem(listBoxAddress,
                        remote.Address.ToString(), ListBoxOperation.RemoveItem);
                    break;
                    }
            }
            catch
            {
                //退出循环，结束线程
                break;
            }
        }
    }
    /// <summary> 发送消息 </summary>
    private void SendMessage(IPAddress ip, string sendString)
    {
        UdpClient myUdpClient = new();
        //允许发送和接收广播数据报
        // myUdpClient.EnableBroadcast = true;
        //必须使用组播地址范围内的地址
        IPEndPoint iep = new(ip, port);
        //将发送内容转换为字节数组
        byte[] bytes = System.Text.Encoding.UTF8.GetBytes(sendString);
        try
        {
            //向子网发送信息
            myUdpClient.Send(bytes, bytes.Length, iep);
        }
        catch (Exception err)
        {
            MessageBox.Show(err.Message, "发送失败");
        }
        finally
        {
            myUdpClient.Close();
        }
    }
    private void TextBoxMessage_KeyPress(object? sender, KeyPressEventArgs e)
    {
        if (e.KeyChar == (char)Keys.Return)
        {
            if (textBoxMessage.Text.Trim().Length > 0)
            {
                SendMessage(broderCastIp, "Message," + textBoxMessage.Text);
                textBoxMessage.Text = "";
            }
        }
    }
    private void ButtonSend_Click(object? sender, EventArgs e)
    {
        if (textBoxMessage.Text.Trim().Length > 0)
```

< 188 >

```
            {
                SendMessage(broderCastIp, "Message," + textBoxMessage.Text);
                textBoxMessage.Text = "";
            }
        }
        private void ButtonLogout_Click(object? sender, EventArgs e)
        {
            Cursor.Current = Cursors.WaitCursor;
            SendMessage(broderCastIp, "Logout");
            udpClient?.DropMulticastGroup(this.broderCastIp);
            Thread.Sleep(1000); //等待接收线程处理完毕
            udpClient?.Close();
            buttonLogin.Enabled = true;
            buttonLogout.Enabled = false;
            buttonSend.Enabled = false;
            Cursor.Current = Cursors.Default;
        }
        private void E0804Meeting_FormClosing(object? sender, FormClosingEventArgs e)
        {
            if (buttonLogout.Enabled == true)
            {
                MessageBox.Show("请先离开会议室，然后再退出！", "",
                    MessageBoxButtons.OK, MessageBoxIcon.Warning);
                e.Cancel = true;
            }
        }
        private enum ListBoxOperation { AddItem, RemoveItem };
        private void SetListBoxItem(ListBox listbox, string text, ListBoxOperation
operation)
        {
            if (listbox.InvokeRequired == true)
            {
                listbox.Invoke(SetListBoxItem, listbox, text, operation);
            }
            else
            {
                if (operation == ListBoxOperation.AddItem)
                {
                    if (listbox == listBoxAddress)
                    {
                        if (listbox.Items.Contains(text) == false)
                        {
                            listbox.Items.Add(text);
                        }
                    }
                    else
                    {
                        listbox.Items.Add(text);
                    }
                    listbox.SelectedIndex = listbox.Items.Count - 1;
                    listbox.ClearSelected();
                }
                else if (operation == ListBoxOperation.RemoveItem)
                {
                    listbox.Items.Removesstext);
```

< 189 >

```
                    }
                }
            }
        }
    }
```

分别在几台计算机上运行该程序，进入会议室，然后发送一些信息，观察进入到会议室内的机器是否能收到消息。当某台机器上的程序退出时，观察是否还能继续收到会议室的消息。

习题

1. UDP 和 TCP 的主要区别有哪些？
2. 什么是广播？什么是组播？两者有什么区别？
3. 简要回答利用 UdpClient 加入组播组和退出组播组的步骤。
4. 下列有关 UDP 的说法不正确的是（　　　）。

   A. UDP 是面向数据报的无连接协议

   B. UDP 可以实现一对一和一对多的传输

   C. UDP 传送速度比 TCP 快

   D. UDP 实现时需要考虑消息边界问题，实现起来要比 TCP 困难

5. 有关广播和组播的说法不正确的是（　　　）。

   A. 广播和组播都能实现一对多的通信需要

   B. 广播可以向子网内的所有计算机发送消息

   C. 组播组都是永久的，加入组播组的计算机可以收到发到该组播组的任何消息

   D. 组播使用的 224.0.0.0 到 239.255.255.255 的 D 类 IP 地址进行广播

6. TCP 和 UDP 均是传输层的协议。当实现向多个用户同时发送消息时（比如即时新闻发布、网络会议等应用），应该选择（　　　）比较合适。若需要实现可靠性要求比较高的应用时，选择（　　　）比较合适。

7. 编写 UDP 应用程序时，对基础套接字进行封装的类是（　　　），使用该类提供的（　　　）方法可以加入到一个组播组，使用（　　　）方法能够退出一个组播组。

< 190 >

第9章 ASP.NET Core Web 应用编程入门

本章主要介绍 ASP.NET Core Web 应用编程的基础知识。

9.1 ASP.NET Core Web 编程基础知识

这一节我们主要学习 Web 标准、静态网页与动态网页，以及 ASP.NET Core Web 应用模板提供的编程模型在项目中呈现的基本架构。

9.1.1 基本概念

虽然目前存在多种典型的 Web 应用程序编程模型，但是，无论是哪种编程模型，其使用的技术都必须符合 Web 标准，这样才能在发布后被多种客户端浏览器正确识别和显示。

1. Web 标准

Web 标准是国际上通用的 Web 设计规范，凡是符合 Web 标准规定的设计规范的网站，都能用各种客户端浏览器正常访问。

（1）W3C 制定的 Web 设计标准

Web 设计标准也叫 Web 设计规范或者 Web 开发规范，这些 Web 标准大部分都是由 W3C（World Wide Web Consortium，全球万维网联盟）和开发商以及用户等共同制定的，比如 HTML、CSS、JavaScript、Web API、Audio and Video 以及 Mobile Web 等，W3C 都制定了对应的设计标准。

但是，Web 标准只提供了功能和设计规范，而其具体实现则由软件生产厂家来完成。换言之，标准仅说明了可以使用哪些功能、这些功能的语法格式，以及在使用符合标准的内容时，哪些是推荐使用的，哪些是建议不要这样用的。而如何实现符合标准规定的内容，则由具体的开发工具来决定。

（2）Web 1.0 和 Web 2.0

从大的方面来看，Web 开发经历了从 Web 1.0 到 Web 2.0 的变迁。随着以 HTML5 为核心的 Web 2.0 时代的到来，以及"天、空、地"一体化的各种 Web 应用，Web 设计标准和相应的实现技术也都发生了翻天覆地的变化。

1999 年，W3C 制定了 HTML 4.01 标准，随后公布了 CSS 2.1 标准和 JavaScript 标准。这个时代的 HTML、CSS 以及 JavaScript 标准统称为 Web 1.0 标准。

HTML5、CSS3、JavaScript、Canvas、SVG、WebGL 以及移动设备开发规范等都是 W3C 发布的新一代 Web 开发标准，为了将其和早期的设计标准区分开，一般将这些新的设计标准统称为 Web 2.0 标准。

随着 HTML5、CSS3 等新标准的正式发布和快速流行，不支持这些标准的旧版浏览器已被淘汰。目前世界上流行的各种"现代浏览器"都支持新的 Web 标准。

在 Visual Studio 2022 开发环境下编辑 HTML 文档或者 CSS 时，系统会自动检查所编辑的内容是否符合 HTML5 正式标准和 CSS3 正式标准。当开发人员编写的代码不符合正式标准规定的规范时，编辑器会自动显示绿色的波浪形下画线提醒 Web 开发人员。

2．静态网页与动态网页

许多初学者都误将包含各种动画、滚动字幕等视觉上具有"动态效果"的网页认为是动态网页，否则认为是静态网页，其实这样理解是不正确的。实际上，无论是动态网页还是静态网页，都可以展示文字、图片、动画等动态效果，但从网页生成的内部方式来看，静态网页和动态网页却有着本质的差别。

静态网页是指 Web 服务器端发送到客户端的静态 HTML 页面，其特点是 URL 固定、内容稳定、容易被搜索引擎检索。在静态网页上，一样可以出现各种动态的效果，如动画、滚动字幕等。图 9-1 展示了静态网页的基本工作原理。

图 9-1　静态网页工作原理

动态网页是指 Web 服务器根据客户端请求，随不同用户、不同时间的操作，动态返回不同静态内容的网页。换言之，当客户端向服务器端发送请求时，服务器先对其进行处理，然后再将处理结果转换为静态网页发送到客户端。图 9-2 展示了动态网页的基本工作原理。

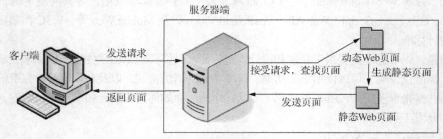

图 9-2　动态网页工作原理

采用动态网页技术的网站可以实现比静态网页更多的功能。

3．ASP.NET Core 和 Razor Pages

Razor Pages 是一种以页面为中心的服务器端编程模型。使用 ASP.NET Core 构建 Web UI 的优点主要如下。

< 192 >

（1）使用 HTML、CSS 和 C#可轻松开发动态 Web 应用。利用 Razor Pages，可以直接在扩展名为.cshtml 的文件中混合使用 C#代码、HTML、CSS 和 JavaScript 代码，而且有丰富的智能提示。

（2）页面（扩展名为.cshtml 的文件）和业务逻辑关注点相分离。业务逻辑关注点是指扩展名为.cshtml.cs 的文件（与页面对应的 PageModel 类，也叫代码隐藏类），例如，Pages 文件夹下的 Index.cshtml 文件对应的页模型（PageModel 类）文件名为 IndexModel.cshtml.cs。

（3）可以全部在 Pages 文件夹下按功能创建新文件夹和文件，以方便维护。

（4）使用 Razor 语法将标记与服务器端 C#代码相结合。

注意用 ASP.NET Core 开发 Web 应用项目时，不是用 Razor Pages 替代 HTML、CSS 或 JavaScript，而是将 Razor Pages、C#、HTML、CSS、JavaScript 这些技术结合在一起，共同完成前端（页面）设计和后端（服务器）业务逻辑的开发。

4．ASP.NET Core Web 应用项目与 ASP.NET Core MVC 项目的区别

ASP.NET Core Web 应用项目与 ASP.NET Core MVC 应用项目的区别在于前者不强制要求在模型、视图、控制器中分别编写代码，而后者有此强制要求。两者的相同点是都可以通过 MVC 模式来实现。换句话说，在 ASP.NET Core Web 应用项目中，页面（例如 Index.cshtml）相当于视图，其对应的代码隐藏类（例如 Index.cshtml.cs）相当于仅与该页面相关联的模型和控制器，因此在 ASP.NET Core Web 应用项目中也会经常见到 MVC 相关的类。

5．观察 ASP.NET Core Web 应用项目结构

打开本书第 1 章创建的 V4B2ServerExamples 解决方案，在解决方案资源管理器中，观察 WebExamples 项目默认自动创建的文件夹，如图 9-3 所示。

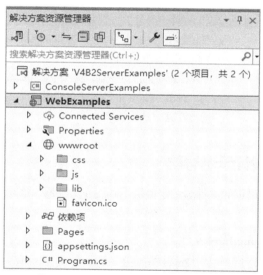

图 9-3　WebExamples 项目的基本架构

下面简单介绍各文件夹的含义。

（1）Pages 文件夹

该文件夹包含了项目中创建的 Razor 页面。每个 Razor 页面都包含一对文件：页面文件和与该页面文件对应的模型类文件（也叫代码隐藏类）。

在 Razor 页面中，要求@page 必须是页面上的第一个 Razor 指令。另外，约定布局文件的名称均以下画线开头。

< 193 >

（2）wwwroot 文件夹

该文件夹包含的都是静态资源，例如 HTML 文件、JavaScript 文件、CSS 文件，以及图片文件、音频和视频文件等。

（3）appsettings.json

包含项目配置数据，例如数据库连接字符串等。

（4）Program.cs

该文件中相关代码的含义注释如下。

```
//创建一个带有预配置默认值的 WebApplicationBuilder
var builder = WebApplication.CreateBuilder(args);
//向依赖关系注入(DI)容器添加 Razor Pages 支持，并生成应用
builder.Services.AddRazorPages();
var app = builder.Build();

//默认在开发环境下启用异常信息显示，并提供有关异常的信息。如果在生产环境中启用异常信息显示，由于可
能会泄露敏感信息，所以此时将异常终结点设置为/Error，并且启用 HTTP 严格传输安全协议(HSTS)
// Configure the HTTP request pipeline.
if (!app.Environment.IsDevelopment())
{
    app.UseExceptionHandler("/Error");
    app.UseHsts();
}

//启用各种中间件
app.UseHttpsRedirection();    //将 HTTP 请求重定向到 HTTPS
app.UseStaticFiles();         //使能够使用 HTML、CSS、映像和 JavaScript 等静态文件
app.UseRouting();             //向中间件管道添加路由匹配
app.UseAuthorization();       //授权用户访问安全资源。如果不使用授权，可删除此行
app.MapRazorPages();          //为 Razor Pages 配置终结点路由
app.Run();                    //运行应用
```

9.1.2 利用布局页设计示例导航

布局页也叫模板页，布局页的文件名约定使用下画线作为前缀，表示这种页面只能被其他页面引用，无法单独显示它。

1. 修改布局页（_Layout.cshtml 文件）

创建 WebExamples 项目后，在 "Pages/Shared" 子文件夹下，有一个自动生成的默认布局页（_Layout.cshtml 文件），将该文件改为下面的内容。

```
<!DOCTYPE html>
<html lang="en">
<head>
    <meta charset="utf-8" />
    <meta name="viewport" content="width=device-width, initial-scale=1.0" />
    <title>@ViewData["Title"] - WebExamples</title>
    <link rel="stylesheet" href="~/lib/bootstrap/dist/css/bootstrap.min.css" />
    <link rel="stylesheet" href="~/css/site.css" asp-append-version="true" />
```

< 194 >

```html
        <link rel="stylesheet" href="~/WebExamples.styles.css" asp-append-version="true" />
    </head>
    <body>
        <div class="container">
            <div class="row" style="margin-right:-25px ">
                <img src="/images/ch09/mainpage.jpg" style="width: 100%; height: 100px;" />
            </div>
        </div>
        <div class="container">
            <main role="main" class="pb-3">
                <div class="row">
                    <div class="col-md-3">
                        <div class="accordion" id="accordionExample">
                            <div class="accordion-item">
                                <div id="collapseOne" class="accordion-collapse collapse
show" data-bs-parent="#accordionExample">
                                    <div class="accordion-body">
                                        <p><a asp-page="/Ch09/E01Welcome">例 9-1: Welcome</a>
</p>
                                        <p><a asp-page="/Ch09/E02Razor1">例 9-2:razor 基本语法 1</a></p>
                                        <p><a asp-page="/Ch09/E03Razor2">例 9-3:razor 基本语法 2</a></p>
                                        <p><a asp-page="/Ch09/E04Text">例 9-4:text 前缀</a></p>
                                        <p><a asp-page="/Ch09/E05bg">例 9-5: bg 前缀</a></p>
                                        <p><a asp-page="/Ch09/E06btn">例 9-6: btn 前缀</a></p>
                                        <p><a asp-page="/Ch09/E07grid1">例 9-7: 栅格用法 1</a>
</p>
                                        <p><a asp-page="/Ch09/E08grid2">例 9-8: 栅格用法 2</a>
</p>
                                        <p><a asp-page="/Ch09/E09">例 9-9: form</a></p>
                                        <p><a asp-page="/Ch09/E10">例 9-10: 文本框密码框</a></p>
                                        <p><a asp-page="/SY10/SY10Index">实验 10: 图片轮播</a>
</p>
                                    </div>
                                </div>
                            </div>
                        </div>
                    </div>
                    <div id="bodyContent" class="col-md-9 pt-3 border">
                        @RenderBody()
                    </div>
                </div>
            </main>
        </div>
        <footer class="border-top footer text-muted">
            <div class="container">
                &copy; 2023 - 《C#网络应用编程》第 4 版    WebExamples
            </div>
        </footer>
        <script src="~/lib/jquery/dist/jquery.min.js"></script>
        <script src="~/lib/bootstrap/dist/js/bootstrap.bundle.min.js"></script>
        <script src="~/js/site.js" asp-append-version="true"></script>
        @await RenderSectionAsync("Scripts", required: false)
```

< 195 >

```
</body>
</html>
```

2. 修改主页

打开 "Pages/Index.cshtml" 文件，将其改为下面的内容：

```
@page
@model IndexModel
@{
    ViewData["Title"] = "主页";
}

<div class="text-center">
    <h4 class="display-6">第9章 ASP.NET Core Web 应用编程入门</h4>
    <h4 class="mt-5">主要介绍基于服务器更新的前端和后端开发入门技术</h4>
    <p class="mt-4">C# + Razor + Bootstrap5 + ASP.NET Core</p>
</div>
```

（1）页面和模型

在 Index.cshtml 文件中，有几点事项需要关注。

- Razor 语法由@字符表示。
- C#代码包含在@{ }块中。
- @page 指令用于指定此文件是 Razor 页面，该指令必须放在第 1 行。
- @model 指令用于指定页面的模型类型。例如，Index 页对应 IndexModel 类，这是在 "Pages/Index.cshtml" 文件的代码隐藏类（Pages/Index.cshtml.cs）中定义的。

（2）ViewData 字典

ViewData 字典用于在 Razor 页面和对应的模型类之间传递数据。

3. 观察导航页和主页的运行效果

按<Ctrl>+<F5>键在非调试模式下运行应用程序，观察在浏览器中看到的程序运行效果，如图 9-4 所示。

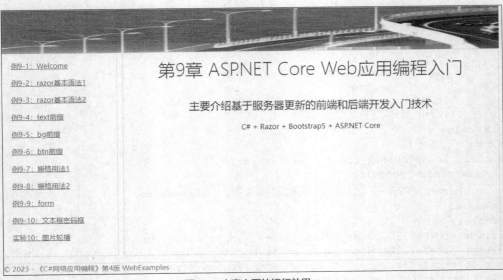

图 9-4 本章主页的运行效果

< 196 >

完成这些步骤以后，就可以在"Ch09"文件夹下添加本章示例的代码了。另外，后面的例子运行效果仅截取完整界面右侧与例子相关的部分，不再截取整个运行界面。

9.1.3　路由请求与 URL 映射

在 ASP.NET Core 中，当客户端通过 URL 向服务器发送 GET 请求时，服务器解析客户端传递的 URL 地址（比如浏览器地址栏中显示的地址），然后将其映射到对应的操作。

为了理解相关概念，我们先看一个简单的例子。

【例 9-1】演示客户端请求及其参数传递的含义。默认运行效果如图 9-5 所示。

图 9-5　例 9-1 的默认运行效果

该例子的设计步骤如下。

在解决方案资源管理器中，鼠标右击 WebExamples 项目中的"Ch09"文件夹，选择【添加】→【Razor 页面】命令，输入名称为"E01Welcome.cshtml"，单击【添加】按钮。此时就会在"Ch09"文件夹中生成"E01Welcome.cshtml"文件和"E01Welcome.cshtml.cs"文件。

将"E01Welcome.cshtml"文件中的代码改为下面的内容：

```
@page "{id=1}&{name=张三}&{age=20}"
@model WebExamples.Pages.Ch09.E01WelcomeModel
@{
    var id = Request.RouteValues["id"];
    var name = Request.RouteValues["name"];
    var age = Request.RouteValues["age"];
    var url = Request.Path;
    var s = $"欢迎你,{age}岁的{name},\n 你访问的 URL 为：{url}";
    ViewBag.Message = s;
}
<p>Html.ActionLink 和 ViewBag 基本用法</p>
<p>
    @Html.ActionLink("欢迎", "E01Welcome", new { id = "2",name="李四", age=25 })
</p>
<pre>
    @ViewBag.Message
</pre>
```

将 E01Welcome.cshtml.cs 文件中的代码改为下面的内容：

```
using Microsoft.AspNetCore.Mvc;
using Microsoft.AspNetCore.Mvc.RazorPages;
namespace WebAppExamples.Pages.Ch09
{
    public class E01WelcomeModel : PageModel
    {
        public void OnGet()
        {
            var route = RouteData.Values.ToArray();
```

< 197 >

```
        Console.WriteLine(route.Length);
        var filePath = HttpContext.Request.Path;
        Console.WriteLine(filePath.HasValue ? filePath.Value[0] : null);
    }
  }
}
```

按<Ctrl>+<F5>键不调试运行，观察该例子的默认运行效果。

下面通过该例子，解释涉及的相关概念。

（1）ASP.NET Core 路由

由于 ASP.NET Core Web 应用程序封装了 ASP.NET Core 路由，但是理解相关概念时又绕不开相关的内容，因此我们还需要简单了解 ASP.NET Core 路由的概念。

路由（Route）是指映射 URL 到处理程序的模式。在 ASP.NET Core 中，所有用户请求都要先经过 ASP.NET Core 路由系统，才能在服务器端执行相应的操作。

ASP.NET Core 定义了一个全局路由表（RouteTable），路由表中的每个 Route 对象都包含一些路由参数。对于每个 HTTP 请求来说，URL 路由系统会遍历路由表找到与当前 URL 模式相匹配的 Route 对象，然后再利用它进一步解析出路由数据（RouteData）。

在 ASP.NET Core Web 应用程序中，路由是在 "Program.cs" 文件中引入的：

```
app.UseRouting();
```

对于大型 Web 应用，还可以通过区域（Areas）将其划分为各自独立的模块，此时，每个区域都可以有各自的路由规则，而基于区域的路由映射则通过 AreaRegistration 进行注册。

（2）RouteData

如果希望观察 ASP.NET Core 路由数据，可先在 "Ch09/E01Welcome.cshtml" 文件中的第 1 行添加一些 URL 路由参数：

```
@page "{id=1}&{name=张三}&{age=20}"
```

然后在 "Ch09/E01Welcome.cshtml.cs" 文件的 OnGet 方法中添加下面的代码：

```
public void OnGet()
{
    var route = RouteData.Values.ToArray();
    Console.WriteLine(route.Length);
}
```

单击 Console.WriteLine 方法左侧的灰色区域设置一个断点，按<F5>键运行程序，当运行 E01Welcome 例子时，即可看到 route 数组中共有 4 个元素（[0]、[1]、[2]、[3]），每个元素都有一对 "键" 和 "值"。

也可以在页面中通过 RouteData.Values[string Key]命令获取路由数据的某一部分，例如：

```
var id = RouteData.Values["id"];
```

（3）HttpContext

在 ASP.NET Core 中，Razor 页面公开了一个 HttpContext 属性，利用该属性可获取客户端当前请求的 HTTP 上下文，从而进一步获取其他各种数据。

例如，下面的代码可用于获取客户端当前请求的虚拟路径：

```
public void OnGet()
{
    var filePath = HttpContext.Request.Path;
```

< 198 >

```
    Console.WriteLine(filePath.HasValue ? filePath.Value[0] : null);
}
```

读者可以用类似前面介绍的观察 RouteData 的办法，查看 HttpContext 的更多数据。这种方式可帮助我们理解本章以及后续章节中用到的相关技术。

（4）URL 中的参数传递

当传递的参数以查询字符串的形式出现在 URL 中时，此时"键"和"值"必须成对出现，而且 ASP.NET Core 路由会自动对 URL 中的查询字符串进行编码。地址栏字符串的每个参数的形式都以"参数名=值"的形式表示。如果有多个参数，各个参数之间用"&"分隔。

在 Razor 页面中，可利用 Request 属性获取查询字符串中的参数值。例如：

```
var name = Request["name"];
var age = Request["age"];
```

下面观察例子中利用 Html.ActionLink 方法传递 id、name 和 age 参数的情况，单击该例子的"欢迎"超链接，可看到如图 9-6 所示的运行效果。

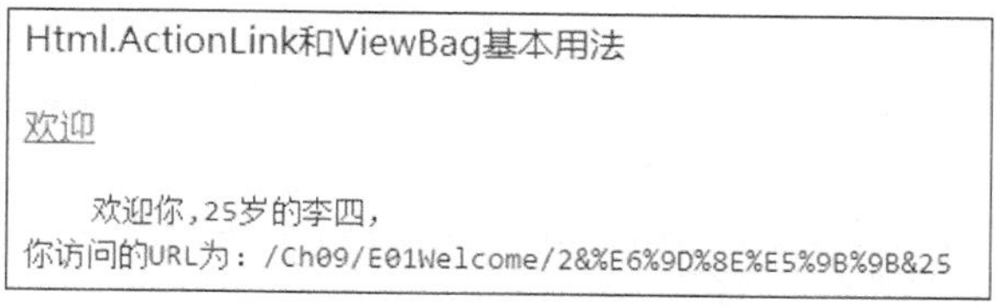

图 9-6　单击超链接后 E01Welcome.cshtml 的运行效果

观察 E01Welcome.cshtml 文件中对应的导航代码，相关内容如下。

```
@Html.ActionLink("欢迎",.new { id = 2, name = "李四", age = 25 })
```

这行代码通过 HTML 帮助器将参数以查询字符串的形式传递给 E01Welcome 操作方法。

9.1.4　Razor 语法及其基本用法

Razor 语法的用途是在 Razor 页面中嵌入用 C#编写的代码。从开发人员的角度来看，用基于 Razor 语法的 C#代码动态创建的网页，与直接用 HTML、CSS 以及 JavaScript 等客户端脚本编写的网页，两者生成的发送到客户端的最终代码并没有什么不同，但是，在 ASP.NET Core Web 应用编程模型中用 Razor 语法编写服务器代码的效率却有了数倍的提升，这也是建议用 Razor 页面开发 Web 项目最主要的原因。为了理解 Razor 语法的基本用法，我们先看一个例子。

【例 9-2】演示 Razor 语法@标记的基本用法，运行效果如图 9-7 所示。

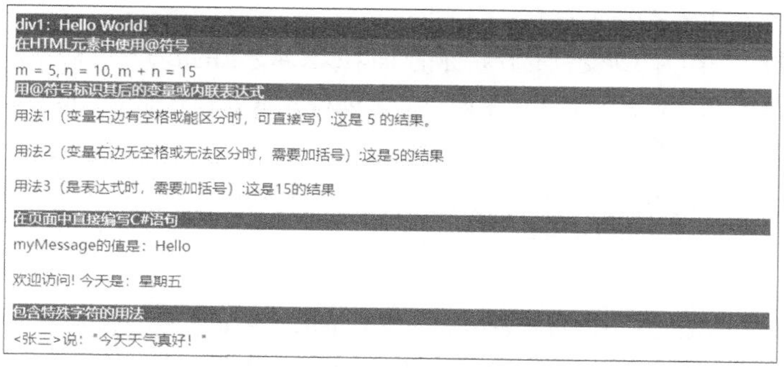

图 9-7　例 9-2 的运行效果

< 199 >

该例子的源程序见 E02Razor1.cshtml，代码如下。

```
@page
@model WebAppExamples.Pages.Ch09.E02Razor1Model
@{
    ViewData["Title"] = "例10-2 Razor 基本用法1";
    int m = 5;
    int n = 10;
    var foreColor = "white";
    var backColor = "red";
}
@*在 CSS 中使用@符号*@
<style>
    #div1 { color:@foreColor; background-color:@backColor; }
</style>
<div id="div1">div1: Hello World!</div>
<h6 class="btn-primary">@Html.Raw("在 HTML 元素中使用@符号")</h6>
<div>
    m = 5, n = 10, m + n = @(m + n)
</div>
<h6 class="btn-primary">@Html.Raw("用@符号标识其后的变量或内联表达式")</h6>
<p>用法1（变量右边有空格或能区分时，可直接写）:这是 @m 的结果。</p>
<p>用法2（变量右边无空格或无法区分时，需要加括号）:这是@(m)的结果</p>
<p>用法3（是表达式时，需要加括号）:这是@(m + n)的结果</p>
<h6 class="btn-primary">@Html.Raw("在页面中直接编写 C#语句")</h6>
@{
    var myMessage = "Hello";
    var greeting = "欢迎访问!";
    var weekDay = DateTime.Now.ToString("dddd");
    var greetingMessage = $"{greeting} 今天是:{weekDay}";
}
<p>myMessage 的值是: @myMessage</p>
<p>@greetingMessage</p>

<h6 class="btn-primary">@Html.Raw("包含特殊字符的用法")</h6>
<p>@Html.Raw("<张三>说: \"今天天气真好! \"")</p>
```

下面介绍该例子涉及的相关概念。

1. @标记

在 Razor 页面中，@标记表示其后为 C#代码，下面分别介绍不同标记的具体用法。

（1）@变量名、@(变量名)

@标记的作用之一是作为 C#变量的开始标记（返回 C#变量的值）。一般格式为：“@变量名”或者“@(变量名)”。换言之，对于单个变量来说，如果能将变量名和其他符号区分开，可省略@后的小括号，否则必须加小括号。例如：

```
<h2>@ViewBag.Chapter MyTest</h2>
<h2>@(ViewBag.Chapter)MyTest</h2>
```

（2）@(表达式)

@标记的另一个作用是返回 C#内联表达式计算的结果。当@符号的后面为 C#的内联表达式时，必须用小括号将表达式括起来。一般格式为：“@(表达式)”。例如：

< 200 >

```
@( i + j )
```

（3）@单条语句、@{语句块}

如果 C#代码只有 1 条语句，在@符号的后面可以省略大括号；但是，如果@后面的 C#代码包含多条语句，则必须用大括号将这些语句括起来。例如：

```
@for(var i = 0; i < 10; i++)
{
    ...
}
@{
    int age = 19;
}
<p>该学生的年龄是: @age </P>
```

（4）在哪些地方可以使用@标记

在 HTML 代码中、CSS 代码中以及客户端脚本（JavaScript、jQuery）代码中，都可以使用@标记。这个例子仅演示了在 HTML 和 CSS 代码中使用@标记的具体实现办法。

2．注释标记（@*……*@）

在 Razor 页面中，@*…*@和<!--…-->的作用相同，都是用来给代码添加注释。但是前者的注释不会发送到客户端，而且利用快捷方式添加和取消注释也比较方便；而后者的注释会随 HTML 一起发送到客户端。

3．文件路径表示法（"/"、"~"）

在 Razor 页面中，规定文件的相对路径（也叫虚拟路径）和应用程序绝对路径中的分隔符都用正斜杠（"/"）分隔。"相对路径"表示该路径相对于项目当前目录开始的路径，"应用程序绝对路径"表示从项目的根目录开始的路径，"物理文件路径"表示文件的实际存储路径。

用相对路径表示时，"."表示当前目录，".."表示上层目录。用应用程序绝对路径表示时，用"~"符号开头表示应用程序的根目录，或者用"/"开头表示应用程序的根目录。

例如：

```
@{
    var a = "~/images/img1.jpg"; //应用程序绝对路径（从项目的根目录开始）
    var b = "/images/img.jpg";    //应用程序绝对路径，与"~/images/img1.jpg"的作用相同
    var c = "./images/img1.jpg"; //相对路径，它等价于"images/img1.jpg"
    var d = "../../images/img1.jpg"; //相对路径
}
```

4．@Html.Raw 方法

对于@符号本身以及双引号等特殊符号，可通过@Html.Raw 方法和转义符将其原样显示出来。例如：

```
<p>@Html.Raw("@标记的用法")</p>
<p>@Html.Raw("张三说: \"今天天气真好! \"")</p>
```

5．分支、循环、对象和集合操作

由于在视图中可以混编 C#代码和 HTML 代码，因此在 C#代码块中，还可以使用分支语句、循环语句、数组、泛型集合以及.NET Core 类库的所有功能。例如：

```
@for(var i = 0; i < 10; i++)
```

< 201 >

```
{
    <p>第 @i 行</p>
}
<ul>
    @foreach (var v in Request.ServerVariables)
    {
        <li>@v</li>
    }
</ul>
```

【例 9-3】演示在 Razor 页面中使用泛型列表的基本用法，运行效果如图 9-8 所示。

在 C#代码块中使用 HTML 元素

今天是 Friday

第1项　　第2项　　第3项　　第4项　　第5项

图 9-8　例 9-3 的运行效果

例 9-3 讲解

该例子的源程序见 E03Razor2.cshtml 文件。

以后我们还会逐步学习其他各种用法，这里只需要先掌握这些最基本的用法即可。

9.2　Web 前端开发架构 Bootstrap

作为后续章节的基础，这一节我们先简单介绍 Bootstrap 相关的基本概念和最基本的用法，以后我们还会逐步学习更多的用法。

9.2.1　基本概念

Bootstrap 是一种移动设备优先的自适应 Web 前端开发框架，该架构实现了移动设备优先的自适应界面显示，其目标是为移动、平板电脑和桌面 Web 开发人员提供一个最简单的解决不同设备访问时所带来的屏幕自适应问题。不论是手机、平板电脑，还是桌面计算机，它都能根据所访问设备的屏幕大小自动调整界面布局，而不再需要开发人员针对不同的设备分别设计不同的页面。

从是否可携带这个角度来看，可将设备分为以下两大类型：

- 移动设备（Mobile）：包括手机、平板电脑等设备。
- 桌面设备（Desktop）：包括普通台式计算机、大屏幕台式计算机等设备。

由于这些不同设备屏幕的大小和分辨率是不一样的，为了能让这些设备都能按最佳的方式显示设计的界面，存在两种典型的解决方案，一种是针对不同的设备分别设计不同的页面，这样做会带来很多重复工作，而且容易导致内容的不一致；另一种是使用某种架构，让开发人员只设计一个界面，即可同时自动适应不同的设备。

Bootstrap 正是为了解决设备自适应性问题而提供的一种解决方案。

1. Bootstrap 的主要设计思想

Bootstrap 的主要设计思想有两点：一是移动设备优先的自适应显示模式，二是采用非介入式 JavaScipt 设计模式。

< 202 >

（1）移动设备优先的自适应显示模式

Bootstrap 是如何实现针对不同的设备实现自适应界面的呢？观察_Layout.cshtml 布局页文件，在该文件的<head>部分，可以看到下面的媒体元数据查询代码：

```
<!DOCTYPE html>
<html lang="en">
<head>
    ...
    <meta name="viewport" content="width=device-width, initial-scale=1.0">
    ...
</head>
<body>
    ...
</body>
</html>
```

正是这行代码（<meta ...>）的作用，才让页面具有了自适应屏幕大小的能力。实际上，这也是 W3C 制定的新 Web 标准中规定的内容（媒体查询标准）。

另外，Bootstrap 还将网页中显示的内容包含在一个或多个称为 container 的容器中。用 HTML 的 class 特性声明某个 HTML 元素是一个容器后（例如 div），它就能按照以下分类自动调节该容器中内容的显示方式。

- 超小屏幕：屏幕宽度小于 768px。
- 小屏幕：屏幕宽度大于等于 768px 且小于 992px。
- 中等屏幕：屏幕宽度大于等于 992px 且小于 1200px。
- 大屏幕：屏幕宽度大于等于 1200px。

例如：

```
<div class="container">
    ...
</div>
```

当屏幕宽度介于上面分类的某个宽度阈值范围内时，它会自动判断是横向显示比较合适还是纵向显示比较合适，并自动调整界面的显示形式。

（2）非介入式 JavaScript

Bootstrap 框架是一种在 HTML 元素内 "看不到脚本代码" 的优雅设计模式，其本质就是利用 CSS 和 JavaScript 代码，为 Web 开发人员提供不同的自适应界面样式控制。

一般情况下，开发人员只需要利用 Bootstrap 自定义的 data 特性（"data-..."），就可以实现不同的功能，而用 JavaScript 实现的代码则是通过 Bootstrap 框架自动调用的，因此也称这种设计模式为 "非介入式 JavaScript"。

2. 在 ASP.NET Core 项目中引用 Bootstrap

Bootstrap 架构主要由 CSS 文件、js 文件组成。其中，bootstrap.js 为未压缩的 JavaScript 文件，bootstrap.min.js 为压缩后的 JavaScript 文件。

由于在项目的布局页（_layout.cshtml）中引用了 Bootstrap 脚本，所以在 Razor 页面中可以直接使用 Bootstrap 框架提供的功能。

9.2.2 常用布局容器和对齐方式 CSS 类

这一节我们简单介绍 Bootstrap 提供的常用布局容器和全局 CSS 类。全局 CSS 类的含义是指这些

< 203 >

CSS 类可应用于任何 HTML 元素。

以后我们还会逐步学习 Bootstrap 提供的其他功能，这些功能都是以这一节介绍的内容为基础的。

1．布局容器

Bootstrap 提供了以下两种用于布局容器的 CSS 类。在视图页的设计中，利用 HTML 元素的 class 特性可方便地用 Bootstrap 设置页面元素的样式。

（1）【.container】类：用于固定宽度并支持响应式布局的容器，这种容器在浏览器界面的左右都留有一定的内边距。例如：

```
<div class="container">
  ...
</div>
```

本章示例的布局页使用的就是这种容器。

（2）【.container-fluid】类：这是一种占浏览器宽度的 100%，左右内边距（padding）均为零的容器。例如：

```
<div class="container-fluid">
  ...
</div>
```

在模板自带的布局页例子中（见 _Layout.cshtml 文件），使用的就是这种容器。

> **注意**
>
> 由于内边距（padding）的存在，container 和 container-fluid 这两种 CSS 布局容器类不能互相嵌套。

2．横向对齐方式

Bootstrap 提供了以下横向对齐的 CSS 类：

- 【.text-center】类：居中
- 【.text-left】类：左对齐
- 【.text-right】类：右对齐
- 【.text-justify】类：两端对齐
- 【.text-nowrap】类：不自动换行

例如：

```
<div class="text-primary text-center">Hello</div>
```

这行代码的效果是：包含在 div 元素内的字符串"Hello"将以蓝色基调的字体居中显示。

如果将 div 作为块级元素来看待，可通过以下方式来引用：

```
<div class="center-block text-primary text-center">Hello</div>
```

这行代码的效果是：将 div 元素作为块级元素相对于其父元素居中显示，而在 div 元素内的字符串"Hello"则相对于该 div 以蓝色基调的字体居中显示。

9.2.3　常用颜色组合 CSS 类

在项目开发中，没有经过美工专业训练的开发人员设计的页面往往不尽如人意，颜色搭配的效果总是让人感觉不那么协调。为了简化开发人员美工设计的难度，Bootstrap 提供了一些常用的颜色组合，这些组合全部通过 CSS 类用具有语义化的单词来表示，而不是直接用颜色名称来表示。

< 204 >

Bootstrap 提供了以下语义化的 CSS 名称类。

- 【.primary】类：蓝色基调，表示主要的信息或动作。
- 【.success】类：绿色基调，表示成功或积极的信息或动作。
- 【.info】类：浅蓝色基调，表示普通信息或动作。
- 【.warning】类：黄色基调，表示警告信息或动作。
- 【.danger】类：红色基调，表示危险或带有负面效果的信息或动作。

这些语义化的名称通过添加不同的前缀，分别表示不同的前景色或者前景与背景组合后的颜色，而且可将其应用于任何一个 HTML 元素，比如 div、p、span、button 等。具体使用时，只需要通过元素的 class 特性指定对应的名称即可。

需要注意的是，这里所说的"颜色基调"是指基础颜色，比如【.primary】的基础色是蓝色，而实际颜色则是由其前缀（例如，"text-"前缀、"bg-"前缀等）来决定的，前缀不同，实际的前景或背景色可能相同，也可能不相同，比如前景色可能是浅蓝色、正常蓝色、深蓝色等。但不论前景色和背景色如何变化，具有某种语义的基础色不会发生变化，变化的只是颜色的深浅而已。

下面介绍 Bootstrap 预定义的常用颜色前缀。

1．"text-"前缀

具有"text-"前缀的颜色一般用来表示文本的前景色，这些预定义的颜色有：text-muted、text-primary、text-success、text-info、text-warning、text-danger。

例如：

```
<div class="text-primary text-center">蓝色前景，居中显示</div>
```

【例 9-4】演示不同"text-"前缀的颜色效果。运行效果如图 9-9 所示（具体效果差异请读者在计算机上运行代码后查看）。

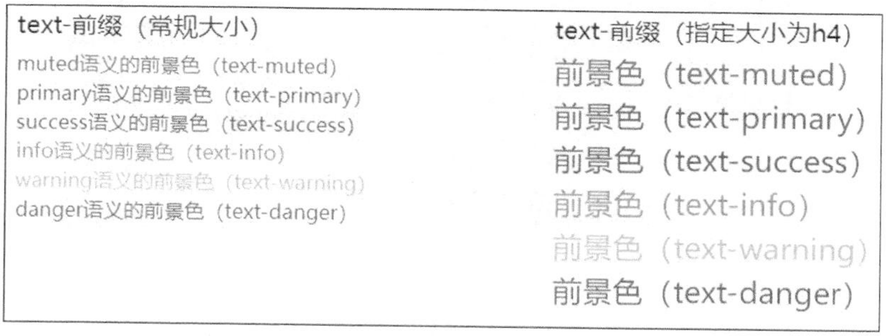

图 9-9　例 9-4 的运行效果

该例子的源程序见 E04Text.cshtml 文件。

2．"bg-"前缀

具有"bg-"前缀的颜色表示背景色，这些组合色有：

```
bg-primary、bg-success、bg-info、bg-warning、bg-danger。
```

例如：

```
<div class="bg-primary text-center">白色前景浅蓝色背景，居中显示</div>
```

【例 9-5】演示不同"bg-"前缀的背景色效果。运行效果如图 9-10 所示（具体效果差异请读者在计算机上运行代码后查看）。

< 205 >

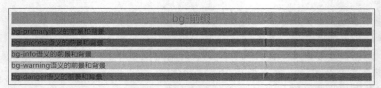

图 9-10　例 9-5 的运行效果

该例子的源程序见 E05bg.cshtml 文件。

另外，在这个例子中，也演示了同时使用 "text-" 前缀和 "bg-" 前缀的自定义颜色组合的效果。

3."btn-"前缀

具有 "btn-" 前缀的颜色由固定的前景色和背景色组合而成，这些组合色有：

btn-default、btn-primary、btn-success、btn-info、btn-warning、btn-danger。

一般用这种前缀表示按钮的颜色组合，但也可以表示其他元素的颜色组合。例如：

```
<div class="btn-primary">白色前景，蓝色背景</div>
```

另外，还可以利用 btn-lg、btn-sm、btn-xs 控制字体大小，例如：

```
<p class="btn-lg btn-default">（btn-lg btn-default）</p>
```

【例 9-6】演示不同 "btn-" 前缀的颜色组合效果。运行效果如图 9-11 所示（具体效果差异请读者在计算机上运行代码后查看）。

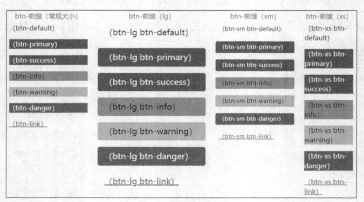

图 9-11　例 9-6 的运行效果

该例子的源程序见 E06btn.cshtml 文件。

9.2.4　Bootstrap 栅格系统

Bootstrap 内置了一套响应式、移动设备优先的流式栅格布局系统，它能随着屏幕设备或视口（viewport）尺寸的增加自动将屏幕按行分为多列（最多 12 列），这些栅格系统包含了预定义的 CSS 类。

1. 基本概念

Bootstrap 栅格系统通过一系列的行（row）与列（column）的组合创建流式页面布局，其中，行（row）必须包含在【.container】类（左右有内边距）或者【.container-fluid】类（占浏览器宽度的 100%，左右无内边距）的容器中。这样要求是为了让栅格系统能根据屏幕大小，自动为行内元素赋予合适的排列方式（aligment）和内边距（padding）。

< 206 >

在行内，可按比例因子定义列，HTML 元素的内容则保存在定义的这些列中。例如：

```
<div class="container">
    <div class="row">
        <div class="col-md-8">Hello1</div>
        <div class="col-md-4">Hello2</div>
    </div>
</div>
```

这段代码表示在大于等于中等屏幕（sm）的设备上访问该页面时，页面将显示 2 列（在同一行中横向排列显示），其中第 1 列占 8/12，第 2 列占 4/12。在超小屏幕（xs）设备上，这 2 列内容将自动变为纵向排列。

!（注意）

> Bootstrap 栅格系统将设备的屏幕宽度最大只能分为 12 列来计算比例因子。

按照屏幕大小，栅格系统用以下前缀表示不同的访问设备。

- col-xs-：表示超小屏幕设备（宽度小于 768px），例如手机。
- col-sm-：表示小屏幕设备（宽度大于 768px 小于 992px），例如平板电脑。
- col-md-：表示中等屏幕设备（宽度大于等于 992px 小于 1200px），例如桌面计算机。
- col-lg-：表示大型屏幕设备（宽度大于等于 1200px），例如大屏幕桌面计算机。

在一个视图页中，既可以只定义一行，也可以定义多行。另外，行内每一列的参数都是通过指定 1 到 12 之间的值（包括 1 和 12）来表示其占用的列数。例如，要让手机访问时某行分为 3 个等宽的列，这 3 列总共占页面的 100%宽度时，可以用 3 个 col-xs-4 来创建（共占 12 列），占页面的 50%宽度时可以用 3 个 col-xs-2 来创建（占 12 列的 50%，即 6 列）。

2. 基本用法

Bootstrap 栅格系统默认具有以下行为：对超小屏幕（手机）来说，这些列总是纵向排列（纵向堆叠）。而对其他屏幕（小屏幕、中等屏幕、大型屏幕）来说，当超过屏幕所规定的相应宽度阈值时，则自动将其变为横向排列。

无论是超小屏幕（手机）、小屏幕（平板电脑）、中等屏幕（桌面计算机）还是大型屏幕（大屏幕桌面计算机），栅格系统都具有以下特征。

- 槽宽：默认都是 30px，即每列左右均保留 15px 的内边距（padding），一定要特别注意这一点，因为这会影响绝对定位显示的位置。
- 嵌套：在一个栅格行的某列内，可嵌套另一个栅格行。
- 如果没有指定大于宽度阈值的设备配置，当屏幕宽度大于阈值时，栅格系统将自动按较小的阈值分配来处理。比如只指定了 col-md-*，但没有指定 col-lg-*，此时大屏幕设备也将按中等屏幕设备的列分配办法来配置列。注意这里的 "*" 应该用实际值（1~12）来代替。

表 9-1 列出了 Bootstrap 栅格系统在多种屏幕设备上自动工作的方式。

表 9-1　Bootstrap 栅格系统在不同屏幕大小的工作方式

特征	超小屏幕设备 手机 (<768px)	小屏幕设备 平板 (≥768px)	中等屏幕设备 桌面 (≥992px)	大屏幕设备 桌面 (≥1200px)
最大容器宽度	None（自动）	750px	970px	1170px
class 前缀	.col-xs-	.col-sm-	.col-md-	.col-lg-
最大列数	12	12	12	12
每列宽度	自动	62px	81px	97px

< 207 >

使用 Bootstrap 栅格系统时，要求所有列（column）必须放在 class="row"的 CSS 类以内。
例如：

```
<div class="container">
    <div class="row">
        ...
    </div>
</div>
```

如果在一个行（row）内包含的列（column）大于 12 个，则包含多余列（column）的元素将作为一个整体另起一行排列。下面通过例子说明 Bootstrap 栅格布局的基本用法。

（1）桌面设备横向排列、移动设备纵向堆叠

使用单一的一组【.col-md-*】栅格类，就可以创建一个基本的栅格系统。

基本的栅格系统在手机和平板设备上将自动纵向堆叠在一起（超小屏幕到小屏幕这一范围），在桌面（中等屏幕、大屏幕）设备上将自动变为水平排列。

例 9-7 讲解

【例 9-7】演示仅使用一组【.col-md-*】类来定义栅格布局的情况，运行效果如图 9-12 所示（具体效果请读者在计算机上运行代码后查看）。

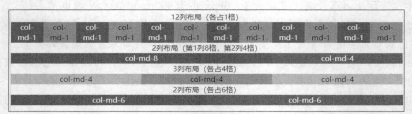

图 9-12　例 9-7 的运行效果

该例子的源程序见 E07grid1.cshtml 文件。

（2）移动设备和桌面都横向排列

如果不希望在小屏幕设备上让所有列都纵向堆叠在一起，则需要用【.col-xs-*】类、【.col-md-*】类分别指定横向排列时各列的比例因子。

【例 9-8】演示使用【.col-xs-*】类、【.col-md-*】类来定义栅格布局的情况，运行效果如图 9-13 所示（具体效果请读者在计算机上运行代码后查看）。

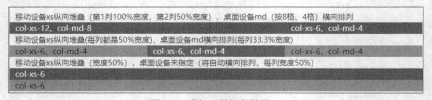

图 9-13　例 9-8 的运行效果

该例子的源程序见 E08grid2.cshtml 文件。

9.3 利用标记帮助器和 HTML 帮助器实现界面交互

为了降低界面设计的难度，ASP.NET Core 提供了标记帮助器。除此之外，还为表单保留了 HTML 帮助器。利用这些帮助器，用户可方便地将模型和表单绑定在一起，从而实现模型数据的查看、编

< 208 >

辑、修改、搜索等功能。另外，还可以在模型中声明表单控件的验证规则，并通过 Razor 页面反馈验证结果。

9.3.1 标记帮助器和 HTML 帮助器

标记帮助器和 HTML 帮助器在适用的场合上并不完全相同，两者在功能上既有重叠又有差异，实际使用时，可根据需要选择其中的一种来实现。

1. 标记帮助器

标记帮助器也叫标记帮助程序，它主要用于解决 HTML 和 C#之间上下文切换的效率问题。ASP.NET Core 内置的多数标记帮助器都可扩展标准 HTML 元素。

标记帮助器是一种特殊的可以包含 C#代码的 HTML 元素。页面处理程序是在代码隐藏类中定义的处理浏览器请求的方法。

标记帮助器使用 C#创建，以 HTML 元素为目标。例如，LabelTagHelper 以 HTML 的<label>元素为目标。

在很多情况下，HTML 帮助器为特定标记帮助程序提供了一种替代方法，但标记帮助器不会替代 HTML 帮助程序，且并非每个 HTML 帮助器都有对应的标记帮助程序。

标记帮助器的用法很简单。例如：

```
<label asp-for="Movie.Title"></label>
```

它会生成以下 HTML 代码：

```
<label for="Movie_Title">Title</label>
```

（1）a 帮助器

例如：

```
<a asp-controller="Speaker" asp-action="Index">All Speakers</a>
<a asp-controller="Speaker" asp-action="Evaluations">Speaker Evaluations</a>
```

它会生成以下 HTML 代码：

```
<a href="/Speaker">All Speakers</a>
<a href="/Speaker/Evaluations">Speaker Evaluations</a>
```

asp-controller 属性可分配用于生成 URL 的控制器。asp-action 属性值表示生成的 href 属性中包含的控制器中操作方法的名称。如果指定了 asp-controller 属性，而未指定 asp-action 属性，则 asp-action 的值为当前页或控制器中默认的操作方法名称。如果 asp-action 属性值为 Index，则不向 URL 追加任何操作方法，即调用默认的 Index 操作方法。

（2）form 标记帮助器

form 标记帮助器的 asp-page 生成 HTML 的 formaction 属性值。例如：

```
<form method="post">
    <button asp-page="About">Click Me</button>
    <input type="image" src="..." alt="Or Click Me" asp-page="About">
</form>
```

它会生成以下 HTML 代码：

```
<form method="post">
    <button formaction="/About">Click Me</button>
    <input type="image" src="..." alt="Or Click Me" formaction="/About">
```

< 209 >

```
</form>
```

form 标记帮助器还会生成隐藏的请求验证令牌，防止跨站点请求伪造（在 HTTP Post 操作方法中与[ValidateAntiForgeryToken]属性配合使用时）。对于纯 HTML 表单来说，保护免受跨站点请求伪造的影响很难，但利用表单标记帮助器可做到这一点。

（3）input 标记帮助器

input 标记帮助器的 asp-for 生成 input 元素的 id 和 name 特性。

例如，下面的 CSHTML：

```
@{ var joe = "Joe"}
<input asp-for="@joe">
```

则会生成以下 HTML 代码：

```
<input type="text" id="joe" name="joe" value="Joe">
```

（4）复选框隐藏输入呈现

HTML5 中的复选框在未选中时不会提交值。为了使未选中的复选框能够发送默认值，input 标记帮助器会为复选框生成一个额外的隐藏输入。

例如（CSHTML）：

```
<form method="post">
    <input asp-for="@Model.IsChecked" />
    <button type="submit">Submit</button>
</form>
```

则生成的 HTML 代码如下。

```
<form method="post">
    <input name="IsChecked" type="checkbox" value="true" />
    <button type="submit">Submit</button>
    <input name="IsChecked" type="hidden" value="false" />
</form>
```

2．HTML 帮助器

下面列出了 ASP.NET Core 支持的 HTML 帮助器所在的类及其扩展功能，列出这些类的目的是让读者对其具体实现有一个整体印象。

- InputExtensions 类包含了呈现 input 元素的扩展方法。该类通过设置 input 元素的 type 值可实现以下类型的控件：CheckBox、RadioButton、TextBox、Password、Hidden。
- TextAreaExtensions 类包含了可呈现 textarea 元素的扩展方法。
- SelectExtensions 类包含了可呈现 select 元素的扩展方法。
- LabelExtensions 类包含了可呈现 label 元素的扩展方法。
- EditorExtensions 类包含了可呈现 input 元素以及 textarea 元素的扩展方法，具体呈现的元素取决于传递的参数和模型声明。例如，利用 Html.TextBox 方法或者 Html.TextBoxFor 方法可实现单行文本框的输入控制。
- ValidationExtensions 类包含了实现数据验证的扩展方法。

HTML 表单控件帮助器主要分为两大种类型。

第 1 种是用于强类型视图的 HTML 帮助器，这些帮助器的方法名都带有后缀"For"（例如 Html.TextBoxFor 扩展方法），方法的参数多数都用 Lambda 表达式来实现，当用户通过页面和服务器交互时，一般使用这种帮助器。

< 210 >

第 2 种是用于动态页面的 HTML 帮助器，这些帮助器都不带后缀"For"（例如 Html.TextBox 扩展方法），当页面通过 ViewData 和页面传递数据时，一般使用这种帮助器。

3．表单与控制器和模型的交互

在控制器的操作方法中，通常有两种获取和处理表单数据的办法：一是用 Request 实现，二是用模型实现。

（1）利用 Request.Form[<字段名>]获取和处理表单数据

不使用模型时，可利用 ViewBag 在视图中声明 value 特性的值，然后在控制器的操作方法中再利用"Request[<字段名>]"获取页面中用 name 特性声明的表单控件字段名，该属性返回的是该表单控件的 value 特性的值。例如：

```
<input name="text1" type="text" value="张三" class="form-control">
```

当传递 name 特性的值为"text1"的字段时，Request 方法会自动将所有传递的数据（字段对应的 value 特性的值）都包含在一个以"键/值"形式组成的集合内，因此我们可以通过 Request[<key>]来获取该键对应的 value 值。

（2）利用模型获取和处理表单数据

虽然利用 Request 方法可方便地处理数据，但是当数据量十分大时，这种办法的处理效率并不高，此时可利用模型来实现。

实际上，在实际的 Web 应用项目中，大部分情况都是利用模型来实现数据交互，只有少量的交互（比如按钮）才利用 Request 方法去实现。

9.3.2　呈现 form 元素的 HTML 帮助器

Microsoft.AspNetCore.Mvc.RazorPages 命名空间下的 FormExtensions 类包含了可呈现 form 元素的 HTML 扩展方法：BeginForm 方法和 EndForm 方法。

1．BeginForm 方法和 EndForm 方法

BeginForm 方法用于生成 form 元素的开始标记，并默认使用 POST 方式提交数据。当用户提交表单时，由操作方法处理 form 的 POST 请求。另外，如果 BeginForm 方法不带参数，它就用同样的 URL 来处理 GET 和 POST 请求。

EndForm 方法生成 form 元素的结束标记，同时释放表单资源。

具体使用时，有两种用法呈现 form 元素的 HTML 帮助器办法。

第 1 种用法是将 Html.BeginForm 方法包含在一个 using 语句块中，当退出该 using 语句块时，将自动释放表单占用的资源，这是推荐使用的办法。例如：

```
@using(Html.BeginForm())
{
    ...
}
```

第 2 种用法是直接调用 Html.BeginForm 和 Html.EndForm 方法。例如：

```
@{
    Html.BeginForm();
      ...
    Html.EndForm();
}
```

< 211 >

不过，一般很少用第 2 种办法来实现。

2．获取客户端提交的数据

当通过页面中的 form 元素进行界面交互时，不论是 GET 方式还是 POST 方式，都可以通过 C#代码获取并处理提交给服务器的数据。

（1）利用 Request.Method 方法获取 HTTP 数据传输方式

在 C#代码中，可通过 Request.Method 属性获取客户端使用的 HTTP 数据传输方法，该属性返回的是一个表示 HTTP 数据传输方式的字符串（"GET"、"POST"等）。例如：

```
if (Request.Method == "POST")
{
    //处理 POST 请求
}
```

（2）利用"Request.Form[<字段名>]"获取和处理表单数据

在页面或者代码隐藏类中，可利用"Request.Form[<字段名>]"获取页面中用 name 特性声明的表单控件字段名，该属性返回的是该表单控件的 value 特性的值。例如：

```
<input name="text1" type="text" value="张三" class="form-control">
```

当传递 name 特性的值为"text1"的字段时，Request 方法会自动将所有传递的数据（字段对应的 value 特性的值）包含在一个以"键/值"对形式组成的集合内。

（3）利用模型获取和处理表单数据

虽然利用 Request.Form 方法可方便地获取和处理数据，但是当客户端提交大量的数据时，这种办法的处理效率并不高，此时可利用模型来实现。

实际上，在实际的 Web 应用项目中，大部分情况都是利用模型来实现数据交互的，只有少量的交互才利用 Request.Form 方法去实现。

3．示例

【例 9-9】演示利用 BeginForm 方法获取界面数据的基本用法，运行效果如图 9-14 所示。

该例子的源程序见 E09.cshtml 文件及其代码隐藏类。

图 9-14　例 9-9 的运行效果

例 9-9 讲解

9.3.3　文本框和密码框

文本框有两种呈现形式：单行文本框和多行文本框。

1．单行文本框

当 input 元素的 type="text"时，该 input 元素将呈现一个单行文本输入框。

Html.TextBoxFor 扩展方法可自动为单行文本框生成 input 元素及其相关特性的值。另外，如果是旧版本的浏览器，该扩展方法还能自动生成对应的客户端 JavaScript 代码以实现等效的功能。

2．多行文本框

如果是多行文本框，除了直接用 textarea 元素来实现，还可以利用 Html.TextAreaFor 帮助器来实现，该帮助器用于呈现多行文本框并返回对应的 textarea 元素。

3．密码框

当 input 元素的 type="password"时，表示该标记为密码输入框。例如：

< 212 >

```
<input id="pwd" type="password" value="12345" />
```

　　密码输入框与单行文本输入框的功能基本相同，不同之处是当用户输入密码时，密码框中的文本显示的是同一个字符。

　　Html.PasswordFor 方法呈现用于输入密码的文本框，该方法返回 type 特性值为 "password" 的 input 元素。例如：

```
Html.PasswordFor(m => m.UserPassword);
```

4．示例

　　下面通过例子说明 Html.TextBoxFor、Html.TextAreaFor 以及 Html.PasswordFor 的基本用法。

例 9-10 讲解

　　【例 9-10】演示单行和多行文本框以及密码框的基本用法，运行效果如图 9-15 所示。

UserName	张三	OtherInfo	2023级1班学生
UserPassword			

提交

提交结果：

姓名：张三，密码：12345，其他信息：2023级1班学生

图 9-15　例 9-10 的运行效果

　　该例子的源程序见 E06.cshtml 文件及其代码隐藏类。

　　至此，我们学习了基于服务器更新的 ASP.NET Core Web 应用的入门知识。下一章我们将学习基于页面局部更新的 Vue 架构。实际上，第 10 章涉及的 HTML5、CSS3 的基础知识也同样适用于本章项目的开发（用法完全相同），希望读者通过下一章的学习，能将两种架构的特色进行对比，起到举一反三的学习效果。

习题

1. Razor 视图引擎有什么特点？
2. 什么是 Bootstrap，Bootstrap 有哪些特点？
3. 关于 Razor Pages，下面哪项说法是正确的？（　　　　）
   A. Razor Pages 用于不侧重于生成 HTML 的 ASP.NET Core 应用，如 Web API
   B. Razor Pages 不能与 ASP.NET Core MVC 应用共存
   C. Razor Pages 在工作效率方面的优势是它可将应用中的视图更改集中在一起
   D. 在 ASP.NET Core Web 应用中不能使用 MVC
4. 应该使用哪种方法在 PageModel 中处理窗体提交？（　　　　）
   A. 使用 OnPost（或 OnPostAsync）方法
   B. 使用 OnGet 方法
   C. 使用 DataAnnotation 处理窗体提交
   D. 使用单独的 MVC 控制器处理窗体提交

< 213 >

第 10 章 Vue 和 ASP.NET Core Web API

这一章我们主要学习前端用 HTML5、CSS3、Vue3、Bootstrap5，后端用 ASP.NET Core Web API 编写完整 Web 应用程序的基本用法。这是对前端和后端都用 ASP.NET Core Web 应用程序（BootStrap 架构、Razor 页面和 C#语言）来实现的另一种技术实现方案。

10.1 项目创建与配置

一般情况下，前端开发工程师重点关注的是最终呈现在客户端浏览器中的效果及其界面设计技术，后端开发工程师重点关注的是在服务器端运行的业务逻辑和数据部署及其开发技术。但是，对于初学者来说，如果不清楚这两者如何无缝地结合在一起，就不能算是真正掌握了 Web 开发技术的全部内容。

限于篇幅，本书不再介绍各种不同架构的实现技术及其特点，这一章仅介绍一些入门知识和简单例子，最后通过一个完整实例——网上商城作为读者的知识扩展学习内容，希望起到抛砖引玉的作用。

后端和前端项目
创建与配置

10.1.1 添加 ASP.NET Core Web API 项目到解决方案

ASP.NET Core Web API 主要用于在服务器端（后端）提供 API 服务，使用 JSON 格式向客户端应用程序（移动应用、桌面应用等）提供数据。

这一节我们将介绍如何添加 ASP.NET Core Web API 项目到 V4B2Soure 解决方案。

1. 添加项目

打开 V4B2Soure 解决方案，鼠标右击解决方案名，选择【添加】→【新建项】，在弹出的窗口中，选择"所有语言"，然后找到并选择【ASP.NET Core Web API】模板，如图 10-1 所示，单击【下一步】。

图 10-1 添加 ASP.NET Core Web API 项目

在弹出的【配置新项目】对话框中，将项目名称改为 "VueWebApi"，不要改变项目位置，如图 10-2 所示，单击【下一步】。

配置新项目

ASP.NET Core Web API　　C#　　Linux　　macOS　　Windows　　云　　服务　　Web　　WebAPI

项目名称(J)

```
VueWebApi
```

位置(L)

```
D:\ls\V4B2Source
```

项目 将在"D:\ls\V4B2Source\VueWebApi\"中创建

图 10-2　修改项目名称

在【其他信息】对话框中，确认【框架】是 ".NET 7.0"（或更高版本），确认已选中【使用控制器】，如图 10-3 所示，单击【创建】。

其他信息

ASP.NET Core Web API　　C#　　Linux　　macOS　　Windows　　云　　服务　　Web　　WebAPI

框架(F) ⓘ

```
.NET 7.0 (标准期限支持)
```

身份验证类型(A) ⓘ

```
无
```

☑ 配置 HTTPS(H) ⓘ
☐ 启用 Docker(E) ⓘ
Docker OS(O) ⓘ

```
Linux
```

☑ 使用控制器(取消选中以使用最小 API) ⓘ
☑ 启用 OpenAPI 支持(O) ⓘ
☑ 不使用顶级语句(T) ⓘ

图 10-3　配置其他信息

操作完成后，就会在 V4B2Source 解决方案中看到已添加了 VueWebApi 项目。

2．运行项目

先将 VueWebApi 项目设为启动项目，然后按 <Ctrl>+<F5> 键在不调试的状态下运行该项目，此时就会在默认浏览器中看到基于 Swagger 的 Web API 测试页，如图 10-4 所示。

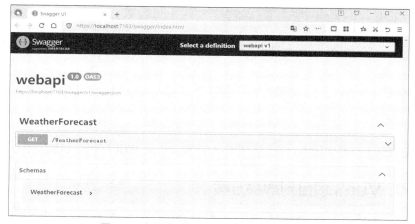

图 10-4　在默认浏览器中显示的 API 测试页面

< 215 >

ASP.NET Core Web API 项目模板默认生成的是天气预报服务（见 WeatherForecast.cs 文件），展开页面中的下拉框，可看到 Web API 测试成功。

3．避免每次启动 VueWebApi 项目时都显示 Swagger 页

Swagger 页主要用于帮助开发人员调试 ASP.NET Core Web API。当编写的 Web API 没有问题后，就不需要每次运行该项目时都显示这个测试页面了，此时可通过项目的属性设置将其关闭。如果希望继续调试 Web API，再通过项目的属性设置将其显示出来即可。

关闭 Swagger 页的办法是：鼠标右击【VueWebApi】项目，选择【属性】，在弹出的【属性】页中，展开【调试】选项卡，单击【（常规）】然后单击【打开调试启动配置文件 UI】超链接，如图 10-5 所示。

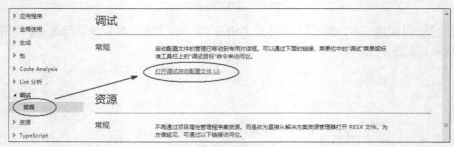

图 10-5　打开调试启动配置文件 UI 超链接

在弹出的【启动配置文件】窗口中，取消选中【启动浏览器】选项，如图 10-6 所示。这样就可以防止该项目每次启动时都显示 Swagger 页了。反之，如果希望启动时仍然显示 Swagger 页，重新进入【启动配置文件】窗口，勾选【启动浏览器】选项即可。

图 10-6　关闭【启动浏览器】选项

在本章后面的网上商城实例中，我们会看到 ASP.NET Core Web API 的具体实现代码。

10.1.2　添加 Vue3 项目到解决方案

VS2022 内置了创建独立 Vue 3 项目（Vue 版本 3，简称 Vue3）的模板，利用该模板创建项目时，

< 216 >

需要满足两个前提条件：一是 VS2022 必须是 17.7 及更高版本且安装了【ASP.NET 和 Web 开发】工作负荷；二是必须先安装 node.js，以便使用它所包含的 npm。

由于我们已经在第 1 章安装了【ASP.NET 和 Web 开发】工作负荷，而且本书安装的 VS2022 版本是 17.7.4，即第一个条件已经满足，所以只需要在创建 Vue 项目前，先安装第二个条件要求满足的 node.js 即可。

1．安装 node.js

登录 node.js 官网，选择 LTS 版（长期稳定版），如图 10-7 所示。

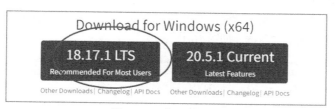

图 10-7　下载 node.js

完成下载后，运行它，不修改任何默认选项，直至完成安装。

安装完成后，在命令行方式下，分别键入"node –v"和"npm –v"命令，可查看已经成功安装的 node.js 版本和它所包含的 npm 版本。

这一步完成后，就可以在 VS2022 中创建和运行 Vue 项目了。

2．添加 Vue 项目到 V4B2Source 解决方案

打开 V4B2Soure 解决方案，鼠标右击解决方案名，选择【添加】→【新建项】，在弹出的窗口中，选择"所有语言"，然后找到并选择【独立 JavaScript Vue project】模板，如图 10-8 所示，单击【下一步】。

图 10-8　添加独立 JavaScript Vue Project

在弹出的【配置新项目】对话框中，将项目名称修改为"vueproject"，不要改变项目位置，如图 10-9 所示，单击【下一步】。

配置新项目

独立 JavaScript Vue Project　　JavaScript　　Web

项目名称(J)

vueproject

位置(L)

D:\ls\V4B2Source

项目 将在"D:\ls\V4B2Source\vueproject\"中创建

图 10-9　配置新项目

在【其他信息】对话框中，确认已选中【为空 ASP.NET Web API 项目添加集成】，如图 10-10 所示，单击【创建】。

< 217 >

图 10-10　配置其他信息

操作完成后，就会在 V4B2Source 解决方案中看到已添加了 vueproject 项目。

3．观察创建的解决方案

项目创建完成后，就会在解决方案资源管理器中看到与本章内容相关的两个项目【vueproject】和
【VueWebApi】，分别对应前端和后端。如图 10-11 所示。

图 10-11　在解决方案中添加的项目

4．修改 vueproject 项目的端口以匹配 VueWebApi 项目

打开 VueWebApi 项目中的 launchSettings.json 文件（位于 Properties 文件夹中），查看后端监听的端
口，如图 10-12 所示。

```
launchSettings.json ╫ ×
架构: https://json.schemastore.org/launchsettings.json
13          "https": {
14            "commandName": "Project",
15            "launchUrl": "swagger",
16            "environmentVariables": {
17              "ASPNETCORE_ENVIRONMENT": "Development"
18            },
19            "dotnetRunMessages": true,
20            "applicationUrl": "https://localhost:7004;http://localhost:5007"
21          },
```

图 10-12　查看后端监听的端口

打开 vueproject 项目的 vite.config.js 文件，将其 server 部分改为下面的内容（目的是将端口号改为
与监听的端口号一致）：

```
server: {
  proxy: {
    '/api': {
      target: 'https://localhost:7004/',
      secure: false,
      changeOrigin: true,
    },
    '/weatherforecast': {
```

< 218 >

```
                target: 'https://localhost:7004/',
                secure: false
            }
        },
        port: 5173,
        https: {
            key: fs.readFileSync(keyFilePath),
            cert: fs.readFileSync(certFilePath),
        }
    }
```

端口匹配后，就可以在前端（vueproject 项目）中调用后端（VueWebApi 项目）用 C#编写的 ASP.NET Core Web API 了。

10.1.3　在 Vue3 项目中使用 Bootstrap5 和 VueRouter

将 Bootstrap5 与 Vue3 结合使用能大幅提高 Vue 的界面设计质量与开发效率。

在 Vue3 项目中使用
Bootstrap5 和
VueRouter

1．通过 npm 安装依赖项

（1）安装 VueRouter

鼠标右击 vueproject 项目下的 npm，选择【安装新的 npm 包】，在弹出的窗口中，搜索【vue-router】，选中【vue-router 4.2.4】，单击【安装包】。

（2）安装@popperjs/core

要在 Vue3 中使用 Bootstrap5，必须安装这个包。

在上一步的基础上，继续搜索【popper】，选中【@popperjs/core 2.11.8】，单击【安装包】。

（3）安装 Bootstrap5

在上一步的基础上，继续搜索【bootstrap】，选中【bootstrap 5.3.2】，单击【安装包】。

安装完成后，打开 package.json 文件，可看到已自动添加了如图 10-13 所示的依赖项：

```
{
    "name": "vueproject",
    "version": "1.0.0",
    "private": true,
    "scripts": {
        "dev": "vite",
        "build": "vite build",
        "preview": "vite preview",
        "lint": "eslint . --ext .vue,.js,.jsx,.cjs,.mjs --fix --ignore-path .gitignore",
        "predev": "node aspnetcore-https.js"
    },
    "dependencies": {
        "@popperjs/core": "^2.11.8",
        "bootstrap": "^5.3.2",
        "vue": "^3.3.4",
        "vue-router": "^4.2.4"
    },
    "devDependencies": {
        "@vitejs/plugin-vue": "^4.3.1",
        "eslint": "^8.46.0",
        "eslint-plugin-vue": "^9.16.1",
        "vite": "^4.4.9"
    }
}
```

图 10-13　安装的依赖项

< 219 >

2．导入依赖项

打开 main.js 文件，将其改为下面的内容：

```
import "bootstrap/dist/css/bootstrap.min.css";
import "bootstrap";
import { createApp, reactive } from 'vue'
import router from './router'
import App from './App.vue'
const app = createApp(App)
app.use(router)
app.mount('#app')
```

这样就可以在 Vue3 项目中使用 Bootstrap5 和 VueRouter 了。

3．调试运行

鼠标右击 vueproject 项目名，选择【配置启动项目】，在弹出的解决方案"V4B2Source"属性页窗口中，选择【多个项目启动】，然后将 vueproject 和 VueWebApi 两个项目选择为"启动"，并将 VueWebApi 项目移到上方（表示先启动该项目），其他项目都选择为"无"，如图 10-14 所示。

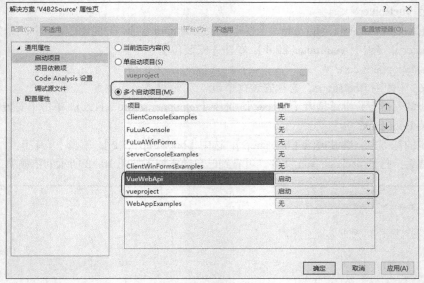

图 10-14　配置多个项目启动

按<F5>键调试运行，系统就会分别启动服务端（VueWebApi）和客户端（vueproject），同时，还能在 Edge 浏览器中看到显示的天气预报页面。

至此，我们完成了后端和前端项目的创建和配置，并观察了项目模板默认提供的后端用 ASP.NET Core Web API 实现、前端用 Vue 实现的天气预报页面的运行效果。

10.2 Vue 前端开发入门

这一节我们简单学习 Vue 的基本概念和基本用法，以便初次接触 Vue 的读者对此有一个基本认识，为接下来将要学习的网上商城系统的设计打下基础。

< 220 >

10.2.1　主界面设计

本章共有 13 个例子，示例主菜单采用左侧折叠导航方式，所有例子的运行效果都显示在界面右侧的边框内。界面运行效果如图 10-15 所示。

图 10-15　主界面运行效果

完成主界面设计以后，就可以继续添加本章示例的代码了。

10.2.2　Vue 编程基础

Vue 是一个用于构建前端用户界面的 JavaScript 框架。这是一种构建在标准 HTML、CSS 和 JavaScript 之上，提供声明性和基于组件的渐进式单页应用编程模型。Vue 具有两个重要的核心功能，一是声明式渲染，二是响应性跟踪。或者说，Vue 会自动跟踪 JavaScript 状态并在其发生变化时响应式地更新声明式渲染的 DOM。

1. Vue 基本用法

在 VS2022 中，可以直接用添加 HTML 文件的方式来创建 Vue 组件（注意添加后再将.html 扩展名改为.vue 扩展名，这样可避免中文乱码）。通过这种方式添加的 Vue 组件称为 Vue 的单文件组件（也叫 Vue 文件）。单文件组件是指在同一个 Vue 文件中，可同时包含 Vue 组件的逻辑（JavaScript）、模板（HTML）和样式（CSS）。

【例 10-1】演示 Vue 基本用法（HelloWorld）。运行效果如图 10-16 所示。

图 10-16　例 10-1 的运行效果

< 221 >

该例子的源程序见 E01HelloWorld.vue。另外，从下一个例子开始，示例运行效果仅截取完整界面右侧与例子相关的部分，不再截取整个运行界面。

2. 组合式 API

在一个 Vue 文件中，可以按两种不同的风格编写 Vue 组件：组合式 API（Composition API）和选项式 API（Options API）。

组合式 API 使用导入的 API 函数来描述组件逻辑。在单文件组件中，组合式 API 通常会与<script setup>搭配使用，该特性告诉 Vue 需要在编译时处理它。比如，在<script setup>中导入的顶层变量或函数都能够在模板中直接使用。

组合式 API 有很高的灵活性，利用它会使组织和重用逻辑变得非常强大。

【例 10-2】演示组合式 API 和 Vue 组件最基本的用法。运行效果如图 10-17 所示。

图 10-17　例 10-2 的运行效果

该例子的源程序见 E02ClickCount.vue 文件。

3. 选项式 API

选项式 API 使用包含多个选项的对象来描述组件的逻辑，如 data、methods 和 mounted。这些选项所定义的属性都会暴露在函数内部，并指向当前组件（this）的实例。例如：

```
<script>
    export default {
      // data() 返回的属性将会成为响应式的状态，并且暴露在 this 上
      data() { return { count: 0 }},
       // methods 是一些用来更改状态与触发更新的函数，它们可以在模板中作为事件处理器绑定
      methods: { increment() { this.count++ }},
      // 生命周期钩子会在组件生命周期的各个不同阶段被调用，例如这个函数就会在组件挂载完成后被调用
      mounted() { console.log(`The initial count is ${this.count}.`)}}
</script>
<template>
    <button @click="increment">Count is: {{ count }}</button>
</template>
```

选项式 API 以"组件实例"的概念为中心，同时，它将响应性相关的细节抽象出来，并强制按照选项来组织代码。对于有面向对象语言编程背景的用户来说，这种模型可能比组合式 API 更容易理解一些。

4. 功能模块拆分

随着项目功能的逐步实现，编写的代码也会越来越多，此时就需要将代码分割成单独的 Vue 组件或者 JavaScript 文件，以便更容易对其进行管理。

在 vueproject 项目的 index.js 文件中，我们可看到通过 import 导入的多个 Vue 组件。

5. 在 Vue 项目中使用 Bootstrap5

由于 Vue 本身并未提供可简单重复使用的 UI 组件，而 Bootstrap5 在这些方面做得很有特色，因此将两者结合使用可极大地提高 Vue 项目开发的效率和质量。

< 222 >

【例 10-3】演示在 Vue 项目中 Bootstrap 按钮的基本用法。运行效果如图 10-18 所示（具体颜色效果请读者在计算机上运行程序后查看）。

图 10-18　例 10-3 的运行效果

该例子的源程序见 E03Btn.vue 文件。

6．在 Vue 项目中使用 Bootstrap 的模态框

虽然利用 Vue 也能实现模态框，但其具体实现要比 Bootstrap 复杂一些，因此这里通过一个例子演示如何在 Vue 项目中使用 Bootstrap 模态框。

【例 10-4】演示在 Vue 项目中 Bootstrap 模态框的基本用法。运行效果如图 10-19 所示。

图 10-19　例 10-4 的运行效果

该例子的源程序见 E04Modal.vue 文件。

10.3　HTML5 常用标记

HTML（Hypertext Markup Language，超文本标记语言）是一种用标记（tag）来描述网页元素信息的描述语言，HTML5 是指 W3C 规定的 HTML 正式标准第 5 版。

10.3.1　基本概念

HTML5 是在 HTML4（HTML 4.01 版）的基础上推出的新一代 Web 标准，目标是取代 HTML 4.01标准，以期能在互联网应用迅速发展的时候，将 Web 带入一个成熟的富互联网应用平台，在这个平台上，文本、图像、音频、视频、动画以及同计算机和移动设备的网络交互都被标准化。

1．HTML5 的基本结构

我们先看一下 HTML5 的基本结构：

```
<!DOCTYPE html>
<html>
<head>
    <meta ... />
    <title>...</title>
</head>
```

< 223 >

```
<body>
    …
</body>
</html>
```

第 1 行<!DOCTYPE html>表明该文件使用 HTML5。

从第 2 行开始是 HTML5 文档内容，一般由首部（head 元素）和主体（body 元素）两大部分组成。页面自适应则通过<meta>元素来设置：

```
<meta name="viewport" content="width=device-width, initial-scale=1.0">
```

在 vueproject 项目中，这些设置是在 Index.html 文件中实现的。

2. 元素和标记

在由 HTML5 元素组成的页面中，一个 HTML 元素要么由一对标记来构造（开始标记和结束标记），要么由一个简写形式的标记来构造（既包含开始标记又包含结束标记）。为了避免读起来绕口，有时候我们将其称为 HTML 元素，有时候又可能称为 HTML 标记，但对实际的 HTML 表示形式来说，这些叫法并没有什么本质的差别。

开始标记和结束标记一律都用尖括号括起来。

如果某个元素的内容是长度为 0 的空字符串，或者该元素的内容是通过特性来描述的，也可以用既包含开始标记也包含结束标记的简化形式来表示。例如：

```
<input type="text">123</input>
```

这行代码也可以用下面的简化形式来表示：

```
<input type="text" value="123" />
```

如果元素的内容为 null，则这些元素必须用简化形式来表示。例如 br 元素只能用
标记来表示。

3. 常用的 HTML5 全局特性

网页中的每个 HTML 元素一般都有一个及以上的特性，在元素的开始标记内，既可以直接声明该元素具有某个特性（不设置特性的值时将自动使用其默认值），也可以在声明特性名称的同时设置该特性的值。

（1）id 特性和 name 特性

在 HTML5 文档中，每个元素都可以声明 id 特性和 name 特性，如 "<a id="a1" name="a1">"，"<img id="img1" name="image1">" 等。

id 特性和 name 特性的最大区别是：在同一个网页中，不同的元素不能有相同的 id 值，但可以有相同的 name 值。

由于同一个网页中没有重复的 id 值，这样一来，在客户端脚本中，就可以利用 JavaScript 通过 id 值获取唯一的元素。

（2）style 特性

style 关键字有两个用途：一个是将其作为特性来使用（称为 style 特性），另一个是将其作为元素名来使用（称为 style 元素）。

style 特性用于在某个元素的开始标记内设置该元素的 CSS 属性。例如，字体大小、字体颜色、背景色等 CSS 属性。一般格式为：

```
<元素名 style="属性1:值1; 属性2:值2; ……">……</元素名>
```

< 224 >

格式中的每个 CSS 属性与 CSS 值之间都用冒号（":"）分隔。如果一个元素的 style 特性中有多个 CSS 属性，这些属性之间用分号（";"）分隔。

例如：

```
<body style="color: blue; background: white">
```

（3）class 特性

class 特性的用途是在元素的开始标记内引用在 style 元素内或者在.css 文件中定义的 CSS 类的名称。例如：

```
<style>
    .myClass { color: white; background-color: red; }
</style>
<p class="myClass"></p>
```

在这段代码中，用 style 元素定义了一个名为 myClass 的 CSS 类，并在 p 元素中用 class 特性引用了这个 CSS 类。注意定义时用"点（.）"前缀表示这是一个 CSS 类，但用 class 引用它时不要加"点"前缀。

（4）自定义特性（data-*、aria-*）

data-*用于在元素的开始标记内自定义随元素一起传递的数据，其名称以字符串"data-"开头，连字符后至少要有 1 个字符，例如 data-mydata1、data-mydata2 等。

aria-*用于让该元素的内容更容易理解，以便使网站可供具有各种不同的浏览习惯和有身体缺陷的用户访问（该技术也叫残疾人访问技术）。或者说，这是另一种描述元素内容语义的辅助方式，其名称以字符串"aria-"开头，连字符后是已定义的属性，例如 aria-labelledby、aria-level 等。

（5）其他全局特性

除了前面介绍的这些常用的全局特性，HTML5 还提供了其他一些全局特性，例如 accesskey、dir、lang、tabindex、title、contenteditable、contextmenu、draggable、dropzone、hidden 等，有兴趣的读者可参考 W3C 标准中相关的规定。

接下来我们学习一些最常用的 HTML5 元素。

10.3.2　标题和段落

标题标记（h1～h6）和段落标记（p、span、br 等）是网页中使用的最频繁的元素。

1．标题标记（hx）

HTML5 提供的标题元素共有 6 个，分别是 h1、h2、h3、h4、h5、h6。这些元素都是用来控制文档中字体的大小。默认情况下，从 h1 到 h6 字体逐步减小，h1 表示最大字体的标题，h6 表示最小字体的标题。

2．段落标记（p）

p 标记用于为文本划分段落，例如：

```
<p>Hello, It's me</p>
<p class="lead">Hello</p>
```

3．段内换行标记（br）

`<br />`表示段内强制换行，该标记的作用类似于在 Word 文档中按<Shift>+<Enter>键产生的软回车。

< 225 >

4．行内区域标记（span）

span元素用于在行内（inline）定义一个区域，如果网页中某一行中部分文字的内容需要用特殊的形式显示，可以用和将其包围起来。例如：

```
<p>说明：<span class="lead">span标记</span>用于在行内定义一个区域。</p>
```

5．水平分隔线标记（hr）

修饰段落时，还可以选用hr标记。该标记自动实现段落的换行，并相对于其父容器的宽度绘制一条长度为100%的水平线，同时，还在水平线的上方和下方留出一定的间隔。

6．上标和下标（sup标记、sub标记）

sup标记将它包含的文字显示为上标，sub标记将它包含的文字显示为下标。

7．粗体和斜体标记（b、i）

在HTML的早期版本中，一般用strong和em来表示粗体和斜体，但是，由于在CSS3中em是一种度量单位，而strong的语义不是太明确，因此在HTML5中，规定用能体现其语义的英文首字母来表示，即：b标记（粗体）表示在不增加额外重要性的同时将词或短语高亮显示，i标记（斜体）大部分用于发言、技术型短语等情况。

8．内联代码（code标记）和代码块（pre标记）

在HTML5文档中，还可以通过code标记包裹内联样式的代码片段。例如：

```
<code>&lt;section&gt;</code>
```

其中"<"为小于号"<"的转义表示，">"为大于号">"的转义表示。

对于多行代码，可以用pre标记来表示，为了能正确地显示代码，同样需要将pre标记块内的尖括号做转义处理。例如：

```
<pre>&lt;p&gt;Sample text here...&lt;/p&gt;</pre>
```

9．示例

【例10-5】演示在Vue项目中标题和段落标记的基本用法，运行效果如图10-20所示。

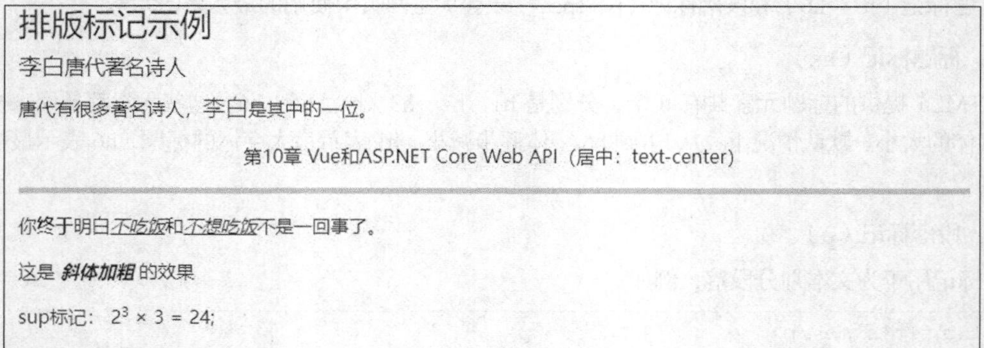

图10-20 例10-5的运行效果

该例子的源程序见E05-br.vue文件。

< 226 >

10.3.3　容器和超链接

在 HTML5 表示中，div 仅仅是一个容器，其用途是控制它从而控制其包含的多个子元素，例如只需要控制 div 容器的显示和隐藏，就能让它所包含的所有子元素都显示或者都不显示。

由于 div 是一个容器元素，因此其应用非常广泛，利用它可以实现很多特殊的功能，例如，页面上的可移动窗口、对话框、同一位置不同图片的叠加显示，以及文字、图片等元素的动态重叠显示等。

随着学习的深入，我们会陆续看到 div 元素各种各样的用法，这里只介绍最基本的用法。

1. div

默认情况下，div 的宽度占其父容器宽度的 100%，块内的区域左对齐显示。

下面的代码将 div 居中，div 宽度占其父容器宽度的 100%：

```
<div class="center-block">hello</div>
```

下面的代码将 div 居中，相对于其父容器的宽度为 70%：

```
<div class="center-block" style="width:70%">hello</div>
```

下面的代码将 div 居中，宽度占其父容器宽度的 100%，并将其内容也居中显示：

```
<div class="center-block text-center">hello</div>
```

下面的代码将 div 居中，宽度占其父容器宽度的 70%，并将其内容也居中显示：

```
<div class="center-block text-center" style="width:70%">hello</div>
```

为了能看出每个 div 的宽度及其对齐方式，可以给这些 div 添加边框。

2. 超链接

超链接（a 标记）的用途是利用它链接到某个页面（通过声明 href 特性声明链接的目标地址）或者某个页面中的某一部分（用 "#" 号分隔目标地址和链接位置的 id 名称）。

在 HTML5 表示中，也可以将 a 标记作为一个占位符来看待（单击该超链接不会有任何反应），例如：

```
<a href="#">...</a>
```

a 标记的常用特性主要有 href、target 等。

target 特性表示被链接的目标显示方式，可选值如表 10-1 所示。

表 10-1　超链接标记 target 特性的可选值

特性	含义
_top	表示目标页面将占用整个浏览器窗口
_self	默认值，表示在当前超链接所在的框架中显示目标页面
_blank	表示在新选项卡中显示页面
_parent	表示将目标页面装入当前框架的父框架中，但是有的浏览器会将其解释为_top
自定义 url	链接到指定的目标 url（目标元素用 id 来定义）

target 的默认值为 "_self"，表示在本窗口或者浏览器的选项卡内显示相应内容。也可以将其设置为 "_blank"，表示在右新窗口或者新选项卡中显示被链接的目标。

< 227 >

10.3.4　列表和导航

　　HTML5 提供了 3 种列表标记：无序列表（ul）、有序列表（ol）和自定义列表（dl），这些标记除了用于显示列表信息，还可以在这些标记内用超链接实现导航功能。

　　导航标记（nav）的用途是明确指定它所包含的子元素是用于导航的。

1．无序列表（ul）

　　ul 表示顺序无关紧要的列表元素。ul 元素中的每一子项都必须包含在\<li\>和\</li\>之间。默认情况下，li 有自动换行的作用，每个子项占一行。

　　（1）默认样式

　　可以用 style 特性的 list-style-type 属性设置 ul 列表项的符号。list-style-type 属性有 3 种取值："disc"、"circle" 和 "square"，分别表示实心圆、空心圆和小方块，默认值为 "disc"。如果不指定任何样式，此时它将使用默认的 "disc" 样式。例如：

```
<ul>
    <li>子项 1</li>
    <li>子项 2</li>
    <li>子项 3</li>
</ul>
```

　　（2）列表嵌套

　　也可以嵌套使用 ul，例如：

```
<ul>
    …
    <li>子项 3
      <ul>
          <li>子项 3-1</li>
          <li>子项 3-2</li>
      </ul>
    </li>
    …
</ul>
```

　　（3）无样式列表

　　利用 Bootstrap 提供的【.list-unstyled】CSS 类，可移除默认样式和左侧外边距的一组元素，这种样式设置只针对 ul 的直接子元素（\<li\>…\<li\>），对 li 元素内嵌套的 ul 元素不起作用。例如：

```
<ul class="list-unstyled">
    …
</ul>
```

　　（4）内联列表

　　通过 Bootstrap 提供的【.list-inline】CSS 类，可直接将所有子项放置于同一行。例如：

```
<ul class="list-inline">
    <li>…</li>
    <li>…</li>
    …
</ul>
```

< 228 >

（5）列表组

通过 Bootstrap 提供的【.list-group】CSS 类，可将列表项放置到同一个组内，组内每一项都用【.list-group-item】CSS 类来表示。例如：

```
<ul class="list-group">
    <li class="list-group-item">子项 1</li>
    <li class="list-group-item">子项 2</li>
    <li class="list-group-item">子项 3</li>
</ul>
```

2．有序列表（ol）

ol 标记表示顺序比较重要的一组子项元素。用 ol 标记建立的有序列表默认的项目序号是十进制数字。例如：

```
<ol>
    <li>子项 1</li>
    <li>子项 2</li>
</ol>
```

3．自定义列表（dl）

dl 标记表示带有描述信息的短语列表，列表中的每一个子项一般由 dt 标记和 dd 标记组成，其中，dt 标记用于定义子项的标题，随后跟随的 dd 标记是对 dt 标记的描述、解释和补充。例如：

```
<dl>
    <dt>子项 1</dt>
    <dd>子项 1 的描述信息</dd>
    <dt>子项 2</dt>
    <dd>子项 2 的描述信息</dd>
</dl>
```

如果在 dl 的开始标记内指定了 Bootstrap 提供的【.dl-horizontal】类，还可以让 dl 元素内的每一对子元素（dt 和 dd）自动排在同一行。例如：

```
<dl class="dl-horizontal">
    ...
</dl>
```

4．导航标记（nav）

nav 标记是 HTML5 新增的标记。该标记用来将具有导航性质的链接分类组织在一起，使代码结构在语义化方面更加准确。

（1）基本用法

在 HTML5 中，可直接将导航链接放到 nav 标记中。例如：

```
<nav>
    <ul>
        <li><a href="index.htm">主页</a></li>
        <li><a href="about.htm">关于</a></li>
    </ul>
</nav>
```

< 229 >

nav 标记不仅可以作为页面全局导航，也可以将其放在 article 标记内，作为单篇文章内容的相关导航标识，以链接到当前页面的其他位置。但是，并不是所有的链接组都要被放到 nav 元素内，例如在页脚中通常会有一组链接，包括服务条款、首页、版权声明等，这时使用 footer 元素比较合适，而不是用 nav 元素来实现。

（2）Bootstrap 为 nav 提供的 CSS 类

Bootstrap 为 nav 提供的 CSS 类可作为导航标头的响应式元组件，它们在移动设备上可以折叠和展开，且在可用的视区宽度增加时自动变为水平展开模式。例如，在 App.vue 文件中，导航菜单就是用 nav 元素来实现的。

5．示例

【例 10-6】演示 ul 和 dl 标记的基本用法，运行效果如图 10-21 所示。

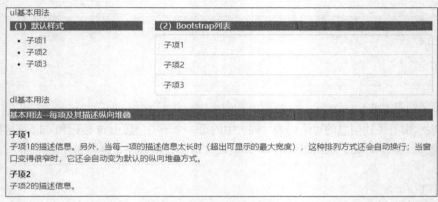

图 10-21 例 10-6 的运行效果

该例子的源程序见 E06ul-dl.vue 文件。

10.3.5 图像、音频和视频

在页面中，有时候可能需要显示图像、播放音频或视频，在 HTML5 中，可直接用相应的元素来实现，而不需要任何插件。

1．图像显示（img）

在 HTML5 中，仍然和旧版本一样用 img 元素显示图像，该元素的常用特性如下。

- src：图像的位置，它和超链接（a 标记）的 href 特性相似，可以为相对路径、绝对路径。
- alt：图像的文字说明，当图像不能显示或鼠标悬停在图片上时将显示 alt 的值。

（1）基本用法

一般用 style 特性的 width 或者 height 中的某一个来设置图片的大小，此时它会自动按比例缩放，单位可以是像素，也可以是相对于父容器元素大小的百分比。例如：

```
<img alt="smile" src="smile.png" />
<img alt="smile" src="smile.png" style="width:80px" />
```

使用 img 元素时，所用的图片大小应该尽量和显示的一致（不缩放），特别是不要将原始的大图片缩小显示，因为这样做除了增加下载负担，并不会带来任何好处。

（2）Bootstrap 为 img 元素提供的 CSS 类

利用 Bootstrap 为 img 元素提供的 CSS 类，可方便地将图像呈现为不同的样式。

< 230 >

例如，下面的代码分别将指定的图像呈现为矩形、圆形和缩略图：

```
<img src="..." alt="..." class="img-rounded">
<img src="..." alt="..." class="img-circle">
<img src="..." alt="..." class="img-thumbnail">
```

2．音频播放（audio）

audio 标记用于播放音频文件，比如音乐或者其他音频流。表 10-2 列出了 audio 标记的常用特性。

表 10-2　audio 标记相关的特性

特性	说明
autoplay	如果声明该特性，则音频在就绪后马上播放
controls	如果声明该特性，则向用户显示播放按钮、播放进度条等
loop	如果声明该特性，则每当音频结束时重新开始播放
preload	如果声明该特性，则在页面加载时就加载音频，并预备播放。如果使用 "autoplay"，则忽略该特性
src	要播放的音频的 URL

目前所有的现代浏览器都能播放.mp3 格式的音频文件。

video 标记用于播放视频文件。表 10-3 列出了 video 标记的常用特性。

表 10-3　video 标记相关的特性

特性	说明
autoplay	如果声明该特性，则视频在就绪后马上播放
controls	如果声明该特性，则向用户显示播放按钮、播放进度条等
width	设置视频播放器的宽度
height	设置视频播放器的高度
loop	如果声明该特性，则每当视频结束时重新开始播放
start	指定开始播放的位置
preload	如果声明该特性，则在页面加载时就加载视频，并预备播放。如果使用 "autoplay"，则忽略该特性
src	要播放的视频的 URL

目前所有现代浏览器都能播放 MPEG4 格式的视频，MPEG4 是指带有 H.264 视频编码和 AAC 音频编码的视频文件。

【例 10-7】演示图像、音频和视频标记的基本用法，运行效果如图 10-22 所示。

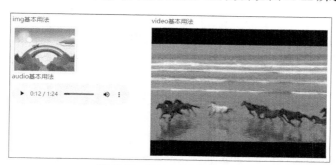

图 10-22　例 10-7 的运行效果

该例子的源程序见 E07video.vue 文件。

< 231 >

10.3.6　表格

表格（table）元素由<table>和</table>组成。表格内的行由 tr 标记定义，<tr>与</tr>之间用<td>和</td>填充。表 10-4 列出了 table 元素内相关的标记。

表 10-4　表格标记

标记	说明
thead	定义表头
th	定义每列的表头，文字为粗体居中显示。包含在<thead>和</thead>之间
tbody	定义表格的主体
tr	定义表格的行，每个<tr>构成一行。如果定义了 tbody，包含在<tbody>和</tbody>之间
td	定义表格单元格，包含在<tr>和</tr>之间
tfoot	定义表格的脚注
col	定义表格的列
colspan	在 td 和 th 标记中，用来指定单元格横向跨越的列数
rowspan	在 td 和 th 标记中，用来指定单元格纵向跨越的行数

th 标记和 td 标记的不同点在于 th 标记仅用于每列表头的单元格，默认加粗显示，若表格没有列标题则可以省略该标记。

利用 CSS 的 table-layout 属性，可以设置表格的布局方式，该属性有两个选项值：auto 和 fixed，默认为 auto。

auto 表示自动布局，这种布局会自动拉伸单元格的内容，列的宽度由列单元格中没有换行的最宽内容确定。在这种布局下，表格在所有单元格读取计算之后才会显示出来。

fixed 表示固定布局。在表格固定布局中，水平布局仅取决于表格的宽度、列宽度、表格边框的宽度以及单元格间距，而与单元格内的内容无关。使用固定表格布局的优点是浏览器在接收到表格的第一行后就可以显示表格，比自动布局速度快；缺点是没有自动布局灵活。

1．规则表格

规则表格的特点是每一行的列数都相同，每一列的宽度也相同。例如：

```
<table>
    <tr>
        <td>...</td>
        <td>...</td>
        <td>...</td>
    </tr>
    <tr>
        <td>...</td>
        <td>...</td>
        <td>...</td>
    </tr>
</table>
```

2．非规则表格

非规则表格用 colspan 特性和 rowspan 特性来指定 td 或者 th 标记所跨越的列数或行数。colspan：在 td 和 th 中都可以使用，指定单元格横向跨越的列数。rowspan：在 td 和 th 中都可以使用，指定单元格纵向跨越的行数。

< 232 >

例如：

```
<table>
    <tr>
        <td colspan="3">...</td>
    </tr>
    <tr>
        <td>...</td>
        <td>...</td>
        <td>...</td>
    </tr>
</table>
```

10.3.7　界面交互

HTML5 提供的常用界面交互元素有：input 元素、select 元素、datalist 元素、textarea 元素、label 元素等。

当用户通过网页以表单形式提交数据时，它所包含的界面交互元素都必须包含在 form 元素的开始标记（<form>）与结束标记（</form>）之间。

1．form 元素

HTML 中的<form>标记用于定义表单域，即创建一个表单，用来实现用户信息的收集与传递，并将其中的所有内容提交给服务器。form 的常用属性如表 10-5 所示。

表 10-5　form 的常用属性

属性名	说明
action	规定向何处提交表单的地址（URL）（提交页面）
method	规定在提交表单时所用的 HTTP 方法（默认：GET）
enctype	规定被提交数据的编码（默认：url-encoded）
target	规定 action 属性中地址的目标（默认：_self）

form 元素的 method 特性提供了多种提交表单的 HTTP 数据传输方式，包括 GET、POST、DELETE、PUT 等，在这些传输方式中，最常用的有两种：GET 和 POST。

（1）GET 方式

GET 方式也叫 GET 方法（GET Method），用于客户端向服务器发送 GET 请求，该方式通过 URL 来传递用户请求的数据，同时将参数以字符串的形式存放在向服务器提交的 URL 的后面。form 默认采用 GET 方法提交，也可以在 form 的开始标记内显式添加 method="get"。

例如：

```
<form method="get" action="URL 名称">
    ...
</form>
```

采用 GET 方式提交数据时，这种方式提交的数据将显示在浏览器的地址栏中，保密性差且有数据量的限制。但由于其执行效率比较高，很多搜索引擎一般都是用这种方式向服务器提交搜索的内容。

（2）POST 方式

POST 方式也叫 POST 方法（POST Method），该方式是将表单（form 元素）内各字段名称及其内

< 233 >

容放置在 HTML 的头文件（head 元素）内传送给服务器，而不是通过 URL 来传递参数。

采用 POST 方式提交时，需要在 form 的开始标记内添加 method="post"。例如：

```
<form method="post" action="URL 名称">
    ...
</form>
```

对于 POST 方式来说，可以用 Request.Form 获取提交的数据。

下面我们学习一些常用的表单元素，包括：input 元素、复选框、单选按钮、提交按钮等。

2．<input>元素

在<form>和</form>之间，通常利用 input 元素实现界面交互功能，在 HTML5 中，<input>元素拥有多个 type 特性值，用于定义不同的控件类型。

（1）type 特性

input 元素是一个复合控件，该元素通过不同的 type 特性声明其实现的输入类型。基本格式为<input type="类型"/>。表 10-6 列出了 input 元素的常用属性。

表 10-6　input 元素的常用属性

类型名	说明
text	单行文本输入框。用来输入简短的信息，如用户名、账号、证件号码等，常见的属性有 name、value、maxlenght
password	密码输入框。用来输入密码，其内容将以圆点的形式显示
radio	表示单选按钮。用于单项选择，如选择性别、是否操作等。需要注意的是，在定义单选按钮时，必须为同一组中的选项指定相同的 name 值，这样单选才会生效，也可以对单选按钮应用 checked 属性，指定默认选中项
checkbox	复选框。多用于多项选择，如选择兴趣、爱好等，可对其应用 checked 属性，指定默认选中项
button	普通按钮。常常配合 javascript 脚本语言使用
submit	提交按钮。这是表单中的核心控件，用户完成信息输入后，一般都需要单机点击提交按钮才能完成表单数据的提交。可以对其应用 value 属性，改变提交按钮上的默认文本
reset	重置按钮。当用户输入的信息有错误时，可单击重置按钮取消已输入的所有表单信息。可以对其应用 value 属性，改变重置按钮上的默认文本
image	图像形式的提交按钮。它与普通按钮的功能基本相同，只是它用图像代替了默认的按钮，外观上更加美观。要求必须为其定义 src 属性指定图像的 url 地址
hidden	隐藏域。对用户不可见，通常用于后台程序
file	文件域。当定义文件域时，页面中将出现一个文本框和一个浏览按钮。用户可以通过填写文件路径或直接选择文件的方式，将文件提交给后台服务器

除此之外，HTML5 的 input 元素可用的 type 特性值还有： number、datetime、date、time、month、week、range、email、url、search、tel、color 等。

使用 input 元素时，Bootstrap 提供的样式支持 HTML5 为 input 提供的所有的 type 类型，但是一定要注意，必须为 input 元素声明 type 类型后 Bootstrap 才能为其提供正确的样式。

（2）name 特性和 value 特性

name 特性为当前控件指定一个名称，传递数据时或作为参数名称，或用于客户端脚本引用，属性值需符合 name 命名规范。

value 特性是控件初始显示的文字内容（数据），除了 type 特性值设为 radio 或 checkbox 时不能省略此特性，其他类型都可省略。

< 234 >

　　此特性对于不同类型的控件来说具体形式也不一样：当 type 特性设置为 button、submit 或 reset 时，表示按钮标签显示的文字；当 type 特性设置为 checkbox、radio、image、hidden、file 等值时，该特性值不会被显示出来而是作为向服务器传送的数据；当 type 特性值设置为 text 或 password 时，该特性值会显示在文字输入框中。

　　（3）placeholder 特性和 title 特性

　　placeholder 特性的用途是：如果 input 元素 value 特性的值为 null 或空字符串，此时将会自动以水印方式显示 placeholder 特性的值。例如：

```
<input type="text" name="n1" placeholder="输入 n1 的值"/>
```

　　title 特性的用途是：当鼠标悬停在 input 元素的上方时自动弹出用 title 特性指出的提示信息。例如：

```
<input type="text" name="n1" title="输入 n1 的值"/>
```

　　（4）用于输入验证的特性

　　除了前面介绍的最常用的特性，HTML5 标准还为 input 元素规定了用于客户端输入验证的特性，其目标是以一种统一的标准取代各种不同的验证插件。下面简单介绍这些特性的基本用法。

　　disabled 特性的用途是禁用该 input 元素。例如：

```
<input name="result" type="text" disabled />
```

　　readonly 特性的用途是将该元素设为只读，以防止用户编辑其内容。例如：

```
<input name="result" type="text" readonly />
```

　　required 特性表示该 input 元素不能为 null 或者空字符串。例如：

```
<input name="n1" type="text" required/>
```

　　当用户不在 input 元素内输入任何内容时，在浏览器中会自动用红色边框包围该元素，并在该元素的下方弹出一个对话框。

　　min 特性表示该 input 元素中可输入的最小值，max 特性表示该 input 元素中可输入的最大值，maxlength 特性表示该 input 元素中可输入的最大字符串长度。例如：

```
<input name="n1" type="number" min="1" max="100" />
<input name="userName" type="text" maxlength="10"/>
```

3．其他界面交互元素

　　除了 input 元素，用于表单交互的元素还有 label、textarea、select、datalist 等。这一节我们先简单了解这些元素的基本用法，后面还会学习如何通过强类型的帮助器将这些元素与模型绑定在一起来提高代码设计的效率。

　　（1）label 元素

　　label 元素用于为 input 元素定义辅助显示的内容，该元素有一个 for 特性，一般将它和 input 元素的 name 特性绑定在一起，其作用是当用户单击该 label 元素显示的内容时，光标焦点会自动定位到与它绑定在一起的 input 元素上。例如：

```
<label for="inputName">用户名</label>
<input name="inputName" type="text">
```

　　在这段代码中，由于 for 特性的值是 inputName，因此，当用户单击【用户名】时，光标焦点会自动定位到 name 特性值为 inputName 的 input 元素（文本框）内。

< 235 >

如果不声明 label 元素的 for 特性，单击 label 的内容区域时，不会将焦点自动定位到 input 元素内，在这种情况下，只能直接单击 input 元素将焦点定位到 input 元素内。

（2）fieldset 元素

该元素用于对其子元素进行分组，在每个 fieldset 组内，可利用 legend 元素设置该组的标题。例如：

```
<fieldset>
    <legend>分组 1 标题</legend>
    ...
</fieldset>
<fieldset>
    <legend>分组 2 标题</legend>
    ...
</fieldset>
```

（3）textarea 元素

textarea 元素表示多行文本域，用于多行文本输入。例如：

```
<textarea  style="height:60px; width:300px;"></textarea>
```

或者：

```
<textarea class="form-control" rows="3"></textarea>
```

（4）select 元素

select 元素用于构造列表框，在该元素内通过 option 元素构造子项。例如：

```
<select name="gender">
    <option selected>男</option>
    <option>女</option>
</select>
```

默认情况下，用户每次只能选择其中的一项，如果希望让用户同时选择多项，可以在 select 元素中添加 multiple 特性，例如：

```
<select name=" gender " multiple>
    ...
</select>
```

（5）datalist 元素

datalist 元素用于构造下拉框，它与 select 元素的主要区别是：datalist 元素除了提供列表选项，还提供了一个可编辑的文本框，以便让用户添加下拉列表选项中没有的内容。

例如：

```
<input name="gender" type="text" list="genders" />
<datalist id="genders">
    <option>男</option>
    <option>女</option>
</datalist>
```

当鼠标单击下拉框上方的文本框时，datalist 将在其下方显示一组可供选择的下拉选项。选中某选项，它就会被自动输入到该文本框内。另外，用户还可以先清除文本框（单击文本框右端的"×"号），然后再选择选项或者在文本框内直接输入其他值（例如输入"未知"）。

< 236 >

10.4 层叠式样式表

这一节我们主要学习 CSS3 的基本概念和基本用法。

10.4.1 CSS 简介

CSS 是 Cascading Style Sheets 的缩写，被称为级联样式表，也叫层叠式样式表。CSS3 是指 W3C 发布的 CSS 第 3 版正式标准的具体实现。

CSS 的作用是控制网页中的 HTML 元素在浏览器中呈现的样式，比如字体大小、字体颜色、背景色、边框样式、布局方式、背景图像的样式以及 2D、3D 变换等。通过 CSS，可以有效地对页面效果实现更加精确的控制。概括来说，CSS3 把很多以前需要使用图片和脚本才能实现的网页效果，变为只需要短短几行 CSS 代码就能实现。同时，利用 CSS3，还能很容易地实现以前让初学者望而却步的二维、三维图形操作以及动画控制等高级图形处理功能。

CSS3 不仅能简化 Web 前端开发人员的设计过程，还能加快页面加载到内存中的速度。

在介绍 CSS3 的使用方法之前，这里先介绍一下在 CSS3 中所使用的单位，包括长度单位、颜色单位、角度单位、时间单位以及频率单位。对于每一种单位，CSS 都提供了多种单位表示形式，选择合适的 CSS 单位，能更精确地控制页面的样式。

1. 长度单位

在 CSS 中，长度单位分为绝对长度单位和相对长度单位。一般来说，使用像素（"px"）以及百分比（"%"）作为长度单位的网页比较多。

绝对长度单位有 px（像素）、cm（厘米）、mm（毫米）、in（英寸）、pt（点，1pt=1/72 英寸）、pc（1pc=12 点）等。

相对长度单位常用有两种，一种是 %（百分比），例如 50%；另一种是 em，例如 0.1em。

em 指相对于父元素的字体大小比例，一般用来表示一行文字的高度。在默认字体大小的情况下，em 和 %、px、pt 的关系为：

1em = 100% = 14px = 10.5pt
1.143em = 114.3% ≈ 16px = 12pt

例如：

```
p { text-indent: 1.429em; }
p { text-indent: 0; }
```

控制字间距和行间距时，多数情况下都是用 "em" 作为长度单位。

2. 颜色单位

我们知道，任何一种颜色都是通过对红（R）、绿（G）、蓝（B）三个颜色通道的变化和它们相互之间的叠加来得到的，另外，还可以通过 Alpha 通道（A）设置透明度。

CSS3 提供了 HEX、RGB、RGBA、HSL、HSLA 以及 transparent 等颜色表示形式，这些颜色模型是 W3C 在 CSS Color Module Level 3 正式标准中定义的模型，这里我们仅介绍最基本的颜色单位表示形式。

（1）HEX 和 RGB

HEX 表示使用两位十六进制数表示 RGB 通道中每个通道的颜色，每个颜色通道的取值范围均为 00~FF。一般形式为 "#RRGGBB"，例如 "#3B04C5"。如果每个参数各自在两位上的数字都相同，那

< 237 >

么也可缩写为 "#RGB" 的方式，例如 "#FF8800" 也可以缩写为 "#F80"。

RGB 使用十进制数表示颜色，格式为 rgb（R，G，B），其中 R、G、B 分别表示红色通道、绿色通道、蓝色通道，这三个值都是 0～255 的整数或者范围为 0%～100%的百分数。例如：

```
foreground{color:rgb(255,0,0);}
background{background-color:rgb(128,128,128);}
percent-color{background-color:rgb(50%,50%,50%);}
```

（2）RGBA

RGBA 是 CSS3 新增的颜色表示形式，格式为 rgba（R，G，B，A），它和 rgb（R，G，B）的区别是多了一个 alpha 通道（即透明度），该值为 0~1 之间的数（包括 0 和 1）或者 0%~100%的百分数。0 表示完全透明，1 表示完全不透明。例如：

```
background-color:rgba(255,0,0,0.5);
background-color:rgba(100%,0%,0%,0.5);
```

（3）HSL 和 HSLA

除了前面介绍的三种颜色表示形式，还可以使用 CSS3 支持的色调（Hue）、饱和度（Saturation）和亮度（Lightness）来表示颜色，格式为 HSL（H，S，L）。其中，色调被定义为指示颜色在颜色盘上的角度，取值范围为 0 度～360 度。例如 0 或 360 表示红色，120 表示绿色，240 表示蓝色。饱和度和亮度则均以百分比的形式来表示。例如：

```
background-color:hsl(0,100%,50%);
```

HSLA（H，S，L，A）前 3 个值的含义与 HSL 相同，最后一个值"A"表示不透明度，其范围为 0～1 之间的值（包括 0 和 1）。例如：

```
background-color:hsla(0,100%,50%,0.5);
```

（4）透明色（transparent）

transparent 是全透明黑色（black）的速记法，其效果与 rgba（0，0，0，0）效果相同。在 CSS3 中，可将 transparent 应用到任何一个具有颜色值的 CSS 属性上，例如：

```
.test{color:red; background:transparent;}
```

3．角度、时间和频率单位

CSS3 包含了表示各种 2D、3D 角度变换的单位，这些单位有 deg（度）、rad（弧度）、turn（旋转圈数）、grad（梯度，一圈为 400grad）。其中，"30deg" 表示顺时针旋转 30 度，"-30deg" 表示逆时针旋转 30 度。

时间单位主要用于控制 CSS 动画，表示时间的单位有 ms（毫秒）、s（秒）。在 CSS3 中，可直接通过设置 CSS 样式来实现动画，而不需要用脚本来实现。介绍动画设计时，我们还会学习 CSS3 动画的具体实现。

频率主要用于通过 CSS 来表示语音阅读文本的音调。频率越小音调越低，频率越大音调越高。在 CSS3 中，表示频率的单位有 Hz（赫兹）、kHz（千赫）等。

10.4.2　CSS 的级联控制

CSS 规定了 3 种定义样式的方式，分别为内联式、嵌入式和外部链接式。

下面通过例子说明这三种定义样式的方式。

【例 10-8】演示 CSS 级联控制的基本用法，运行效果如图 10-23 所示。

< 238 >

图 10-23　例 10-8 的运行效果

该例子的源程序见 E08css.vue 和 ch10style.css，下面解释例子中涉及的相关概念。

1．内联式

内联式是指直接在网页的 HTML 元素内通过 style 特性设置元素的样式。每个 style 特性内可以包含一个或多个 CSS 属性，其一般形式为：

```
style="<属性名 1>: <值 1>; <属性名 2>: <值 2>; ……"
```

属性名与属性值之间用冒号分隔，如果有多个 CSS 属性，各属性之间用分号分隔。

例如：

```
<p style="font-size: 12pt; color: green;">Hello, 张三</p>
```

这行代码中 style 特性的作用是：设置 p 元素的字体大小为 12pt，字体颜色为绿色。

内联式适用于单独控制某个 HTML 元素样式的情况。这种方式的优点是用法直观；缺点是无法一次性设置所有相同元素的样式。

一般情况下，如果需要单独设置某个元素的样式，或者具有相同样式的元素比较少，可以采用内联式。

2．嵌入式

嵌入式是指在 style 元素内定义当前页面 HTML 元素的样式。

如果是布局页，一般在<head>与</head>之间声明 style 元素；如果是视图或分部视图，直接在文件中使用 style 元素设置即可，所定义样式的作用范围为从定义 style 元素开始一直到文件结束。

在 style 元素内，每个样式定义的一般格式为：CSS 选择符 {<属性名 1>:<值 1>; <属性名 2>:<值 2>; ……}例如：

```
<style>
    .style3 { border-width: 20px; border-color: Red; }
</style>
```

如果需要修改当前网页内所有引用 style3 的元素的样式，只需要修改 style3 的样式即可。可见，采用嵌入式比内联式方便多了，代码看起来也比较简洁。

嵌入式适用于控制当前网页内具有相同样式的多个元素。采用这种控制方式的优点是当需要修改某些元素的样式时，只需要修改在 style 元素内定义的样式即可，这样一来，当前网页内所有具有相同样式的元素都会自动应用新的样式。

但是，嵌入式仅适用于修改当前网页内具有相同样式的元素，如果多个网页内的很多元素的样式都相同，采用这种方式时仍然需要分别在各个网页内重复定义。

3．外部链接式

外部链接式是指在扩展名为.css 的样式表文件中单独保存样式的定义。

< 239 >

嵌入式只解决了当前网页内具有相同样式的元素控制问题。而一般情况下，一个网站是由很多网页组成的，如果不同网页中的某些元素使用的样式相同，比较好的方式是将样式定义放在单独的 CSS 文件中，然后根据需要可随时添加所引用的 CSS 文件。

采用外部链接式的优点是：当需要修改元素的样式时，只需要一次性修改.css 文件中的样式即可。一旦修改了.css 文件中的某个样式，凡是引用了该.css 文件的网页，都会自动应用新的样式。

在单独的.css 文件中，定义样式的办法和直接在 style 元素内定义样式的办法相同。

4．级联控制

如果网页文件中的某个 HTML 元素既引用了外部链接式，又引用了嵌入式，同时也定义了内联式，而这些样式的定义又产生冲突，那么元素最终呈现的效果会是什么呢？在这种情况下，浏览器会按照文档解析的顺序，依次应用所定义的样式。为了说明这个问题，观察 E08.vue 文件中下面的一段代码：

```
<p class="style1" style="color: green;">Hello, 李四</p>
<div class="center-block style2 style3" style="width: 200px; height: 80px;">
    这是 div
</div>
```

对于这段代码中的 p 元素来说，由于用 style 特性重新定义了该元素为绿色字体，因此在 ch10styles.css 文件中定义的【.style1】类中指定的 color 样式不起作用。

对于这段代码中的 div 元素来说，通过 class 特性依次引用了 Bootstrap 定义的【.center-block】类、ch10styles.css 文件中定义的【.style2】类以及当前页面中定义的【.style3】类，同时还使用 style 特性定义了该元素的宽度和高度，因此，该元素的最终呈现的效果将是这几种样式级联后的结果。

由于在 E08.vue 文件中通过嵌入式定义的样式代码在所引用的外部链接式文件的下面，浏览器解析这段代码时，按照解析顺序应该先应用 Bootstrap 定义的样式（即【.center-block】类，该样式引用定义在该页使用的布局页中），再应用 ch10style.css 中定义的样式（【.style2】类），然后应用嵌入式定义的样式（【.style3】类），最后应用在 div 元素的开始标记内用 style 特性定义的样式。

如果将嵌入式定义的样式代码放在外部链接式的引用代码上面，此时，按照解析顺序，最终呈现的应该是 ch10style.css 中定义的【.style2】类中的 border-width 和 border-color，而嵌入式中定义的 border-width 和 border-color 将不起作用。当然，如果两者定义的样式不产生冲突，则都会起作用。

这就是将样式控制称为"级联控制"的原因。

可见，CSS 的定义非常灵活，编程人员可以根据情况选择其中的一种或者多种控制方式。一般在样式表文件（.css 文件）中定义适用于大多数网页公用的样式，对于某个网页内需要的特殊样式，可以用嵌入式或者内联式来实现。

10.4.3　CSS 的盒模型

CSS 盒模型（box model）的用途是控制 HTML 元素在网页中的呈现形式。利用 CSS 盒模型，可动态计算元素的呈现区域。

在 CSS3 中，呈现 HTML5 元素的基本盒模型仍然由图 10-24 所示的 4 个区域组成。

这 4 个区域从里向外分别是如下内容。

content：指显示元素内容的区域。content 的外边界包围的矩形区域称为"content-box"。

padding：内边距。padding 的外边界包围的矩形区域称为"padding-box"。内边距区域是指 padding-box 减去 content-box 构成的矩形环区域。

border：边框。border 的外边界包围的矩形区域称为"border-box"。边框区域是指 border-box 减去

< 240 >

padding-box 构成的矩形环区域。

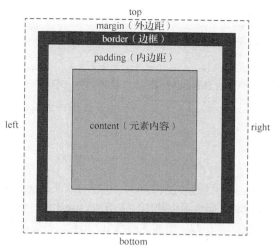

图 10-24　CSS 规定的描述 HTML 元素的基本盒模型

margin：外边距。指图中虚线包围的矩形区域减去 border-box 构成的矩形环区域。

盒模型的概念非常重要，所有 CSS 的样式规定都和盒模型有关。

在 CSS 定义中，使用最多的就是外边距（margin）和内边距（padding）的设置，除此之外，还可以设置盒大小（box-sizing）以改变元素内容的宽和高。

1．外边距基本用法

margin 属性用于设置元素边框 4 个方向所有的外边距属性，控制环绕某元素的矩形区域与其他元素之间的距离。包括 margin-top、margin-right、 margin-bottom 和 margin-left 四个属性。左、右两边的外边距对所有元素都起作用，而上、下两边的外边距只对块级元素才起作用。

margin 属性的值一般使用 px 或 em 作为长度单位，也可以是百分比或者 auto，而且可以是负值。

如果提供全部 4 个参数值，将按上、右、下、左的顺序作用于 4 条边。下面的代码表示按上、右、下、左的顺序，外边距依次为 0.25em、20%、0.2em、10%：

```
margin 0.25em 20% 0.2em 10%;
```

如果只提供一个参数值，将用于全部的 4 条边。下面的代码表示元素的上、下、左、右的外边距均为 12px：

```
margin : 12px;
```

如果提供两个参数值，第一个用于上、下，第二个用于左、右。下面的代码表示上 0.25em，右 20%，下与上相同（0.2em），左与右相同（20%）：

```
margin : 0.25em 20%;
```

如果提供 3 个参数值，第一个用于上，第二个用于左、右，第三个用于下。下面的代码表示上 0.5em，右 5px，下 0.25px，左与右相同（5px）：

```
margin:0.5em 5px 0.25px
```

也可以使用 margin-top、margin-right、 margin-bottom 和 margin-left 这 4 个属性分别设置各个边的外边距。例如：

< 241 >

```
h2 { margin-top: 20px; margin-right: 30px; margin-left: 20px;}
```

如果希望块级元素居中显示，只需要将左右两边的外边距设置为 auto 即可。例如：

```
<div style="margin: 10px auto 5px auto; width: 200px; height: 100px;">
    ...
</div>
```

不过，更常用的办法是直接引用 Bootstrap 提供的 CSS 类，例如：

```
<div class="center-block text-center" style=" width: 200px; height: 100px;">
    ...
</div>
```

2．内边距基本用法

padding 用于控制元素内部与元素边框之间的间距。包括 padding-top、padding-right、padding-bottom 和 padding-left 这 4 个属性。padding 属性可以使用长度值或百分比值，但不允许为负值。

padding 的用法和 margin 的用法相似。例如让所有 h1 元素的各边都有 10 像素的内边距，只需要这样定义：

```
h1{padding:10px;}
```

还可以按照上、右、下、左的顺序分别设置各边的内边距，各边均可以使用不同的单位或百分比值。例如：

```
h1 {padding: 10px 12px 10px 12px;}
```

也可以使用 padding-top、padding-right、padding-bottom 和 padding-left 这 4 个属性分别定义内边距。例如：

```
h1
{
    padding-top: 10px;
    padding-right: 12px;
    padding-bottom: 10px;
    padding-left: 12px;
}
```

3．盒大小（box-sizing）

box-sizing 属性主要用于设置元素的边界盒宽度和高度计算方式，以便让其以合适的大小适应某个区域的内容。常用取值有：content-box（默认）、border-box。

（1）content-box（默认）

content-box 表示元素的宽度和高度仅仅指 content 的宽和高，而 padding、border 不包含在内。例如：

```
.t1{ box-sizing:content-box; width:200px; padding:10px; border:15px solid #eee; }
```

在这行代码中，设置元素内容盒（content-box）的宽度是 200px，边框（border）宽度为 15px，边框的形状为实线，颜色为十六进制的 "eee"。其效果是元素在页面中显示的实际宽度为：左边框宽 15+左内边距 10+内容宽度 200+右内边距 10+右边框宽 15=250px。

如果不指定 box-sizeing 的值，默认为 "content-box"。

（2）border-box

border-box 的含义是 content、padding 和 border 都被包含在元素的 width 和 height 之内。元素的实际宽度和高度就等于设置的 width 值和 height 值。例如，如果宽度的值固定了，即使改变 border 和 padding

< 242 >

的值也不会改变元素的实际宽度，但会改变元素内容的宽度。

例如：

```
.t2{ box-sizing:border-box; width:200px; padding:10px; border:15px solid #eee; }
```

在这行代码中，元素在页面中显示的实际宽度是 200px，但是元素内容（content-box）的实际宽度应该只有 200-2×10-2×15=150px。

假如我们需要将 2 个 div 横向排列在同一行，而且让每个 div 的宽度都是 50%，则应该将 box-sizing 设置为 "border-box"。

4．示例

下面通过例子说明基本用法。

【例 10-9】演示外边距、内边距以及盒大小的基本用法，运行效果如图 10-25 所示。

图 10-25　例 10-9 的运行效果

该例子的源程序见 E09box.vue 文件。

10.4.4　常用 CSS 选择器

如果希望控制某个 HTML 元素的样式，首先必须找到这个元素。CSS 选择器的作用就是通过 HTML 标记名、特性名、元素内容或其他 CSS 样式属性等多种方式，快速找到将要对其进行操作的元素。

这一节我们介绍的是 Selectors Level 3 正式标准规定的内容，该标准将 CSS 选择器分为基本选择器、关系选择器、特性选择器、伪元素选择器以及伪类选择器。

1．CSS 选择器的一般格式

有两种使用 CSS 选择器的方式，一种是直接用 CSS 声明来实现（内联式、嵌入式或者外部链接式），另一种是用脚本来实现（jQuery 脚本或者 JavaScript 脚本）。

声明 CSS 选择器的一般格式为：<选择符>{<属性名 1>:<值 1>; <属性名 2>:<值 2>; ……}

例如：

```
<style>
    .myclass {color:red; font-size:14px;}
</style>
```

在这段代码中，【.myclass】是选择符（selector），color 和 font-size 是属性名，red 和 14px 是属性值。这行代码的作用是：定义一个名为 myclass 的 CSS 类，文字颜色定义为红色，字体大小为 14 像素。

2．基本选择器

基本选择器是 CSS 选择器中最常用的选择器，包括通配符选择器、元素选择器、类选择器、id 选择器以及群组选择器，如表 10-7 所示。

< 243 >

表 10-7　基本选择器

选择器名称	CSS 选择符	功能说明
元素选择器	E	选择所有标记为 E 的元素，例如 div、p、span 等
类选择器	.classname	选择所有 class="classname"的元素
	E.classname	选择 E 元素内所有 class="classname"的元素
id 选择器	#idname	选择 id 为"idname"的元素
群组选择器	s1,s2,…,sN	一次性选择多个元素
通配符选择器	*	选择 HTML 文档内的所有元素

（1）元素选择器（E）

元素选择器是指以 HTML 文档的元素名作为选择器,此处的 E 表示任何一个 HTML 元素,如 html、body、p、div 等。例如：

CSS 代码：

```
p{ font-size: 14px;}
```

这行代码表示所有 p 元素的字体大小全部为 14 像素。

（2）类选择器（.classname、E.classname）

类选择器指自定义的 CSS 类。一般形式为：.<自定义类名>{<属性 1>:<值 1>; <属性 2>:<值 2>; ……}

注意，自定义类名的左边有一个点 "."，它和 "*.<自定义类名>" 是等价的。例如下面的 CSS 代码。

```
.div_Center
{
    text-align:center;
    color:red;
}
```

在 HTML 元素的开始标记中，使用 class="classname"引用定义的样式（注意引用时自定义类名的左边不加点 "."）：

```
<div id="div1" class="div_Center">网页设计</div>
<div id="div2" class="div_Center">网站开发</div>
```

由于 div1 和 div2 中的文字属于同一个自定义类，所以都居中，并以红色字体显示。

类选择器还可以与元素选择器结合使用，一般形式为：E.myclass{属性 1:值 1; 属性 2:值 2; ……}

其中，E 表示元素名（Element），myclass 指自定义类名。例如下面的 CSS 代码。

```
div.first
{
    color:red;
    font-size:32pt;
}
```

其含义是只有在 div 元素内引用的自定义类（first）才采用红色 32pt 的样式显示。

在 HTML 元素的开始标记中按照下列方式引用。

```
<div class="first">网页设计</div>
<p class="first">网站开发</div>
```

< 244 >

　　由于第 1 行的 div 使用 class="first"引用了自定义的 first 类，所以"网页设计"用红色 32pt 的样式显示，而第 2 行虽然也使用 class="first"引用了自定义的 first 类，但是由于它不是 div 元素，所以 CSS 的 div.first 对第 2 行的 p 元素不起作用。

　　（3）id 选择器（#idname）

　　当无法通过类选择器或者元素选择器区分要选择的元素时，或者只选择某一个元素时，可先给该元素指定一个 id 特性，然后通过 id 选择器来实现。

　　id 选择器的定义和用法与类选择器的定义和用法从形式上来看非常相似，但是，在同一个 HTML 元素的开始标记中，多个元素可以使用同一个自定义的 CSS 类，但不能有相同的 id 特性名。

　　如下所示的 CCS 代码。

```
#myId1 {color:red}
```

　　如下所示的 HTML 代码。

```
<p id="customId1">本段落文字为红色</p>
```

　　如果在一个元素的样式定义中，既有元素选择器，又有类选择器和 id 选择器，则 id 选择器的优先级最高，其次是类选择器，元素选择器的优先级最低。

　　（4）群组选择器（s1,s2,…,sN）

　　如果有多个选择器定义的样式相同，此时可以使用群组选择器来简化定义，这样就可以一次性地设置所选元素的样式。

　　如下所示的 CSS 代码。

```
div1, div2, div3 {color:red}
```

　　该规则的含义是 div1、div2、div3 的字体都以红色显示。注意在这种表示法中，各个选择符之间用英文逗号","分隔。

　　（5）通配符选择器（*）

　　通配符选择器是指选择 HTML 文档内的所有元素。

　　如下所示的 CSS 代码。

```
*{color:Red; }
```

　　这行代码的含义是设置所有 HTML 元素的颜色为红色。不过，使用这种选择器应该非常小心，否则可能带来意想不到的结果。

　　（6）示例

　　下面通过例子演示基本选择器的用法。

　　【例 10-10】演示基本选择器的用法，运行效果如图 10-26 所示。

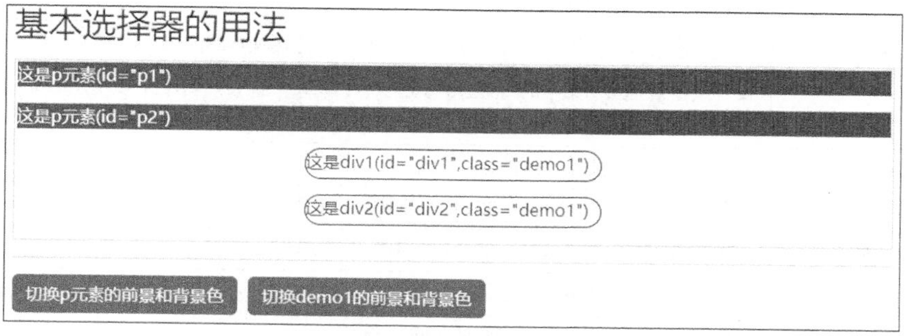

图 10-26　例 10-10 的运行效果

< 245 >

该例子的源程序见 E10selector.vue 文件。

10.4.5 字体和文本控制

字体和文本控制主要用于控制字体和文字的样式。

1. 字体控制

CSS3 的字体样式属性用于控制网页上所显示的文本字符的字体系列、字体的大小、粗细、样式、颜色和外观等样式。表 10-8 列出了字体控制相关的 CSS 属性。

表 10-8　字体控制相关的 CSS 属性

属性	说明
font	复合属性。设置或检索对象中的文本特性。例如：font: 15px 宋体
font-style	设置或检索对象中的字体样式，取值有：italic（斜体）、oblique（倾斜）或 normal（正常字体）
font-variant	设置或检索对象中的文本是否为小型的大写字母
font-weight	设置或检索对象中的文本字体的粗细。选项有：normal（标准字符）、bold（粗体字符）、bolder（更粗字符）、lighter（更细字符）和 100~900 等 9 个数字值。其中 100~900 这 9 个数字值定义从细到粗的字体，数字值 400 相当于 normal，700 等价于 bold
font-size	设置或检索对象中的字体尺寸
font-family	设置或检索用于对象中文本的字体名称序列. 对于中文网页，一般选择"宋体"即可。例如：font-family: 宋体, Arial, Helvetica, sans-serif; 其含义是从左往右依次应用指定的文本字体，即如果不支持"宋体"，就用"Arial"，以此类推
font-stretch	设置或检索对象中的文字是否横向拉伸变形。取值如下所示。 normal：正常文字宽度（默认） semi-expanded：比 normal 宽 1 个基数，semi-condensed：比 normal 窄 1 个基数。 expanded：比 normal 宽 2 个基数，condensed：比 normal 窄 2 个基数。 extra-expanded：比 normal 宽 3 个基数，extra-condensed：比 normal 窄 3 个基数。 ultra-expanded：比 normal 宽 4 个基数，ultra-condensed：比 normal 窄 4 个基数

2. 文本控制

文本控制主要用于控制文本字符串的对齐方式、缩进等属性。表 10-9 列出了与文本控制相关的 CSS 属性。

表 10-9　与文本控制相关的 CSS 属性

属性	说明
text-indent	检索或设置对象中的文本的缩进
text-overflow	设置或检索是否使用一个省略标记（...）标示对象内文本的溢出
text-align	设置或检索对象中文本的对齐方式。选项有：center（居中）、left（左对齐）、right（右对齐）、justify（两端对齐）等
text-transform	检索或设置对象中的文本的大小写
text-decoration	检索或设置对象中的文本的装饰，如下画线、闪烁等
text-shadow	设置或检索对象中文本的文字是否有阴影及模糊效果
letter-spacing	检索或设置对象中的文字之间的间隔
word-spacing	检索或设置对象中的单词之间插入的空格数

< 246 >

续表

属性	说明
vertical-align	设置或检索对象内容的垂直对其方式
word-wrap	设置或检索当当前行超过指定容器的边界时是否断开转行
white-space	设置或检索对象内空格的处理方式
direction	检索或设置文本流的方向
unicode-bidi	用于同一个页面里存在从不同方向读进的文本显示。与 direction 属性一起使用
line-height	检索或设置对象的行高。即字体最底端与字体内部顶端之间的距离
tab-size	检索或设置对象中的制表符的长度

下面介绍常用的属性。

（1）行间距（line-height）

line-height 属性指字体最底端与字体内部顶端之间的距离，可以用它来控制文本行与行之间的距离。取值有 normal（允许内容顶开或溢出指定的容器边界）、length（用长度值指定行高，可以为负值）、percentage（用百分比指定行高，其百分比取值是基于字体的高度尺寸。可以为负值）、number（用乘积因子指定行高，可以为负值）。例如：

```
div{line-height:1.5;}
```

使用乘积因子定义 line-height 是非常安全的方式，这样可以避免文字重叠的现象。

（2）字间距（letter-spacing）

letter-spacing 定义在文本字符框之间插入多少间隙。选项有 normal 和<length>。取值为 normal 时为正常间距，也可以通过指定<length>设定字符与字符之间的间隔大小。允许指定<length>为负长度值，但这会让各个字符之间挤得更紧。例如：

```
p{letter-spacing:10px;}
```

（3）自动换行（word-wrap）

word-wrap 的取值有 normal（允许内容顶开或溢出指定的容器边界）、break-word（内容将在边界内换行）。例如：

```
p{word-wrap:break-word;}
```

（4）首行缩进（text-indent）

首行缩进的单位默认为 pt，默认值为 0。内联元素要使用该属性必须先让该元素表现为 block 或者 inline-block。例如：

```
.inline-demo span{text-indent:30px;}
.inline-block-demo span{display:inline-block;text-indent:30px;}
.block-demo span{display:block;text-indent:30px;}
```

（5）文字修饰（text-decoration）

选项有：none、underline（下画线）、line-through（删除线）和 overline（上划线）。如果未选择 none，则可以选择其余效果的任意组合。例如可以同时选择"下画线"和"删除线"。

（6）空格处理方式（white-space）

white-space 设置了如何处理元素内的空格字符。处理方式的取值如表 10-10 所示。

< 247 >

表 10-10　空格符处理方式的取值

值	含义
normal（默认）	默认处理方式。空白会被浏览器忽略
pre	用等宽字体显示预先格式化的文本，不合并文字间的空白距离，当文字超出边界时不换行。其行为方式类似 HTML 中的<pre>标记
nowrap	强制在同一行内显示所有文本，直到文本结束或者遭遇 br 对象为止
pre-wrap	用等宽字体显示预先格式化的文本，不合并文字间的空白距离，当文字碰到边界时发生换行
pre-line	保持文本的换行，不保留文字间的空白距离，当文字碰到边界时发生换行

例如：

```
.pre p{white-space:pre;}
.pre-wrap p{white-space:pre-wrap;}
.pre-line p{white-space:pre-line;}
.nowrap p{white-space:nowrap;}
```

3．示例

下面通过例子说明字体和文本控制的基本用法。

【例 10-11】演示字体和文本控制的基本用法，运行效果如图 10-27 所示。

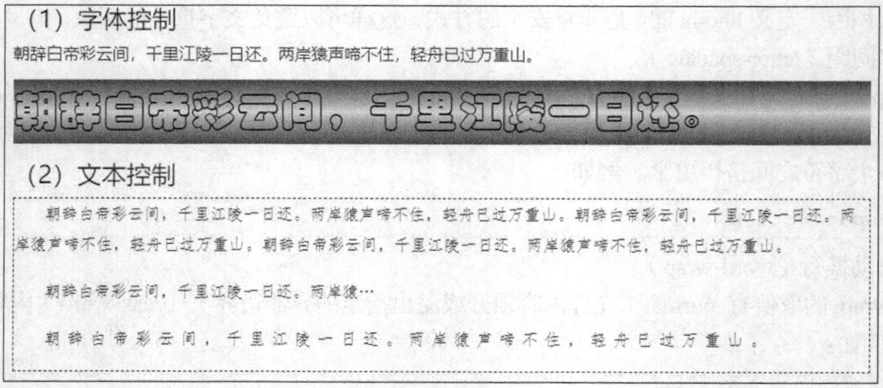

图 10-27　例 10-11 的运行效果

该例子的源程序见 E11Font.cshtml 文件。

10.5　综合示例

作为本章的知识总结，这一节介绍前端用 Vue3、后端用 C#和 ASP.NET Core Web API 实现的完整 Web 应用综合示例。

10.5.1　天气预报

天气预报是 VS2022 项目模板自带的功能，这里只是将默认的天气预报英文界面添加了中文显示，并解决了中文显示的乱码问题。希望读者能通过该例子，理解项目整体架构以及前端、后端的基本设

< 248 >

计思路。

【例 10-12】通过项目模板自带的天气预报实例，演示前端用 Vue3、后端用 C# 和 ASP.NET Core Web API 实现的完整 Web 应用程序基本用法，运行效果如图 10-28 所示。

例 10-12 讲解

图 10-28　例 10-12 的运行效果

该例子的完整实现请参看源程序。

鼠标右击 vueproject 项目名，选择【配置启动项目】，在弹出的窗口中，选择【多个项目启动】，将 vueproject 和 VueWebApi 两个项目选择为"启动"，其他项目都选择为"无"，然后按<F5>键调试运行，分别观察前端和后端运行效果。

10.5.2　网上商城

该综合实例与天气预报相比功能要复杂一些，更接近实际项目。例子前端包含了常用的一些基本功能，后端使用了 SQL Server 2019 LocalDB 数据库，当然读者也可以在此基础上改为用 MySQL 数据库来实现。

【例 10-13】通过网上商城实例，演示前端用 Vue3、后端用 C# 和 ASP.NET Core Web API 实现的完整 Web 应用程序的基本用法。网上商城主界面运行效果如图 10-29 所示。

例 10-13 前端开发讲解

例 10-13 后端开发讲解

图 10-29　例 10-13 的主界面运行效果

< 249 >

该例子的完整实现请参看源程序。

鼠标右击 vueproject 项目名，选择【配置启动项目】，在弹出的窗口中，选择【多个项目启动】，将 vueproject 和 VueWebApi 两个项目选择为"启动"，并将 VueWebApi 项目移到上方（表示先启动该项目），其他项目都选择为"无"，然后按<F5>键调试运行，分别观察前端和后端运行效果。

习题

1. 关于 W3C 标准，下列说法错误的是（　　　）。
   A. W3C 标准是由 W3C 组织制定的一系列 Web 标准
   B. .htm,<SPAN>,<p>是符合 W3C 标准规范的书写方式
   C. W3C 标准主要包括 XHTML、CSS、DOM 和 ECMAScript 标准
   D. W3C 提倡内容与表现分离的 Web 结构

2. 下面哪种不是 CSS 的定义方式？（　　　）
   A. 内联式　　　　　　B. 嵌入式　　　　　　C. 外部链接式　　　　　D. 导航式

< 250 >

上机实验

为了让学生能充分利用上机时间，达到在"练"中"学"的目的，附录 A 提供了与本书配套的上机练习和综合实验。各高校可根据课程学时安排情况，要求学生全部完成或者部分完成相关的内容。

要求学生在自己的项目中独立编程完成上机练习和综合实验，不需要再写纸质的实验报告。

一、上机练习和综合实验说明

要快速理解和掌握 C#编程技术，关键是自己动手实践，仅靠看书或课上听教师讲解达不到举一反三的目的。所以学习应该在"练"中"学"，重点是通过功能分析和键入代码实现的过程，加深对相关概念的理解，稳步提升编程能力。

为了让学生能充分利用上机时间，达到在"练"中"学"的目的，附录 A 分别提供了上机练习和综合实验。其中上机练习是可选内容，各高校可根据课程学时安排情况，要求学生全部完成或者部分完成。综合实验是按照实验大纲要求必须完成的内容。

1．对每位学生的要求

上机练习和综合实验的完成情况是衡量每个学生平时学习效果的重要依据，要求每个学生学完对应章节后，都要独立完成教师指定的上机练习和综合实验。另外，所有上机练习和综合实验均要求在同一个解决方案中完成。

教师可根据实际情况，规定学生提交的解决方案和项目的命名格式。

（1）基本流程

学生提交上机练习和综合实验源程序时，一般经过以下的主要过程。

① 按照命名规定创建解决方案（不同学生的解决方案名不能相同）。

② 在解决方案中添加对应的项目（不同学生的项目名不能相同）。

③ 分别在对应的项目中编写主菜单，通过主菜单运行上机练习和综合实验内容。

（2）解决方案的命名建议

如果学生在机房的位置是固定的，而且机房内所有计算机都统一按顺序进行了编号，那么可按下面的格式来命名：

假如张三的学号为"12345"，姓名首字母缩写为"zs"，上机位置为第 1 排，计算机的位置编号为"01"，则张三的解决方案名为：A0101zs12345.sln。

（3）项目命名建议

解决方案中的项目也要按教师统一规定的格式来命名。比如张三的 WinForms 项目可命名为"A0101WinFormsApp"，控制台应用程序项目可命名为 "A0101ConsoleApp"。

（4）源程序提交

每学期要求提交的次数由教师统一规定。

学生按要求提交上机练习和综合实验时，先将源程序压缩到一个扩展名为.rar 或者.zip 的文件中，压缩文件名与解决方案名相同。

2．对组长和课代表的要求

课代表负责对学生分组以及搜集各组提交的成果。

（1）组长职责

教师要求提交源程序时，各小组组长将源程序以组为单位压缩到一个扩展名为.rar 或者.zip 的文件中，建议压缩文件名用 "Z+组号+次数" 的格式来命名。例如 Z0101.rar 包含了第 1 组所有成员第 1 次提交的全部源程序。

（2）课代表职责

课代表负责在开学初对学生分组。每组一个组长，组长全部坐到该小组第 1 个位置。

建议按学生位置所在的座位分组。例如每 4~5 人为 1 个小组等。

也可以由课代表按另一种方式统一分组，但不论采用哪种分组方式，一旦小组确定后，学期中间一般不准再自行调整分组。

3．对教师的要求

教师要将各组每次提交的电子版源程序全部保存下来，期末一块存档。该存档记录将作为教师给学生上机练习和综合实验的成绩打分依据。

教师在学生完成上机练习和综合实验的过程中，可随时抽查学生完成情况，比如让学生当面介绍和演示某个已经实现的题目调试和运行的情况，查看学生提交的成果是否真实。

二、上机练习

练习 1 格式化输出（Console，第 2 章）

先人工分析并分别写出下列语句的执行结果，然后在控制台应用程序中验证输出结果是否正确，并通过控制台应用程序显示运行结果。

（1）Console.WriteLine("{0}--{0:p}good",12.34F);

　　　Console.WriteLine("{0}--{0:####}good",0);

　　　Console.WriteLine("{0}--{0:00000}good",456);

（2）var n = 456;

　　　var s1 = string.Format("{0}--{0:00000}good", n);

　　　var s2 = $"n--{n:00000}good";

　　　Console.WriteLine("{0}\t{1}", s1, s2);

练习 2 字符显示（WinForms，第 2 章）

编写一个 WinForms 应用程序，用不同的颜色分别显示笑脸、哭脸和无表情的图形字符，并将这

< 252 >

些图形字符显示出来。

练习3　字符串处理（Console，第3章）

编写控制台应用程序，接收一个长度大于3的字符串，完成下列功能。

（1）输出字符串的长度。

（2）输出字符串中第一个出现字母 a 的位置。

（3）字符串序号从零开始编号，在字符串的第3个字符的前面插入子串"hello"，输出新字符串。

（4）将字符串"hello"替换为"me"，输出新字符串。

（5）以字符"m"为分隔符，将字符串分离，并输出分离后的字符串。

练习4　字母判断（Console，第3章）

编写控制台应用程序，要求用户输入5个大写字母，如果输入的信息不满足要求，提示帮助信息并要求重新输入。

练习5　类型转换（Console，第3章）

编写控制台应用程序实现下列功能。

（1）接收一个整数 n。

（2）如果 n 为正数，输出 1～n 的全部整数。

（3）如果 n 为负值，用 break 或者 return 退出程序，否则继续接收下一个整数。

练习6　数组排序和计算（Console，第3章）

编写控制台应用程序实现下列功能。

从键盘接收一行用空格分隔的5个整数值，将这5个数保存到一个具有5个元素的一维数组中，分别输出升序和降序排序的结果，并输出数组中元素的平均值和最大值，平均值保留小数点后1位。

要求当输入非法数值时，提示重新输入；当直接按回车键时结束循环、退出程序。

练习7　循环语句（Console，第3章）

编写控制台应用程序，输出 1～5 的平方值，要求如下。

（1）用 for 语句实现；

（2）用 while 语句实现；

（3）用 do-while 语句实现。

练习8　类和对象（Console，第4章）

编写控制台应用程序完成下列功能。

（1）创建一个类 A，用无参数的构造函数输出该类的类名。

（2）在 A 类中增加一个重载的构造函数，带有一个 string 类型的参数，在此构造函数中将传递的字符串打印出来。

（3）创建一个名为 A0401 的类，在该类的构造函数中创建 A 的一个对象，不传递参数；然后创建 A 的另一个对象，传递字符串"This is a string."；最后声明类型为 A 的一个具有5个元素的数组，但

< 253 >

不要实际创建分配到数组里的对象。

练习 9 属性和方法（WinForms，第 4 章）

编写 WinForms 应用程序实现以下功能。

（1）声明一个名为 CourseTime 的枚举类型，枚举值有：秋季、春季

（2）定义一个 CourseInfo 类，该类包含 4 个属性：CourseName（课程名）、CourseTime（开设学期）、BookName（书名）、Price（定价）4 个属性，其中 CourseTime 为枚举类型。

（3）在 CourseInfo 类中包含一个静态变量 Counter，每创建一个 Course 实例，该变量值都会自动加 1。

（4）分别为 CourseInfo 类提供无参数的构造函数和带参数的构造函数，在构造函数中分别设置 4 个属性的值。

（5）在 CourseInfo 类中提供一个 Print 方法，显示该实例的 4 个属性值。

（6）在窗体的 Load 事件中分别创建不带参数的 CourseInfo 实例和带参数的 CourseInfo 实例，测试类中提供的功能，并将结果在 ListBox 中显示出来。

练习 10 类继承-构造函数（WinForms，第 4 章）

编写 WinForms 应用程序完成下列功能，并回答提出的问题。

（1）创建一个类 A，在构造函数中输出"A"，并在 A 中声明一个扩充类可写入值的名为 Result 的 string 类型的属性。

（2）创建一个类 B，让其继承自 A，并在 B 的构造函数中向 Result 属性输出"B"。

（3）创建一个类 C，让其继承自 B，并在 C 的构造函数中向 Result 属性输出"C"。

（4）在测试界面中声明一个类型为 B 的变量 b，并将 b 初始化为类 C 的实例。

要求先写出运行测试界面后应该输出的结果，然后再通过程序验证输出结果是否正确。

练习 11 类继承-虚拟和重写（WinForms，第 4 章）

编写 WinForms 应用程序完成下列功能。

（1）创建一个类 D，然后在 D 中声明一个扩充类可写入值的名为 Result 的 string 类型的属性，并编写一个可以被重写的带 int 类型参数的方法 MyMethod，在该方法中将传递给该方法的整型值加 10 后的结果添加到 Result 属性中。

（2）创建一个类 E，使其继承自类 D，然后在该类中重写 D 中的 MyMethod 方法，将 D 中接收的整型值加 50，并将结果添加到 Result 属性中。

（3）在窗体的代码隐藏类中分别创建类 D 和类 E 的对象，分别调用其 MyMethod 方法。

要求先写出运行后应该输出的结果，然后再通过程序验证输出结果是否正确。

练习 12 随机数（WinForms，第 4 章）

编写一个 WinForms 应用程序，向名为 listBox1 的 ListBox 控件中，自动添加 10 个随机数，每个数占一项。

练习 13 泛型列表（WinForms，第 4 章）

编写 WinForms 应用程序完成下列功能。

< 254 >

声明一个 SortedList<int，string>的排序列表，其中，int 为键，string 为值。在测试页的构造函数中，先向这个排序列表中添加 5 个元素，然后按"键"的逆序方式显示列表中每一项的值（string 类型的值）。

练习14　界面交互（WinForms，第4章）

编写一个 WinForms 应用程序，记录和显示学生的基本信息。设计一个 Student 类来存储学生的学号、姓名和年龄，并在 WinForms 应用程序中创建一个界面，允许用户输入学生信息并将其显示在界面上。

要求如下。

（1）创建一个 Student 类，具有适当的属性和构造函数，以及方法返回学生的完整信息。

（2）创建一个 WinForms 界面，包含文本框和按钮，用于输入学生的学号、姓名和年龄。

（3）当用户点击按钮时，获取文本框中的数据，创建一个 Student 对象，并将学生信息显示在界面上。

请根据上述要求设计并实现该应用程序。

练习15　文本文件读写（WinForms，第5章）

编写 WinForms 应用程序，实现以下功能。

（1）文件选择：用户可直接在文本框中输入文件路径，也可以通过【浏览】按钮选择某一个文件，选定文件后，文件路径显示在窗体下方的文本框中。

（2）文件操作：用户单击【读取文件】按钮，可以将文本文件的内容读取到窗体上的文本框中进行编辑。单击【写入文件】按钮，可将文本框中的文本保存到文件中，同时清空文本框中的内容。

练习16　查找列表（Console，第5章）

在控制台应用程序中创建一个 List<int>列表，向列表中添加 10 个元素，分别使用 LINQ、lambda 表达式两种方式查找列表中的偶数，并在控制台输出。

练习17　进程和线程（WinForms，第6章）

编写 WinForms 应用程序，统计旅客出站人数。旅客可从多个出口同时出站。

练习18　端口连接（WinForms，第7章）

创建 WinForms 应用程序，使用 TcpClient 对象将本机连接至指定服务器的端口号。

三、综合实验

综合实验的内容比上机练习稍微复杂一些，综合实验目的是让学生熟悉项目的创建和管理，了解主界面和菜单的基本设计思路。同时，熟悉如何分别在控制台应用程序和 WinForms 应用程序中实现题目要求的功能。

< 255 >

实验 1　创建解决方案和项目

按照教师统一规定的解决方案和项目命名约定，创建自己的项目和解决方案，并将自己将要实现的上机练习和综合实验的题目添加到对应项目的主菜单中。

实验 2　密码显示（WinForms，第 2 章）

编写 WinForms 应用程序，当用户在密码框中输入一个密码字符时，在文本框中要立即将输入的密码字符显示出来。

实验 3　字符提取（Console，第 3 章）

用控制台应用程序实现下列功能。

从键盘接收一个大于 100 的整数，然后分别输出该整数每一位的值，并输出这些位相加的结果。

要求分别用字符提取法和整数整除法实现。字符提取法是指先将整数转换为字符串，然后依次取字符串中的每个字符，再将每个字符转换为整数求和。整数整除法是指利用取整和求余数的办法求每一位的值，再求这些位的和。

实验 4　求完数（Console，第 3 章）

编写控制台应用程序，求 1000 之内的所有"完数"。所谓"完数"是指一个数恰好等于它的所有因子之和。例如 6 是完数，因为 6=1+2+3。

实验 5　随机抽号（WinForms，第 4 章）

编写 WinForms 应用程序实现以下功能。

定义一个 RandomHelp 类，该类提供一个静态的 GetIntRandomNumber 方法、一个静态的 GetDoubleRandomNumber 方法。

在窗体界面中让用户指定随机数范围，当用户单击【开始】按钮时，启动定时器，在定时器事件中调用 RandomHelp 类中的静态方法生成随机数，并在界面中显示出来。当用户单击【停止】按钮时，停止定时器，然后用比原字号大一些的字号显示最后生成的随机数。

实验 6　限时答题（WinForms，第 4 章）

编写 WinForms 应用程序，设计一个有时间限制（25 秒）的数学测验小游戏。要求玩家必须在规定的时间内回答 4 个随机出现的加、减、乘、除计算题。如果玩家在规定的时间内全部正确回答，弹出对话框显示"恭喜，过关成功。"，否则弹出对话框显示"过关失败，请继续努力!"。

实验 7　数据库操作（WinForms，第 5 章）

编写 WinForms 应用程序，管理学生的基本信息，包括姓名、年龄和成绩。请使用数据库优先的方式创建数据库并生成实体，然后在 WinForms 应用程序中，使用 LINQ 查询和操作这些学生信息。

要求如下。

（1）使用数据库优先方式创建一个名为 Student 的数据库表，包含姓名、年龄和成绩字段。

< 256 >

（2）使用 Entity Framework Core 将数据库表映射到实体类。

（3）创建一个 WinForms 界面，显示学生信息的列表，并包含添加、编辑和删除学生信息的功能。

（4）使用 LINQ 查询学生信息，并在界面上显示和操作这些信息。

请根据上述要求设计并实现该应用程序。

实验 8　端口监听（WinForms，第 7 章）

编写 WinForms 应用程序，使用 TcpListener 对象在本机监听指定端口。

实验 9　网络呼叫与应答（WinForms，第 8 章）

编写 Windows 应用程序实现网络呼叫应答功能。

实验 10　图片轮播（Web，第 9 章）

在 ASP.NET Core Web 应用程序中，编写一个自动播放和手动播放图片的网页。

（1）假设共有 6 张图片，播放时要显示当前播放图片的文件名。

（2）单击【自动播放】按钮后，图片将依次播放，时间间隔可以自由设定。

（3）单击【上一张】或者【下一张】按钮时，图片将按预定顺序切换到下一张或上一张。

< 257 >

附录 **B** 课程设计

课程设计的完成质量是衡量学生自学能力、创新能力以及团队合作能力的重要依据。

B.1 课程设计要求

课程设计是对本书所学知识的创新性综合应用。各小组可参考书中的微视频讲解，分工合作共同完成一个 C/S 项目或者 Web 项目的开发（二者选其一）。

B.1.1 课程设计实现建议

建议参考以下章节的内容完成课程设计（仅选择其中的一种即可）。

（1）参考第 5 章，完成 C/S 模式的课程设计，数据库部署到服务器端，客户端项目安装程序通过网站下载提供给客户。

（2）参考第 7 章，完成 C/S 模式的课程设计。服务器端项目部署到服务器上，客户端项目安装程序通过网站下载提供给客户。

（3）参考第 8 章，完成 C/S 模式的课程设计，如企事业内部通信交流、企事业内部网络会议等。客户端项目安装程序通过网站下载提供给客户。

（4）参考第 9 章，完成 B/S 模式的课程设计。由于通过这种架构设计的内容已经包含了前端和后端，所以将项目直接部署到 Web 服务器上即可，用户通过浏览器直接访问。

（5）参考第 10 章，完成 B/S 模式的课程设计。后端和前端分别部署到 Web 服务器上，用户通过浏览器直接访问。

B.1.2 分组要求

要求所有学生都必须分配到各个小组中。

各组组长负责整个系统的任务分配、模块划分、设计进度以及小组间的组织协调。

学期结束前，各小组演示本组课程设计的成果，并介绍本组实现的创新特色。

B.1.3 选题及要求

以下是备选题目，各组既可以从备选题目中选择一个，也可以自选其他题目。

（1）生活用品服务系统、房间装饰服务系统、服装设计服务系统等。

（2）小区规划服务系统、城镇规划服务系统、校园规划服务系统等。

（3）游览区导游服务系统、旅游景点服务系统、旅游停车服务系统等。

（4）棉花交易服务系统、水果交易服务系统、粮食交易服务系统等。

（5）体育用品展销系统、大型家电展销系统、小型商品展销系统等。

（6）系统流程图绘制系统、实验设备展示系统、家电设备展示系统等。

（7）手机费用查询服务、银行卡查询服务、网购服务、同城商品服务等。

（8）学生宿舍管理系统、学生考勤管理系统、学生评价管理系统等。

（9）课堂点名服务系统、上机考试服务系统、毕业设计管理系统等。

（10）驾校报名管理系统、员工考勤管理系统、网上门诊服务系统等。

（11）其他自选题目。

B.1.4 基本功能要求

1．开发环境要求

操作系统：Windows 10

开发工具：VS2022

编程语言：C#或者 JavaScript+C#或者 TypeScript+C#

系统架构：WinForms 或者 ASP.NET Core 或者 Vue+ASP.NET Core Web API

数据库：SQL Server 2019 LocalDB 或者 SQL Server Express 或者 MySQL

2．模块基本功能要求

要求系统至少要实现以下基本功能。

（1）系统登录。用户登录后方可进入主界面。

（2）主界面。在主界面中，至少要显示操作用户的信息，比如用户名、照片等。另外，还要显示各模块名，用户单击对应模块名，可直接进入模块。

（3）业务数据的添加、删除、修改、查询。

（4）业务统计与汇总功能。

（5）辅助功能。要求至少实现用户注册、操作员自己的密码更改、其他人员的密码重置功能。

（6）操作帮助。要求提供系统功能介绍及模块操作步骤等帮助信息。

B.1.5 创新功能要求

小组完成规定的基本功能后，再进一步扩展系统功能。

1．模块扩展功能要求

要求系统至少实现 1～2 个扩展创新功能。例如对于银行管理系统来说，除了基本的存取款数据的"增、删、改、查"，还可以扩展教育助学贷款服务、企业贷款服务、个人贷款服务、银行挂失服务、学生短期借款服务等。

2．模块创新功能要求

具体要求如下。

（1）必须在文档中明确说明哪些是创新功能。

（2）创新功能必须在代码中完全实现，而不是仅有一个名称或者仅有部分实现。

B.1.6 进度控制要求

以下是各小组进度控制的时间节点要求。

< 259 >

1．需求分析

第 2 章结束时确定选题。

教师在课堂上留出一定的时间，要求组长组织本组成员共同讨论，进行需求分析，确定本组准备实现的基本功能，用 Word 文档记录讨论结果。

2．任务分工

第 3 章结束时确定成员分工。

教师在课堂上留出一定的时间，要求组长组织本组开展讨论，确定本组准备实现的模块功能和特色功能，登录界面和模块界面样式。

统一规定方案名和项目名的命名方式，注意不要用汉字作为项目名。

课后各组成员开始按分工逐步实现相应的功能。

3．数据库结构设计

教师在课堂上留出一定的时间，让组长组织本组成员共同讨论数据库中保存哪些数据，确定数据库表及其结构（用 Word 文档描述）。

表结构描述要求：字段名、字段类型、可否为空，是否主键、中文含义、示例。

4．模块功能设计

教师在课堂上留出一定的时间，让组长组织本组成员检查各模块设计进度情况。

B.2 成果演示与提交

各组成果演示时间：课程的最后一周。要求各小组运行演示，同时提供以下成果。

1．电子版成果

每组提交一套电子版设计说明书。封皮包括课程名称、年级班级、指导教师姓名、小组负责人学号姓名以及本组其他人员的学号姓名。内容包括系统功能说明、小组人员分工、系统设计流程、数据库结构、操作步骤和页面运行截图。

2．源程序

每组提交一套完整的源程序。

< 260 >